« LA FONTAINE DES SCIENCES »
Collection dirigée par Gérard Klein

JOHN BRIGGS / DAVID PEAT

L'UNIVERS-MIROIR

La science naissante de la non-séparabilité

Traduit de l'américain
par Jacques Polanis

Illustrations de Cindy Tavernise

EDITIONS ROBERT LAFFONT
PARIS

Titre original : LOOKING GLASS UNIVERSE

ISBN 2-221-04643-9
(édition originale :
ISBN 0-346-12594-4 Cornerstone Library, Simon & Schuster, Inc., New York)

— Maintenant, Kitty, si tu voulais bien me prêter un peu d'attention et ne pas tant parler, je te dirais toutes mes idées sur la Maison du Miroir. D'abord, il y a la pièce que tu vois à travers la glace — elle est exactement comme notre salon, sauf que les objets y sont tournés de l'autre côté. Je peux la voir tout entière quand je monte sur une chaise — à part le petit coin juste derrière la cheminée. Oh, comme je voudrais voir ce petit coin-là !...

« ... Supposons que la glace est devenue molle comme de la gaze, de façon que nous puissions passer au travers... » Tout en disant cela, elle s'était retrouvée debout sur le manteau de la cheminée sans trop savoir comment elle était arrivée là. Et la glace commençait effectivement à se fondre en une nappe lumineuse de brume argentée.

L'instant d'après, Alice était de l'autre côté de la glace et sautait d'un pied léger dans la chambre du Miroir...

« ... Je n'en sais rien, gronda le Lion, reprenant sa position couchée. Il y avait trop de poussière pour voir quoi que ce soit. Le Monstre en met, du temps, à couper ce gâteau !

Alice s'était assise au bord du petit ruisseau avec le grand plat sur les genoux, et elle s'appliquait à partager le gâteau à l'aide du couteau.

— C'est insupportable ! fit-elle, répondant au Lion (elle commençait à prendre l'habitude de s'entendre appeler « Monstre »). J'ai déjà coupé plusieurs tranches, mais elles se recollent toujours !

— Vous ne savez pas vous y prendre avec les gâteaux du Miroir, observa la Licorne. Il faut d'abord servir, et couper ensuite.

Bien que cela lui parût absurde, Alice, très obéissante, se leva et fit circuler le plat. Ce faisant, le gâteau se divisa en trois morceaux.

— *Maintenant,* coupez-le, dit le Lion alors qu'elle regagnait sa place avec le plat vide...

Lewis CARROLL
De l'autre côté du miroir

REMARQUE A PROPOS DE LA TERMINOLOGIE

Afin de faciliter la lecture, les mots « hypothèse » et « théorie » sont utilisés indifféremment dans le sens de « conjecture scientifique ». Bien que certains préfèrent une distinction plus rigide, c'est leur acception habituelle dans de nombreux contextes scientifiques. Certaines théories sont reconnues d'une façon générale par le monde scientifique – par exemple la théorie darwinienne de l'évolution et la théorie des quanta. D'autres pourraient être qualifiées plus justement d'hypothèses, et il leur reste encore à passer ce que l'homme de science moyen accepterait de considérer comme des épreuves scientifiques convaincantes. Le contexte, nous l'espérons, devrait établir clairement la différence entre une théorie acceptée de manière générale par la communauté scientifique, et d'autres qu'on pourrait considérer comme plus conjecturales.

Pour des raisons de clarté, les auteurs se sont conformés à l'usage (encore) conventionnel concernant l'utilisation du masculin pour les noms collectifs ou généraux (« un homme de science »), mais ils tiennent à informer le lecteur qu'ils ne sont pas satisfaits de cet état de choses et qu'ils attendent impatiemment l'invention de noms et de pronoms neutres destinés à cet usage.

D'ÉTRANGES TÉMOIGNAGES

... les choses vont dans l'autre sens.

La science et sa sœur, la technologie, sont pleines de surprises — tant qu'il en devient difficile d'être encore surpris. Trous noirs, ingénierie génétique, puces d'ordinateur microscopiques — et ensuite ? Nous sommes prêts à tout. Les théories et les produits de la science se sont depuis longtemps fermement établis dans notre paysage, proliférants et changeants comme le profil d'une cité sur le ciel. Nous devenons tous des habitants de cette cité. Autour de nous, de nouveaux édifices s'érigent et des programmes de mise en valeur se développent à mesure que vont et viennent les découvertes. Nous appréhendons tout cela dans la foulée, quelque peu surmenés par cette évolution accélérée et fascinante de notre milieu.

Mais ces derniers temps, faiblement, le sol a grondé, la lumière a changé : signes mystérieux. D'étranges témoignages nous parviennent de gens qui travaillent dans le sous-sol, dans les structures les plus profondes de la cité, annonçant qu'ils ont peut-être découvert quelque chose, mis en branle des processus qui pourraient transformer radicalement la cité et tous ceux qui l'habitent. Ces théoriciens qui nous apportent ces témoignages, nous les appelons les hommes de la science du miroir. Ils nous réservent une profonde surprise, disent-ils — profonde parce qu'elle réside aux fondations mêmes de la science.

Jusqu'à présent, cependant, les urbanistes de notre cité ne semblent pas s'inquiéter. Ils nous assurent que nos structures et nos moyens de communication fondamentaux ne sont pas menacés. Les preuves « concrètes » de la science du miroir sont rares, et ses défenseurs irrémédiablement inférieurs en nombre.

Qui sont ces théoriciens rebelles ? Quelle sorte de grand changement prédisent-ils ? Nous répondrons à ces questions en examinant quatre théories qui couvrent l'éventail scientifique depuis la physique jusqu'à l'étude des processus de fonctionnement du cerveau, en passant par la chimie et la biologie. Ces théories ont été proposées par des professionnels éminents, profondément imprégnés des traditions de leurs différentes disciplines et respectés par leurs collègues pour leur compétence, leur rigueur et leurs contributions passées. Pourtant, l'univers qu'ils décrivent collectivement est si différent du paysage scientifique dans lequel nous avons grandi que la situation est sans doute comparable à la Renaissance, quand les premiers hommes de science modernes et grands théoriciens qu'étaient Copernic, Galilée et Newton s'évadèrent des labyrinthes de la théologie médiévale. Il fallut à cette révolution plusieurs centaines d'années pour se développer. La révolution présente pourrait se contenter de quelques décennies. Dans son sillage, elle risque de renverser nombre d'hypothèses fondamentales de certaines assises scientifiques telles que la théorie des quanta, la relativité et la théorie de l'évolution. Elle pourrait nous faire découvrir un monde aussi éloigné de notre science moderne actuelle que l'est cette dernière des certitudes occultes du Moyen Age — peut-être même plus éloigné, car l'appréhension de l'univers à laquelle s'attaquent les hommes de la science du miroir est omnipénétrante et très ancienne.

Mais dans son détail à la fois subtil et complexe, le message que nous apportent ces nouveaux théoriciens est en fait assez simple : l'univers fluide et tourbillonnant est un miroir.

TERRA COGNITA
TAVERNISE

1

EXPÉDITIONS A LA LISIÈRE DU MIROIR

Oh ! comme je voudrais voir *ce* petit coin-là !...

1.

THÉORIES : LES LUNETTES A CONJECTURES DU MIROIR

En 1962, un physicien devenu historien a publié une remarquable analyse de la démarche scientifique. En apparence, il explique comment les théories et les hypothèses scientifiques concernant la nature changent sous l'influence de facteurs sociaux et subjectifs plutôt que de critères « objectifs », et comment il n'y a pas de progrès dans le domaine de la science, seulement des changements de perspective. Ces conclusions sont assurément étranges, car elles vont à l'encontre de certaines de nos croyances les plus chères à ce propos. Mais même les gens qui admirent *La Structure des révolutions scientifiques* et les autres ouvrages de Thomas Kuhn n'ont peut-être pas conscience de ce que ses révélations ont de véritablement insolite. Bien que Kuhn se penche sur l'histoire de la science, il nous livre implicitement de profondes réflexions sur la réalité que la science prétend étudier. Comme nous le verrons, l'analyse de Kuhn donne à entendre que la science a toujours été une entreprise miroir dans un univers miroir — nous ne nous en étions simplement pas aperçus.

Avant de comprendre ce que cela signifie, cependant, il nous faut faire un rapide tour d'horizon des idées scientifiques que renverse Kuhn. Nous devons en particulier nous familiariser avec les différentes réponses clefs données à la question : Qu'est-ce qu'une théorie scientifique, et quelle est sa relation avec la réalité qu'elle décrit ?

La voie du miroir passe par une faille longtemps dissimulée dans ces réponses. Franchir cette faille exige la reconnaissance et l'abandon de certaines attitudes traditionnelles à l'égard de la science. Ces attitudes peuvent sembler aussi confortables et indispensables que notre peau, et les abandonner risque d'entraîner un certain inconfort.

Induction : l'homme de science en tant qu'observateur

L'une des plus anciennes expressions de l'image que nous avons pour la plupart de l'activité scientifique est due à Francis Bacon, qui a décrit la science comme une « induction ». Bacon, qui vécut aux XVIe et XVIIe siècles, était un courtisan, un homme politique, un philosophe et un homme de lettres. Quelques historiens lui ont même attribué la paternité des pièces de Shakespeare. Bien que cette affirmation soit sans doute sans fondement, Bacon fut indiscutablement un vigoureux porte-parole de la rupture que consommaient les hommes de science (alors appelés philosophes de la nature) avec la vision médiévale de cette nature.

Bacon ne croyait pas à la nécessité de se référer à des autorités telles qu'Aristote ou l'Église, bien qu'il fût assez prudent dans ses écrits pour rendre un hommage affecté à la « révélation divine ». S'inspirant des études systématiques de la nature menées par certains des premiers hommes de science modernes tels que Nicolas Copernic, Tycho Brahe, Johannes Kepler, Galileo Galilei, William Gilbert et William Harvey, Bacon affirmait que la méthode de la philosophie naturelle ne devait pas se fonder sur la déduction. Les philosophes médiévaux partaient d'idées générales préconçues, comme les « propositions évidentes » d'Aristote, desquelles ils déduisaient des explications relatives à des observations particulières. Bacon disait que le raisonnement devait se faire dans l'autre sens, en prenant pour point de départ l'observation de faits tangibles. En mettant en corrélation des observations concrètes, pensait-il, un chercheur devait aboutir à des généralités concernant les causes et la vérité. Pour prendre un exemple sommaire, supposons que chaque fois que vous sortez sous la pluie, vous attrapiez un rhume. A partir d'un certain nombre de cas vérifiés, vous pouvez raisonner inductivement que vous attrapez toujours un rhume après avoir été mouillé. D'une telle généralisation pourrait naître l'hypothèse selon laquelle se faire mouiller sous la pluie est la cause du rhume commun. Rejetant toute référence aux autorités, Bacon acceptait l'*expérience,* et non le dogme établi, comme véritable guide du savoir.

Mais ce passage d'un nombre de cas limités à la généralisation présente des dangers évidents. Tout le monde n'attrape pas de rhume en allant sous la pluie. Les cas observés peuvent être des exceptions ou des cas très particuliers. Bacon avait conscience de ce défaut dans sa méthode.

Pour le compenser, il proposait que la science usât d'une démarche systématique qu'il appelait induction afin de mettre en évidence les régularités et les ordres de la nature — ses lois. En commençant par recueillir des données, puis en formulant une hypothèse limitée et en utilisant ensuite ce nouveau savoir pour recueillir d'autres données, le chercheur pourrait procéder d'une manière circonspecte et ordonnée pour découvrir les lois naturelles. Bacon pensait que sa méthode, en permettant de comprendre les causes, assurerait aux humains une maîtrise de plus en plus grande, non seulement de la nature, mais aussi de la société.

Sa première formulation de la méthode scientifique a contribué à former l'image que nous avons de l'homme de science en tant qu'observateur et raisonneur objectif — dévoilant des lois éternelles pour atteindre au savoir essentiel qui permet de manipuler la matière. Par la suite, les chercheurs scientifiques ajoutèrent la notion d'« expériences contrôlées » afin de mieux isoler leurs observations et de les rendre plus précises.

Au XVIIe siècle, René Descartes établit une solide base métaphysique pour le processus d'observation scientifique et d'élaboration de théories défini par Bacon. Descartes croyait l'univers composé de deux classes de substances : *res cogitans* (l'observateur) et *res extensa* (la chose à observer dans la nature). Observateur et observé étaient essentiellement distincts (bien que Descartes présumât qu'ils étaient en dernière analyse liés l'un à l'autre par Dieu). Les choses de la nature étaient considérées comme des objets ou des phénomènes qui obéissent à des lois spécifiques. Les lois régissent les causalités, la façon dont les objets interagissent les uns sur les autres. Il incombait à la chose pensante, à l'homme de science, d'être *objectif* (c'est-à-dire de prendre la mesure des objets) et de découvrir ces lois de causalité, après quoi il devait les transcrire en formules mathématiques. Dans son célèbre *Discours de la méthode,* Descartes attache la plus grande valeur à l'élaboration de théories formulées de telle sorte que toutes les lois puissent se déduire de quelques axiomes, comme dans la géométrie euclidienne.

Plus tard, cette idée influença grandement Newton qui, par induction, établit une corrélation entre les observations de Copernic, de Brahe, de Kepler et d'autres pour élaborer une théorie qui ne comptait que trois lois élémentaires ou axiomes, et une hypothèse à propos de la gravitation. A partir de cela, il put décrire le mouvement général de l'univers, y compris les orbites des planètes, la formation des marées, la trajectoire des boulets de canon, et une multitude d'autres phénomènes. Ses *Principes mathématiques de philosophie naturelle* sont devenus la pierre angulaire de la science moderne, car ils ont montré tout ce qu'on pouvait accomplir grâce à une étude rationnelle et objective de la nature. Le succès de Newton semblait également confirmer la croyance de Descartes selon laquelle la nature est mécanique.

L'œuvre accomplie par Newton était si impressionnante qu'elle conduisit l'un de ses héritiers scientifiques, le mathématicien du XIXe siècle Pierre de Laplace, à prédire le jour où on découvrirait une formule mathématique unique de laquelle on pourrait déduire tout ce qui se produit dans la nature. « Pour elle, dit Laplace en se référant à cette formule toute-puissante, rien ne saurait être incertain, le futur comme le passé seraient présents à ses yeux [27] * » De nombreux hommes de science modernes se font encore essentiellement l'écho de cette vision du but et de la promesse du progrès scientifique. Récemment, par exemple, le cosmologue Stephen Hawking affirmait avec une conviction optimiste que tous les problèmes de physique importants seraient résolus avant la fin du siècle.

L'œuvre de Newton impressionna également le philosophe anglais John Locke, qu'on dit être le premier à avoir utilisé le mot « scientifique » dans son sens moderne. Locke faisait équivaloir « scientifique » à « certitude » et « démonstration » dans le domaine des « choses physiques ».

Locke et ses confrères empiristes, l'évêque George Berkeley et David Hume, faisaient valoir que toute connaissance est dérivée des sensations de l'observateur. Les empiristes, cependant, Hume en particulier, tout en affirmant le caractère indépendant de l'observateur par rapport à la chose observée et en insistant sur l'importance de l'observation, n'étaient pas absolument certains que l'induction pût conduire à la certitude. Hume disait que le fait que la nature s'est montrée rationnelle et ordonnée dans le passé n'est pas une raison de supposer qu'il en résultera un savoir absolu dans le futur.

On pourrait dire que l'observation de Hume a marqué un tournant après lequel les lignes directrices de la science, que Bacon, Descartes, Newton et Laplace avaient voulues pures et absolues, sont devenues de plus en plus floues.

---

* L'origine des citations est indiquée dans les références numérotées et la bibliographie incluses à la fin du livre.

Réfutation : la science au-dessus du marécage

Karl Raimund Popper, philosophe né en Autriche, fit ses études durant les années 20 et 30, à une époque qui vit l'émergence et l'acceptation de deux nouvelles théories déconcertantes, la relativité et la théorie des quanta (sur lesquelles nous reviendrons dans le chapitre suivant). Ces théories, qui incluaient des idées telles que le « principe d'incertitude » et la relativité de l'espace et du temps, eurent pour effet de remettre en question la vision strictement mécaniste de la nature qu'avaient eue Descartes et Newton. Elles jetaient également un doute sur la mesure dans laquelle l'homme de science est distinct de ce qu'il observe, soulevant ainsi des questions sur la signification de l'objectivité.

Par ailleurs, Popper se trouva confronté aux idées de l'école des néo-positivistes de Vienne, et plus particulièrement d'Ernst Mach qui affirmait, comme l'avait fait Hume, que la science commence avec les sensations et les observations. Mach soutenait que les théories scientifiques ne peuvent exprimer que des relations entre des expériences sensorielles. Il ne disait pas, cependant, si les impressions sensorielles et les théories fondées sur ces dernières correspondaient effectivement à des vérités quelconques concernant un univers objectif « extérieur ». Une telle question, à son avis, relevait de la métaphysique et devait être rejetée comme non scientifique.

Après avoir pesé ces idées et leurs implications, Popper proposa une révision radicale de l'image de la science et de l'élaboration des théories. Il parvint à sauvegarder l'idéal de l'objectivité scientifique et notre conception traditionnelle de la science, mais il dut pour ce faire redéfinir le rôle de la théorie.

Popper se vit dans la nécessité de rompre avec les anciennes convictions en reconnaissant que l'homme de science en tant qu'observateur objectif n'est pas entièrement distinct des choses qu'il observe. Il interagit avec elles en utilisant les théories, non seulement comme des explications, mais comme des sondes pour provoquer dans la nature quelque chose qu'il pourra reconnaître comme une observation. « La nature, disait-il, ne donne pas de réponse à moins qu'on ne l'y oblige [39]. »

L'homme de science commence par exprimer une théorie qui résout un « problème » (tel que : « Comment attrape-t-on un rhume ? »). Puis il fait pression sur la nature en soumettant sa théorie

(« On attrape un rhume en se faisant mouiller ») à un « essai ». Popper a renversé le point de vue inductif. Le fait d'avoir observé dix mille cygnes blancs, dit-il, ne permet pas de déclarer : « Tous les cygnes sont blancs. » L'observation de dix mille un cygnes blancs ne prouve pas plus cette théorie. En fait, conclut Popper, le rôle de la science n'est pas réellement de prouver des théories, mais de les *réfuter.* Un seul résultat négatif (« Je n'ai pas été mouillé depuis des semaines, et j'ai quand même attrapé un rhume », ou l'observation d'un cygne noir) suffit à détruire une théorie scientifique, alors qu'aucune somme d'expériences réussies ne peut logiquement en prouver la vérité. Tout ce que peut faire l'homme de science est de soumettre sa théorie à une épreuve décisive par laquelle certaines de ses prédictions risquent d'être réfutées. Cette démarche est ce qui rend la science unique en son genre. La véritable théorie scientifique, contrairement aux théories de « prétendues » sciences comme l'astrologie ou le marxisme, est exposée d'une manière qui décrit clairement des observations et des prévisions qu'on peut vérifier par l'expérience. La théorie reste alors debout ou s'écroule selon les résultats de ces essais. Si la prévision n'est pas vérifiée, la théorie a été réfutée et doit se retirer de l'arène. Popper affirmait qu'il ne servait à rien d'essayer de réparer la théorie scientifique réfutée en lui adjoignant un cas d'exception ou en l'ajustant pour expliquer son échec. Une fois qu'une prévision capitale a été infirmée, la théorie doit être abandonnée ou totalement repensée. Si une théorie passe l'épreuve cruciale, elle n'a pas été prouvée, mais seulement « corroborée », et le processus de mise à l'épreuve doit se poursuivre. Popper n'était pas tendre avec les théories.

Il avait défini quatre caractéristiques d'une bonne théorie. Premièrement, ses conclusions ne se contredisent pas mutuellement. Deuxièmement, ce qu'elle prétend montrer n'est pas déjà inclus dans ses prémisses. Troisièmement, elle est « meilleure » que les théories précédentes dans la mesure où elle contribue au progrès scientifique. Enfin, qu'elle contienne ou non des éléments inobservables, la théorie dans son ensemble doit pouvoir être « corroborée » ou réfutée dans le monde réel par des essais qui aboutissent à des observations concrètes.

Popper avait relevé un formidable défi. Le spectre qui se profilait derrière la théorie quantique laissait craindre que les phénomènes se déroulant au niveau subatomique de la matière ne fussent peut-être pas gouvernés par des lois absolues ou déterminées de cause et d'effet, mais par l'indéterminisme, les lois du hasard. Même dans le formalisme hautement rationnel des mathématiques, l'atmosphère scientifique du XXe siècle prenait un tour étrange. En 1931, Kurt Gödel avait prouvé de manière convaincante que dans les mathématiques mêmes qu'utilisaient les scientifiques et qu'admirait Descartes — les systèmes axiomatiques — il y aurait toujours des assertions qui sont vraies et cohérentes, mais qui ne peuvent pas être dérivées d'un ensemble défini d'axiomes. Pour l'homme de science ou le mathématicien dotés d'une formation classique, cela revenait à dire que si on mettait un couple de lapins dans un enclos isolé et qu'on les laissait se reproduire, il pourrait y avoir après plusieurs générations des lapereaux qui seraient frères ou sœurs d'autres lapins de l'enclos, mais n'auraient aucun lien de parenté avec le couple original. Certains de ceux qui ont médité la preuve de Gödel sont convaincus qu'il s'agit là de l'un des nombreux faits nouveaux annonçant la fin de la science rationnelle.

Popper, cependant, put faire face à cette évolution déconcertante en redéfinissant la science et son processus d'élaboration des théories. Dans ses écrits, néanmoins, il laisse percer une nuance de regret et de nostalgie pour le temps de Bacon, de Newton et de Descartes, où l'on pouvait encore croire que la nature était une machine et qu'en l'observant de près les hommes de science pourraient apprendre graduellement comme elle fonctionnait. Cette époque était révolue, il s'en rendait compte :

> La science objective n'a donc rien d'« absolu ». La science ne repose pas sur des fondations inébranlables. L'édifice hardi de ses théories s'élève, pour ainsi dire, au-dessus du marécage, pareil à une construction érigée sur des pilotis. Ceux-ci sont enfoncés d'en haut dans le marécage, mais ne reposent sur aucune base naturelle ou « donnée [39] ».

La science n'en progresse pas moins, mais le savoir avance désormais selon une succession constante de révolutions qui renversent chacune une structure théorique au moyen d'une épreuve décisive la réfutant, afin qu'une nouvelle théorie, « meilleure » et plus profonde, puisse être érigée à sa place. Popper reste attaché à l'idée scientifique classique selon laquelle les lois de la nature sont régulières, définitives et immuables, tout en admettant qu'elles sont recouvertes par un « marécage » si profond que la science risque de ne jamais en atteindre le fond. Afin de sauvegarder l'image de la science en tant que recherche strictement « objective », il a changé de terrain. Pour les inductionnistes, l'objectivité était possible parce que les lois de la nature étaient évidentes et absolues et que la raison humaine, si elle observait les choses clairement, pouvait donc arriver à les appréhender. Pour

Popper, l'objectivité est possible parce que la science est disposée à soumettre à de nouvelles épreuves la théorie la mieux établie afin de voir si elle fournit des observations prévisibles.

La nouvelle image de la science proposée par Popper acquit une influence énorme sur les chercheurs scientifiques. L'un des théoriciens du miroir lui-même, Rupert Sheldrake, souligne qu'il a fait en sorte que sa théorie de la morphogenèse soit explicitement réfutable par des expériences clefs.

Paradigmes : le point de vue de l'œil du lapin

Dans ce panorama bien établi survient l'analyse de Thomas Kuhn, qui considère l'image globale de la science objective et progressive en historien, et non en philosophe. Il s'intéresse avant tout à la question suivante : dans le passé et le présent, que font réellement les hommes de science quand ils élaborent des théories et font des expériences ? — et non pas que « devraient-ils » faire. En faisant le tour de cette question, Kuhn relève dans notre image de la science un fossé insolite jusqu'à présent caché.

Il s'est rendu compte que les changements révolutionnaires qui renversaient les théories ne sont pas en fait le processus évolutif normal de la science comme l'avait prétendu Popper, pas plus que les théories ne commencent petites pour devenir de plus en plus générales comme le proclamait Bacon, ni ne peuvent jamais être axiomatiques comme l'affirmaient Descartes et Newton. Pour la plupart des scientifiques, les théories majeures, ou « paradigmes », sont pareilles à des lunettes qu'ils mettent afin de résoudre des « énigmes ». De temps à autre survient un « changement de paradigme » à l'occasion duquel ces lunettes sont brisées ; les hommes de science en mettent alors de nouvelles qui inversent le haut et le bas, la droite et la gauche, et modifient la couleur. Une fois qu'un changement de paradigme s'est produit dans un domaine scientifique quelconque, apparaît une nouvelle génération d'hommes de science qui portent les nouvelles lunettes et acceptent la nouvelle vision comme naturelle ou « vraie ». A travers ces lunettes, ils voient alors des ensembles d'énigmes entièrement nouvelles.

Les scientifiques eux-mêmes usent souvent de métaphores se rapportant à la perception quand ils discutent de l'évolution d'une théorie ou de la solution d'un problème difficile : « Considérons la chose sous un angle différent » ; « Tout dépend de la façon dont vous envisagez le problème » ; « J'ai abordé cette théorie dans une nouvelle perspective. » Les psychologues ont confectionné des paradoxes visuels qui illustrent la façon dont la perception peut basculer d'un angle ou « gestalt » à un autre. Dans le dessin ci-dessous, la tête de canard apparaît comme une image unique mais, par un soudain renversement alogique, elle disparaît pour faire place à une tête de lapin. Dans le domaine scientifique, selon Kuhn, ce genre de changement se produit sur une grande échelle.

Le processus de la découverte et de l'accoutumance à une certaine façon de voir était bien connu dans l'histoire de l'art avant que Kuhn attirât l'attention sur son équivalent relatif à la science. Considérons par exemple la représentation de la forme humaine. Les Égyptiens montraient le corps humain de profil pour le visage et les jambes, mais avec le torse et l'œil vus de face. Les artistes du Moyen Age le présentaient à plat, sous une forme linéaire, allongée. A la Renaissance, la peinture chercha à lui donner une apparence de solidité, de volume. Les post-impressionnistes mirent en valeur la surface de la peau, avec sa coloration et les effets de lumière. Braque et Picasso dépeignirent les plans du corps. Dans chaque cas, l'attention était attirée sur un certain aspect de la forme visuelle : configuration, contour, volume, mouvement, couleur, texture. La peinture n'a pas « progressé » ni ne s'est améliorée depuis l'époque des Égyptiens jusqu'à celle de Picasso ; ce qui a changé, c'est la façon de voir, ce que l'historien de l'art E.H. Gombrich appelle le « schème ». Chaque fois qu'un nouveau schème est adopté, les artistes mettent une paire de lunettes particulière et portent leur attention sur un certain aspect visuel ou une certaine façon de voir et de dépeindre la nature. Le nouveau schème apparaît d'abord antinaturel et déformé aux yeux du public, mais celui-ci finit par se laisser subjuguer et il lui semblera bientôt impossible de voir les choses d'une autre façon.

L'élément majeur du paradigme, ou des lunettes que met un homme de science, est la théorie — théorie quantique, relativité, théorie de l'évolution. Mais le paradigme inclut également tous les présupposés subtils qui entourent la théorie. Les paradigmes s'acquièrent par un processus analogue à celui qui se déroule quand Johnny se promène avec son père dans un jardin zoologique :

> L'éducation de Johnny... s'accomplit de la façon suivante. Son père montre un oiseau en disant : « Regarde, Johnny, voilà un cygne. » Un peu plus tard, Johnny montre à son tour un oiseau en disant : « Papa, un autre cygne. » Mais il n'a pas encore appris ce qu'étaient les cygnes, et son père doit corriger : « Non, Johnny, c'est une oie. » Quand Johnny montre un cygne la fois suivante, il ne se trompe pas, mais son « oie » suivante est en fait un canard, et il doit être de nouveau remis sur la bonne voie. Après quelques-unes de ces rencontres, l'aptitude de Johnny à identifier les oiseaux aquatiques devient aussi grande que celle de son père [24].

L'équivalent scientifique de l'instruction de Johnny tient dans les manuels et les exercices qui permettent de former un jeune scientifique dans sa profession. En apprenant à résoudre les problèmes inclus à la fin des chapitres de son manuel, l'étudiant acquiert le sentiment de ce qu'est une expérience acceptable dans son domaine. Il apprend à voir avec les lunettes qui lui permettront de pratiquer la science dans le paradigme partagé.

Ce paradigme inclut également les symboles que les scientifiques utilisent dans leurs formules pour résoudre les problèmes, de même que des instruments intellectuels très importants appelés « modèles ». Les modèles sont des images de la façon dont les choses fonctionnent dans la nature, et ils ont souvent un effet puissant sur la perception scientifique. Quelques exemples en sont l'image de l'atome sous forme d'un système planétaire d'électrons orbitant autour du noyau, la double spirale de la structure génétique, et l'électricité en tant que circulation d'un courant.

Les paradigmes ont une grande valeur pratique pour l'homme de science. Sans eux, il ne saurait pas où regarder ni comment programmer une expérience et recueillir des données. En de rares occasions, il peut arriver qu'une découverte scientifique soit déclenchée par une observation fortuite, mais il est généralement admis que de telles observations ne sont faites que par un « esprit préparé ». En d'autres termes, les observations et les expériences scientifiques se fondent sur les prémisses de théories et d'hypothèses. Un étudiant en médecine apprend l'anatomie de façon à savoir comment regarder quand il ouvrira un corps humain. Si un profane assistait à une opération, il n'aurait pas grande idée de ce qu'il verrait. Grâce à une formation minutieuse, l'étudiant apprend à « lire » le corps humain, à reconnaître les organes, à distinguer l'essentiel du négligeable.

De nos jours, la plupart des physiciens « voient » la nature en termes de particules élémentaires. Ils croient que la réalité est entièrement construite à partir d'éléments tels qu'électrons, protons, neutrons, neutrinos, et que ces particules à leur tour sont constituées d'objets plus élémentaires appelés quarks. Une telle hypothèse conduit à la construction d'énormes accélérateurs de particules — des machines conçues pour observer le comportement et la production de particules élémentaires. Sans l'hypothèse concernant des particules, il serait impossible de savoir comment concevoir cet équipement et comment s'en servir. Mais la vision paradigmatique est à double tranchant. Le paradigme des particules élémentaires qui permet une certaine vision restreint en même temps cette dernière. De par la nature même de leur conception, les accélérateurs de particules élémentaires ne permettent aux chercheurs d'observer que des particules élémentaires. S'il se produisait un phénomène radicalement nouveau, il ne serait pas nécessairement « vu » au moyen de ce dispositif, lequel pourrait même l'occulter.

Un paradigme pourrait également se comparer à une carte géographique. A ses premiers stades, il ressemble à une carte des Amériques telle qu'on les dessinait au début du XVIIe siècle. Seule la forme générale y est esquissée, criblée de petites erreurs, mal proportionnée, encore hantée de dragons et de serpents de mer mythiques attardés à la périphérie. A l'intérieur du contour, la grande masse continentale est encore vide, à l'exception de quelques fleuves et chaînes de montagnes. Mais une idée générale du continent s'en dégage néanmoins. La tâche de la « science normale » consiste à remplir les surfaces vides, corriger les écarts de forme, chasser les dragons et élaborer une image progressivement plus détaillée. La carte fournit les grandes lignes et les directives nécessaires à cette entreprise.

Tel était l'état de choses après l'établissement du paradigme « classique » de la physique. La plus grande partie de ce dernier était issue des *Principes* de Newton, qui fournissaient une forme générale du continent et quelques repères importants. Il restait à la science normale des XVIIIe et XIXe siècles à épurer l'image. Certains hommes de science, par exemple, entreprirent d'aligner sur Newton les théories et les techniques divergentes de l'époque. D'autres, se servant de nouvelles inventions et en perfectionnant d'anciennes (telles que la lunette astronomique), s'efforcèrent de recueillir des observations susceptibles de combler les vides du paradigme et de lui donner une substance concrète. L'observation des orbites planétaires différant de la théorie, d'autres hommes de science affinèrent cette dernière pour la faire concorder avec les résultats de l'expérience.

Tout en modelant et corrigeant leur paradigme, les scientifiques font d'autres découvertes. En s'engageant dans une certaine direction, avec peut-être une destination particulière, ils sont comme ces explorateurs qui cherchaient un passage nord-ouest vers le Pacifique et découvrirent les Grands Lacs en cours de route. Le développement des mathématiques de l'hydrodynamique (le mouvement des fluides) et certaines solutions au problème des cordes vibrantes virent le jour dans le cadre des dimensions générales, aussi vagues fussent-elles, de la carte établie d'après les *Principes* de Newton.

A la fin du XIXe siècle, la carte du paradigme newtonien semblait presque aussi détaillée que les cartes de l'Amérique à la même époque. Il ne restait apparemment que peu de zones à explorer.

Mais en sondant ces régions, les cartographes résolveurs d'énigmes de la science normale commencèrent à buter sur d'ennuyeuses difficultés. Ils virent la lumière se comporter à la fois comme une onde et comme une particule, et les électrons sauter instantanément d'une orbite à une autre à l'intérieur de l'atome. C'était comme si les explorateurs et leurs instruments de mesure tombaient soudain à travers le sol qu'ils cartographiaient pour entrer dans une autre réalité. L'apparition d'« anomalies » qui ne cadraient pas avec l'image newtonienne classique du monde entraîna ce que Kuhn appelle une « crise » de paradigme.

Ce fut là, alors qu'il étudiait ce qui se passe dans ces périodes de crise, que Kuhn découvrit une brèche sérieuse, jusqu'alors bien dissimulée, dans la vision traditionnelle, objective et progressive de la science.

Il remarque qu'en temps de crise, de nouvelles théories apparaissent pour expliquer les anomalies, et se disputent l'honneur de devenir le nouveau paradigme. Pendant ce temps, les adeptes du vieux paradigme en crise luttent pour le défendre contre les révolutionnaires qui ont l'outrecuidance d'expliquer les anomalies en traitant la nature comme si elle était un lapin ou un écureuil, alors que tout homme de science qui se respecte sait ce qu'elle est : un canard.

Selon Popper, de telles controverses ne devraient pas exister. Des scientifiques confrontés à deux théories rivales visant à expliquer des anomalies devraient simplement choisir la « meilleure » — celle qui serait capable de survivre aux épreuves les plus sévères. Kuhn se rendit compte que, en pratique, c'est impossible. Les changements de paradigmes impliquent des remaniements si radicaux de la perception que les défenseurs de différentes théories ne s'accordent même pas sur ce qui constitue une épreuve valable. Certains critères prétendument « objectifs » utilisés pour choisir une théorie — l'exactitude, la cohérence, la portée, la simplicité — contiennent tous des facteurs subjectifs. Même si des scientifiques pouvaient convenir que la « simplicité », par exemple, soit une norme permettant de choisir entre plusieurs théories, ils risqueraient fort de ne pas s'accorder pour savoir quelle théorie est véritablement la plus simple. Les groupes en présence dans une confrontation de paradigmes usent de langages différents et « parlent les uns au travers des autres ». Ils portent des lunettes tellement différentes que même s'ils lisaient la même boussole, ils ne seraient pas d'accord sur la direction indiquée par l'aiguille.

Kuhn conclut que la réfutabilité prise comme critère d'objectivité par Popper était un mythe. Popper avait accusé l'astrologie d'être non scientifique parce qu'elle refusait d'accepter toute erreur de prédiction comme une preuve contraire à sa théorie. Mais Kuhn se rendit compte que la science fait souvent la même chose. Les météorologues n'abandonnent pas leurs théories quand le soleil annoncé n'est pas au rendez-vous. Ils invoquent les mêmes raisons que les astrologues : trop de variables et d'incertitudes dans le système. En fait, la plupart des hommes de science considèrent rarement un résultat d'expérience anormal comme une remise en cause du paradigme impliqué.

Considérons, par exemple, ce qui s'est passé dans l'affaire des quarks absents. Dès les années 60, on avait proposé une théorie selon laquelle une particule élémentaire était composée de trois sous-particules appelées quarks, dont chacune était supposée détenir une charge électrique fractionnaire. Les propriétés de ces quarks avaient été calculées, et des physiciens du monde entier préparèrent des expériences pour les détecter.

Aucun quark ne fut jamais détecté. Cela signifie-t-il que la théorie a été réfutée ? Pas du tout, car elle avait seulement prédit l'existence des quarks, sans affirmer que quelqu'un parviendrait en fait à en voir un. De plus, à mesure qu'un nombre croissant d'expériences étaient effectuées sur les particules élémentaires, il devint évident que l'existence de trois quarks ne pouvait expliquer les nouveaux résultats. La théorie fut-elle abandonnée ? Avait-elle été réfutée ? Toujours pas ; elle fut simplement étendue pour inclure la présence de six quarks au lieu de trois. De surcroît, il fut désormais admis que les quarks sont par principe inobservables.

Bien que le principe de la réfutabilité des théories scientifiques soit logiquement séduisant, il a peu de rapport avec la manière dont les scientifiques procèdent en réalité. Les vraies théories sont difficiles à réfuter dans la pratique car toute expérience implique une gamme d'erreurs possibles et un ensemble complexe de processus et de méthodes — de sorte qu'il y a toujours place pour la modification et l'adaptation des hypothèses. Dans la plupart des cas, les hommes de science préfèrent adapter une théorie, et maintenir par là sa structure globale, plutôt que de l'abandonner purement et simplement parce qu'elle ne cadre pas avec certains faits. Souvent, ils préfèrent penser que l'échec d'une expérience vient de leur propre incapacité de s'adapter correctement au paradigme. Pourquoi ? Il semble que pour un homme de science (et peut-être pour le reste d'entre nous), il y ait une chose *encore* pire que l'échec personnel : découvrir que la réalité qu'il a observée et dans laquelle il a travaillé depuis tant d'années est en fait une *autre* réalité.

Si la réfutabilité n'est pas un critère permettant d'assurer l'objectivité de la théorie scientifique, comment en trouver un ? Kuhn s'aperçut en fait que les hommes de science dans leur ensemble appliquaient certains critères pour l'acceptation des théories majeures. Premièrement, l'explication de la nouvelle théorie doit répondre à un nombre appréciable de questions déjà résolues par l'ancien paradigme, sans pour autant les résoudre toutes. Certaines des questions précédemment résolues peuvent devenir des questions ouvertes dans la nouvelle théorie, ou être considérées comme non pertinentes. Deuxièmement, une théorie acceptable doit fournir assez d'énigmes pour maintenir en vie la recherche scientifique. Une théorie qui résoudrait toutes les questions ne présenterait pas beaucoup d'intérêt pour les scientifiques du fait qu'elle ne laisserait plus d'énigmes ni d'emplois pour la recherche.

Tels sont les critères observés par Kuhn, mais ils sont loin d'assurer que le choix d'une théorie sera objectif. C'est parce que Kuhn, en fait, a mis au jour une fissure insoupçonnée dans la conviction depuis longtemps établie que la science nous entraîne vers l'ultime vérité à propos des lois de la nature. En nous glissant par cette fissure, nous serons peut-être contraints de nous rendre compte à quel point cet univers est réellement étrange.

Au XVIIIe siècle, la nouvelle théorie de John Dalton concernant les composés chimiques introduisit un ensemble d'hypothèses totalement différentes de celles qui servaient de guide aux chimistes de son époque. Quand il parcourut les ouvrages de chimie pour y chercher des preuves à l'appui de sa théorie, il trouva certains exemples de réactions qui confirmaient ses hypothèses, mais beaucoup qui la contredisaient. Par exemple, un expérimentateur célèbre pour la précision de ses mesures avait obtenu pour les proportions d'oxygène et de cuivre dans l'oxyde de cuivre un rapport de 1,47/1. La théorie de Dalton concernant le poids atomique prévoyait un taux de 2/1. Voici ce qu'en dit Kuhn :

Il est difficile d'obliger la nature à s'accorder à un paradigme. C'est pourquoi les énigmes de la science normale sont si passionnantes, et aussi pourquoi les mesures entreprises sans paradigme aboutissent si rarement à une conclusion quelconque. Les chimistes ne pouvaient donc pas accepter simplement la théorie de Dalton sur preuves, car une grande partie de ces dernières étaient encore négatives. Même après qu'ils l'eurent acceptée, il leur a fallu obliger la nature à s'aligner, processus dont l'aboutissement demanda presque une autre génération. Quand ceci fut accompli, les proportions internes de composés chimiques bien connus n'étaient plus les mêmes. *Les données elles-mêmes avaient changé* (souligné par l'auteur [25]).

Faisant allusion au paradoxe de la perception, Kuhn dit : « Ce qui était un canard dans le monde scientifique d'avant la révolution (paradigmatique) est après cette dernière un lapin... Ce qu'il y a de plus important, c'est que, durant les révolutions, les hommes de science voient des choses nouvelles et différentes quand ils observent à l'aide d'instruments familiers des lieux qu'ils avaient déjà observés auparavant [25]. »

Imaginons de nouveau un instant que nous sommes au stade initial d'une crise de paradigme. L'ancien paradigme ne peut expliquer certaines anomalies, d'étranges données récemment recueillies. Deux nouvelles théories font leur apparition, offrant des explications tout à fait différentes pour les anomalies. Ces théories représentent différentes réalités, différentes paires de lunettes, le contour de cartes extrêmement dissemblables. Après quelque temps, l'une des théories nouvelles commence à trouver un certain appui dans la communauté scientifique. Les raisons de cet appui ne sont pas objectives. Les hommes de science sont séduits par sa simplicité, son élégance, ou la gamme des explications qu'elle fournit. Ce soutien entraîne la réalisation d'expériences, lesquelles apportent bientôt les preuves qui « corroborent » la théorie. Plus les preuves s'accumulent, plus la théorie gagne de partisans parmi les scientifiques, surtout les plus jeunes. Bientôt, la réalité commence à s'engager dans (ou à être perçue depuis) la nouvelle perspective. Comme des peintres qui ont soudain commencé à voir un certain aspect de la forme humaine, les hommes de science dans leur ensemble commencent à voir et tester certains traits de la réalité tout en ignorant ou rejetant certains autres.

Que serait-il arrivé si le soutien était allé à l'autre théorie ? Les preuves auraient-elles afflué dans l'autre sens ? La réalité se serait-elle orientée dans cette direction ? D'après Kuhn, c'est tout à fait possible.

Il en découle, bien sûr, qu'il n'y a pas de réel « progrès » scientifique. Un nouveau paradigme ne se construit pas sur le paradigme qu'il remplace ; il se tourne dans une direction entièrement nouvelle. Il se perd autant de savoir de l'ancien paradigme qu'il s'en gagne du nouveau. Ce que les hommes de science du Moyen Age connaissaient de l'univers, les scientifiques de la théorie quantique ne le savent plus. Au lieu de cela, nous « connaissons » un *différent* univers.

L'idée selon laquelle il n'y a pas de progrès scientifique peut être difficile à accepter, car nous voyons tout autour de nous la télévision, les ordinateurs, les voyages jusqu'à la Lune. Nous ne pouvons douter que ces technologies sont un signe de « développement » scientifique. Cette conviction imprègne si fortement notre image de la science qu'il semble dément de supposer le contraire. Mais la technologie est essentiellement de l'ingénierie, et implique l'invention d'instruments et de techniques, lesquels jouent un rôle important pour la science en permettant de nouvelles observations et en fournissant des modèles. S'il est vrai que les paradigmes scientifiques suggèrent souvent aux inventeurs certaines directions pour la création de nouveaux instruments, la plupart des techniciens conviendraient que les nouvelles technologies sont plus généralement issues d'une interaction avec la réalité que de théories. Et les technologies nouvelles impliquent-elles que nous comprenions réellement « mieux » la nature que nous ne le faisions au XIVe siècle ? Ou mieux que des cultures traditionnelles comme celle des Amérindiens ? Les technologies sont-elles réellement un progrès ? On pourrait alléguer que nous sommes sous de nombreux rapports moins en harmonie avec la nature que nous ne l'avons jamais été, et que notre savoir technologique lui-même ne nous a pas tant fait progresser qu'il n'a engendré de nouveaux niveaux d'ignorance. Une partie de cette ignorance semble au moins aussi perfide que les forces de la nature que nous croyons avoir maîtrisées grâce à nos technologies. Ceux qui veulent avancer cet argument n'auraient pas besoin d'aller très loin pour trouver des preuves de la méconnaissance croissante de la nature dont témoignent entre autres la pollution, l'armement et les déchets nucléaires, le surpeuplement urbain, et la destruction de la faune terrestre *.

Si l'analyse de Kuhn est juste, elle détruit également l'un des principaux supports de la méthode scientifique. Toute la notion d'expérience scientifique repose sur l'hypothèse selon laquelle l'observateur peut être essentiellement distinct de son appareillage expérimental, celui-ci étant capable (selon les termes de Popper) de « vérifier » la théorie. Kuhn montre que l'observateur, sa théorie et son appareillage sont tous essentiellement des expressions d'un certain point de vue — et les résultats de l'expérience doivent être également des expressions de ce point de vue.

L'analyse qu'il fait de l'histoire scientifique nous dépouille de la préconception traditionnelle selon laquelle la science est objective. Cela signifie-t-il donc qu'elle est *subjective ?* (« Tout est dans notre esprit » ?) Impossible. De toute évidence, les observateurs ne rêvent ni ne gouvernent la réalité au moyen de leurs théories. Après tout, des expériences échouent, des paradigmes finissent par être renversés. Il doit y avoir à l'œuvre *autre chose* que les fantasmes de l'esprit humain. Mais si la science n'est ni objective ni subjective, qu'est-elle ? Quelle est la relation de l'homme de science avec cet univers qu'il observe ? Qu'est cet univers ?

Entre les lignes de l'analyse de Kuhn, nous nous glissons par la

---

* L'idée osée selon laquelle la technologie n'est pas une preuve de progrès peut s'illustrer en considérant les Amérindiens. On dit souvent que la technologie médicale a radicalement amélioré notre état de santé général et accru notre durée moyenne de vie — ce qui apparaît comme une preuve indéniable de progrès. Or, il se trouve que les colons, quand ils sont arrivés d'Europe, ont constaté que les indigènes américains étaient pour la plupart de grande taille, physiquement sains, et qu'ils jouissaient d'une longévité exceptionnelle. Les Amérindiens possédaient une connaissance approfondie des remèdes végétaux et de méthodes de guérison psychologiques que commence tout juste à reconnaître la culture américaine moderne. La technologie européenne a dégradé la culture amérindienne plus qu'elle ne l'a fait progresser, et une grande partie des connaissances naturopathiques de cette dernière ont été perdues. On pourrait dire que la notion de progrès technologique est valable si le cadre de référence est suffisamment restreint. La médecine occidentale d'aujourd'hui est peut-être « meilleure » que celle d'il y a cent ans. Mais est-elle meilleure que d'autres types de médecine, d'autres paradigmes ?

fissure ouverte dans la vision traditionnelle de la science jusqu'à un étroit tunnel, et nous avançons la tête dans un paysage enveloppé de brume — miroitant, infiniment subtil, et nouveau. Dans ce paysage, nous voyons les hommes de science aller d'un paradigme à l'autre comme des lapins dans un spectacle magique, paraissant découvrir dans leur mouvement que *les lois mêmes de la nature sont protéiformes et changent avec chaque nouveau paradigme.* Quand les hommes de science changent de paradigme, les données elles-mêmes changent (rappelez-vous Dalton). Et à mesure qu'il se développe, le paradigme semble *engendrer* (et pas seulement révéler) des anomalies qui le détruisent et conduisent à d'autres paradigmes. Ainsi là, à travers cette brume flottante, avons-nous l'impression d'entrevoir une étrange possibilité : *la variabilité des lois de la nature pourrait être liée d'une certaine façon à l'activité des hommes de science quand ils l'observent.* Observateur et observé semblent s'influencer mutuellement, l'homme de science pareil à un tourbillon essayant d'étudier l'écoulement de l'eau. Ici, nous avons laissé derrière nous, avec Bacon, Descartes et Popper, un univers où l'observateur *observe* l'observé, pour entrer dans un miroir, un univers où, d'une certaine façon (c'est une région que nous ne distinguons encore que très confusément), *l'observateur est l'observé.* Nous pouvons en conclure, s'il en est ainsi, que nous avons peut-être découvert un univers qui est un tout (indissociable).

Mais le brouillard se referme, et il ne nous reste plus que ce bref aperçu frustrant.

Quoi qu'il en soit, nous savons que le point de vue de Kuhn nous a entraînés loin de la définition que Locke donnait de la science : une « certitude » et une « démonstration » de « choses physiques ». Les perspectives traditionnelles de la science présumaient que l'investigation scientifique était guidée par les objets concrets et les mouvements de la nature, le physique et le métaphysique. Kuhn nous a montré que le physique et le métaphysique, les faits et les idées, la matière et la conscience, l'expérimentateur et l'expérience ne sont en quelque sorte qu'un même mouvement. Pour comprendre la nature, semble-t-il donner à entendre, il nous faudra comprendre beaucoup mieux que nous ne le faisons maintenant ce qu'est ce mouvement et comment il fonctionne. Car sans cette compréhension, il paraît évident que la signification de nos expériences scientifiques sera irrémédiablement vouée à la confusion. Surtout si nous voulons répondre à des questions comme : Quelle relation y a-t-il entre l'observateur et l'observé, la matière et la conscience ? Comment les lois de la nature peuvent-elles être si stables pendant de longues périodes de temps (entre deux paradigmes), et sur quel principe se fondent leurs changements ?

La perspective de Kuhn nous entraîne déjà loin, mais n'apporte pas même un début de réponse à ces questions. C'est la science du miroir qui devra s'en charger. A ce point, nous ne devons pas oublier que la thèse de Kuhn est elle-même un paradigme, par quoi elle découvre de nouveaux aspects de la science tout en demeurant aveugle à certains autres. Elle est importante pour nous dans l'immédiat, car elle constitue un premier pas, assez vague, dans un univers nouveau où l'observateur est l'observé. Elle nous offre un aperçu des forces sociales de la science qui décideront sans aucun doute si des théories quelconques visant à expliquer un univers de l'observateur-observé seront finalement acceptées. Et elle nous prévient également que pour voir ce nouvel univers, il faudra que nous mettions des lunettes qui nous rendront probablement le familier aussi peu familier que notre image dans un jeu de miroirs déformants.

Laissons maintenant l'histoire et la philosophie de la science pour nous lancer à la recherche du miroir dans ces problèmes « ardus » auxquels s'attaquent les chercheurs quand ils essaient de comprendre la naissance, la mort et les transformations de la matière. Approchons-nous de ces hommes de science eux-mêmes et des indices d'un univers insolite révélés par leurs investigations.

2.

LA SECONDE EXPÉDITION

Au début de ce siècle, deux expéditions scientifiques organisées par des physiciens atteignirent la lisière du miroir. Ces explorations marquèrent l'époque de la grande crise de paradigme qui vit la fin de la physique newtonienne, et furent responsables de l'établissement des paradigmes de la mécanique quantique et de la relativité. Aucune d'elles ne franchit totalement le miroir ; mais par le développement de leurs théories, toutes deux dévoilèrent de nouvelles perspectives et explorèrent des pistes qui préparaient la voie. La première à atteindre la lisière fut menée presque exclusivement par un seul homme, Albert Einstein ; la seconde par un groupe d'aventuriers comprenant Niels Bohr, Werner Heisenberg et Erwin Schrödinger. Nous commencerons notre enquête à la recherche de preuves « tangibles » de l'existence de l'univers miroir par cette seconde expédition, car c'est elle qui a produit les résultats les plus frappants. Les découvertes de l'expédition précédemment menée par Einstein pourront alors être examinées dans cette lumière.

Le remaniement de l'atome de Bohr

Il est impossible de dire à quel moment exactement a commencé la révolution quantique. D'après certaines estimations, elle a pris naissance au tournant du siècle — mais il a fallu plus de vingt ans pour qu'on se rendît vraiment compte qu'un changement de paradigme était en cours. Nous commencerons notre relation à peu près à l'époque de cette prise de conscience, avec l'un des guides indiscutés de l'expédition, Niels Bohr.

MODÈLE PRIMITIF DE L'ATOME

L'une des images de l'atome en vigueur au début du XXe siècle était celle de protons et d'électrons maintenus dans la structure atomique comme des raisins secs dans un pudding.

Les Grecs anciens tenaient l'atome pour l'ultime élément de la matière, la partie indivisible dont toutes les autres parties étaient constituées. Les physiciens du début du XXe siècle avaient découvert que cet atome indivisible était lui-même constitué de « parties », le proton et l'électron, et ils conçurent plusieurs images de la façon dont ces éléments s'assemblaient.

Le grand expérimentateur Ernest Rutherford en avait proposé le modèle le plus convaincant. Il affirmait que l'atome était pareil à un minuscule système solaire, avec un noyau central massif entouré d'électrons plus légers orbitant autour de lui.

En réfléchissant à ce modèle séduisant, Niels Bohr s'était rendu compte qu'il était sérieusement erroné. Quand on appliquait les lois de la physique classique à ce système solaire miniature, un paradoxe apparaissait. Les calculs indiquaient que les électrons sur orbite devaient dégager de l'énergie et tomber suivant une spirale vers le noyau. Mesuré à l'échelle chronologique humaine, ce déclin orbital se produirait dans le temps d'un clin d'œil. Théoriquement, donc, tous les atomes devraient s'effondrer en un instant. Et puisque tout est composé d'atomes, il ne devrait y avoir aucune stabilité dans tout l'univers. Les pierres et les montagnes ne pourraient exister, ce qui n'était manifestement pas le cas.

Pour résoudre ce paradoxe, Bohr proposa donc un nouveau modèle, dont le triomphe eut une portée considérable. Il le découvrit en combinant deux indices.

Le premier était le spectre de l'hydrogène. Quand on brûle une pincée de sel ou d'une autre substance chimique, elle produit de la lumière. Passée à travers une sorte de prisme, cette lumière révèle une

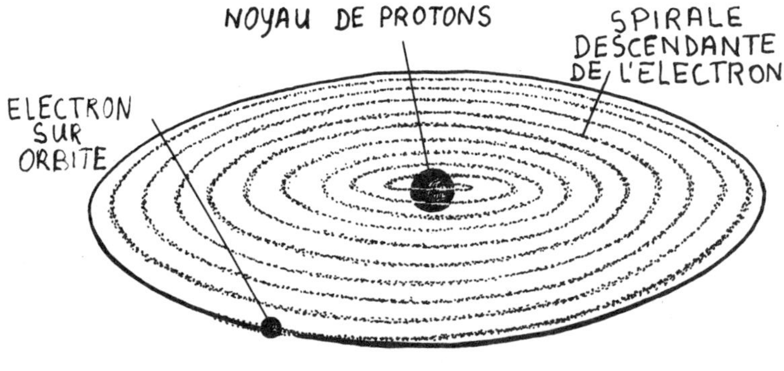

L'ATOME DE RUTHERFORD

Dans notre système solaire, les planètes perdent continuellement de l'énergie et tombent progressivement vers le Soleil suivant une spirale. Nous ne nous en rendons pas compte parce qu'à notre aune l'échelle de notre système solaire est immense. Mais Bohr a fait observer qu'un atome correspondant au modèle planétaire de Rutherford, à cause de son échelle très petite, semblerait à nos yeux s'effondrer en un instant.

configuration de raies brillantes — le spectre du corps chimique. Chaque élément ou corps chimique a une configuration de raies identifiable — une « empreinte digitale ». Ce type de spectre s'appelle spectre

« d'émission » parce qu'il enregistre l'énergie (la lumière) émise par les atomes quand ils sont excités (brûlés). Les scientifiques se servent également du spectre « d'absorption », qui se forme quand de l'énergie est absorbée par les atomes. Le spectre d'absorption, constitué de raies sombres sur un fond lumineux, est l'image négative du spectre d'émission.

Les hommes de science savaient que les distances séparant les raies de l'empreinte spectrale d'un élément pouvaient être représentées mathématiquement par des formules mathématiques particulièrement simples, mais ils ne savaient pas ce que signifiaient les raies ni les formules. Bohr supposa que les raies spectrales devaient correspondre d'une certaine façon à l'énergie de l'électron orbitant autour du noyau. Quand un atome est excité par une flamme, l'un de ses électrons saute sur des orbites de plus en plus hautes, un peu comme un pianiste montant des gammes. A chaque saut, il absorbe de l'énergie qui se traduit par une raie dans le spectre. Bohr en était arrivé là de ses réflexions, mais il ne savait pas ce qui gouvernait les orbites de l'électron. Pourquoi étaient-elles espacées selon des formules aussi simples ? Pourquoi l'électron progressait-il par étapes fixes (discrètes) au lieu de suivre une spirale ascendante ou descendante pour gagner sa nouvelle orbite comme le font une planète ou un satellite ?

Le spectre d'absorption de l'hydrogène. On s'est beaucoup intéressé au spectre de l'hydrogène à la fin du XIXe siècle, et les formules de la structure fine des raies étaient bien connues. Mais ce que représentaient ces lignes à l'intérieur de l'atome demeura un mystère jusqu'à Bohr.

Pour répondre à ces questions, Bohr recourut à son second indice : les quanta de Max Planck.

Au début du XXe siècle, Max Planck avait toute raison de penser qu'il serait l'un des derniers chercheurs de physique théorique au monde. A cette époque, on estimait généralement que le paradigme newtonien avait résolu la plupart des grands problèmes de physique, et que dès que les questions mineures qui demeuraient auraient été éclaircies, il ne resterait plus grand-chose à faire pour les physiciens. La destinée de Planck voulait qu'il bouleversât ce point de vue.

Au début du XIXe siècle, Thomas Young avait démontré que la lumière était une onde. A la fin du même siècle, le physicien écossais James Clerk Maxwell avait montré que les ondes lumineuses sont des vagues électromagnétiques d'énergie et que ces vagues comprennent non seulement la lumière visible, mais d'autres énergies allant des ondes hertziennes de basse fréquence aux ondes gamma de haute fréquence. La théorie donnait des résultats satisfaisants, sauf quand les physiciens entreprirent de calculer l'énergie totale à l'intérieur d'une « boîte noire » chauffée. Les calculs aboutissaient à un résultat absurde : l'énergie était infinie.

Pour résoudre ce paradoxe (qui se révéla être une anomalie de paradigme), Planck proposa l'hypothèse bizarre selon laquelle l'énergie lumineuse peut être émise et absorbée par unités discrètes, ou séparées, qu'il appelait « quanta ». Le problème soulevé par cette théorie était qu'elle contredisait celle de Young disant que la lumière

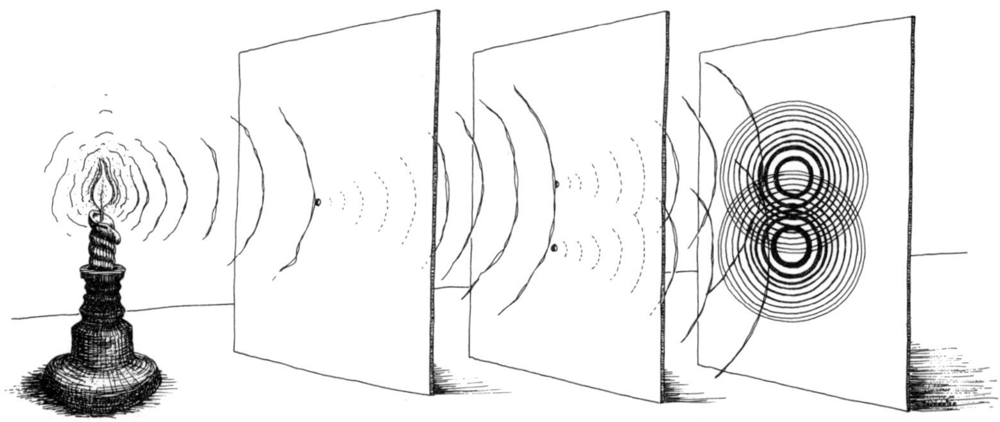

Thomas Young, pour son expérience, projetait un pinceau de lumière sur un écran percé de deux trous d'épingle rapprochés. La lumière franchissant les trous tombait sur un second écran, où apparaissaient alors des configurations de chevauchement pareilles à des vagues se propageant et se recoupant mutuellement après avoir franchi deux ouvertures dans une digue. Il en conclut que la lumière se propageait sous forme d'ondes.

se déplace sous forme d'ondes continues. Bien que Planck hésitât face aux implications de sa découverte, un jeune physicien, Albert Einstein, reçut le prix Nobel pour avoir montré que l'énergie a effectivement une nature corpusculaire. (Plus tard, Einstein lui-même aurait l'occasion d'hésiter devant les implications de sa propre découverte quantique.) Avec la découverte de Planck et d'Einstein était né le premier

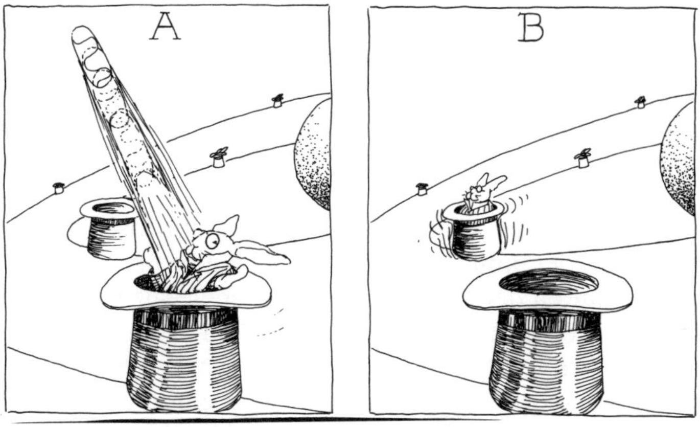

L'électron (le lapin) saute de façon discontinue d'une orbite à une autre en absorbant ou en émettant des quanta d'énergie. Il laisse une trace de son saut magique sous la forme d'une raie dans le spectre d'absorption ou d'émission.

de ce qu'on appellerait bientôt les paradoxes quantiques : la lumière et les autres formes d'énergie ont une double personnalité — elles se comportent parfois comme une onde, et parfois comme une particule ! Pour le physicien newtonien classique, ceci était à peu près aussi logique que de prétendre qu'une goutte d'eau est également une pierre.

Bohr rapprocha ses deux indices, le quantum discret et les raies spectrales, puis les appliqua au modèle planétaire de l'atome de Rutherford pour en dériver un nouveau modèle surprenant. Il avançait que les niveaux d'énergie possibles d'un atome sont « quantifiés », c'est-à-dire fixes et discrets. Un électron ne peut se mouvoir que sur certaines orbites distinctes, un peu comme si une série de rainures étaient tracées autour du noyau. Un électron ne peut pas perdre ni gagner de l'énergie de façon continue, en décrivant une spirale vers des orbites plus hautes ou plus basses ; il absorbe ou rejette un paquet (quantum) d'énergie et bondit d'une rainure à l'autre à la manière d'un lapin disparaissant et réapparaissant par intermittence dans différents chapeaux.

Dans l'atome d'hydrogène, que Rutherford disait avoir un seul électron sur orbite, l'électron saute à une orbite plus élevée chaque fois qu'un paquet quantique d'énergie lumineuse est absorbé. Selon la valeur de ce quantum, il peut sauter sur l'orbite voisine ou douze orbites plus loin. Inversement, si l'électron d'hydrogène se trouve sur une orbite extérieure et qu'il émet (rejette) un quantum d'énergie, il bondit sans déplacement continu (comme un lapin magique) sur une orbite inférieure. Dans une direction comme dans l'autre, l'électron ne peut occuper que des orbites fixes, et aucune position intermédiaire. Personne ne sait comment il se déplace d'une orbite à une autre. Chaque saut quantique, ascendant ou descendant, sera enregistré sous forme d'une raie dans le spectre d'absorption ou d'émission. Quand Bohr calcula les niveaux d'énergie (orbites) de l'atome d'hydrogène et les compara avec les termes spectraux de ce dernier, il constata une correspondance parfaite. Il détermina également qu'un électron, quand il a atteint son orbite la plus basse, ne peut plus descendre ni rejeter aucune énergie. L'électron dans son « état fondamental » est absolument stable. Les pierres et les montagnes composées d'atomes peuvent donc exister pour l'éternité.

La brillante théorie de Bohr séduisit immédiatement les physiciens de l'époque, car elle intégrait les nouveaux concepts étranges de Planck et d'Einstein concernant la nature quantique discontinue de l'énergie à l'image newtonienne, traditionnelle et familière, des orbites ceignant un corps central.

La certitude de Heisenberg

A la suite de la publication de ses résultats, les idées nouvelles de Bohr furent largement discutées dans les milieux universitaires de toute l'Europe. A l'université de Munich, par exemple, le directeur de la faculté de physique théorique, Arnold Sommerfeld, organisa une série de colloques sur la structure atomique. Ceux-ci captivèrent l'imagination de deux jeunes étudiants, Werner Heisenberg et Wolfgang Pauli, qui passèrent leurs heures de loisir à en débattre.

Il devint évident pour les deux jeunes gens que, malgré le brillant de la théorie de Bohr, il y avait quelque chose de bancal dans ses fondations. D'une part, les progrès de la technologie spectrale des expérimentateurs révélèrent une structure fine des raies, plus subtile que celle sur laquelle avait travaillé Bohr. Il s'avéra difficile d'expliquer ces nouvelles lignes en faisant appel au modèle atomique de Bohr. Mais les jeunes gens allèrent plus loin que ces objections expérimentales. Ils se rendirent compte que Bohr avait greffé les nouvelles idées quantiques sur de vieux concepts du XIXe siècle tels que les orbites planétaires. Même si leurs aînés physiciens s'estimaient satisfaits de cette théorie hybride, les deux étudiants trouvaient le compromis défectueux.

Sommerfeld avait remarqué l'intérêt manifesté par Heisenberg et, bien que le jeune homme n'eût pas encore écrit sa thèse, il lui donna un problème théorique à résoudre. Il lui demanda d'identifier les orbites de Bohr correspondant aux résultats de certaines expériences récentes. Apprenant alors que Bohr allait donner une conférence à Göttingen, Sommerfeld offrit à Heisenberg un billet de chemin de fer depuis Munich pour qu'il pût aller entendre parler de la théorie par son créateur.

Il est probable que Heisenberg fut déçu quand il écouta la conférence de Bohr en 1922. De l'avis général, Bohr était particulièrement peu doué pour parler en public. Il passait un temps exaspérant à essayer d'allumer sa pipe avant de marmonner à voix basse, de sorte que seuls les auditeurs des premiers rangs pouvaient suivre l'enchaînement de ses pensées.

A la conférence, Heisenberg fit une chose que peu d'étudiants de l'époque auraient osé faire. Il se leva pour émettre des objections à de récents développements de la théorie de Bohr. Loin de s'en offenser, le physicien fut frappé par l'intensité de l'étudiant, auquel il demanda de venir se promener avec lui ce même après-midi. A la fin de la journée, Bohr fut assez impressionné pour inviter Heisenberg à lui rendre visite à Copenhague.

Après cette promenade, cependant, Heisenberg dut redescendre sur terre ; durant les trois années suivantes, il poursuivit ses études et écrivit une thèse sur l'hydrodynamique. Mais dès qu'il avait un moment de liberté, il allait retrouver son ami Pauli pour discuter de la théorie de Bohr.

Dès que sa thèse fut terminée, Heisenberg consacra toute son énergie à l'atome. Que se passait-il réellement à l'intérieur de celui-ci ? Au début de 1925, son esprit était devenu un tel enchevêtrement de conjectures et d'équations mathématiques qu'il tomba malade. La cause physique en était une attaque de rhume des foins si sévère qu'il prit en mai 1925 un congé de l'université de Göttingen, où il enseignait. Il passa deux semaines dans l'île de Helgoland, lieu réputé dépourvu de pollen.

Le jeune homme nagea et fit de longues promenades, sans que les énigmes de l'atome de Bohr fussent jamais très éloignées de ses pensées. L'activité physique et le changement de décor parurent cependant lui avoir éclairci les idées, et il considérait maintenant le problème d'un œil neuf.

Il lui apparut plus clairement encore que sa confusion était causée par les efforts qu'il faisait pour s'accrocher à des concepts physiques traditionnels et éprouvés, tels que les orbites et les trajectoires de particules. Ces notions s'appliquaient fort bien au monde ordinaire des pierres et des boulets de canon, mais elles ne convenaient plus quand on était aux frontières du quantum. Pour un homme de science élevé dans la grande tradition allemande de la mécanique, Heisenberg remettait en question son catéchisme. S'il rejetait ces concepts, qu'est-ce qui les remplacerait ?

Heisenberg se rappela que son ami Pauli lui avait dit un jour comment Einstein (qui avait été grandement influencé par le néo-positiviste Mach) avait fondé sa théorie de la relativité sur ce qu'il appelait des « observables ». Le célèbre physicien n'avait pris pour point de départ que ce qui pouvait être mesuré et observé ; tout le reste devait être rejeté comme autant d'embarras métaphysiques inutiles.

Heisenberg décida de commencer exactement de la même façon — avec les faits observables du spectre atomique, les distances entre les raies et leur épaisseur. (D'après la théorie de Bohr, les raies les plus épaisses correspondaient à des niveaux d'énergie « préférés » par les électrons, l'épaisseur indiquant que de très nombreux électrons avaient sauté à ces niveaux d'énergie quand un grand nombre d'atomes avaient été chauffés.) A l'exception de ces faits observables, il rejetterait tout le reste, y compris les idées classiques d'orbites et de trajectoires.

Sur cette île, isolé de l'université et de ses contraintes, Heisenberg fit de rapides progrès. Il prit les nombres qui décrivent les spectres atomiques (ses observables) et les arrangea en configurations rectangulaires. Puis il découvrit une règle simple lui permettant de manipuler ces tableaux de nombres en traitant chacun d'eux comme un seul symbole algébrique. A ce point, la démarche de Heisenberg fut une combinaison d'approximations successives guidées par une intuition globale de la façon dont les choses devaient s'agencer.

Un soir, il fut enfin prêt à effectuer ses premiers calculs sur un cas simple. Rien ne saurait mieux décrire l'épisode que ses propres paroles, extraites de son autobiographie, *La Physique et au-delà :*

> J'avais atteint le point où j'étais prêt à définir les termes individuels de la table d'énergie ou, comme on le dit aujourd'hui, de la matrice... Quand les premiers termes parurent s'accorder au principe d'énergie, je commençai à déborder d'exaltation et me mis à faire d'innombrables erreurs d'arithmétique. En conséquence, il était près de trois heures du matin quand le résultat final de mes calculs m'apparut enfin... je me sentis d'abord profondément alarmé. J'avais l'impression, à travers la surface du phénomène atomique, de contempler un espace intérieur d'une beauté étrange, et j'avais presque le vertige à la pensée que je devais maintenant sonder cette profusion de structures mathématiques que la nature avait si généreusement déployées devant moi. J'étais bien trop excité pour pouvoir dormir [20].

Le jeune chercheur triomphant marcha alors jusqu'à la pointe méridionale de l'île, escalada un gros rocher qui surplombait la mer, et contempla le lever du soleil.

Les résultats de Heisenberg furent rapidement publiés. Bientôt considéré comme une star, il donna des conférences à travers toute l'Allemagne devant des auditoires distingués. Un jour, à Berlin, Einstein était présent dans l'assistance.

Après la conférence, Einstein invita le conférencier à le raccompagner à pied jusque chez lui. Heisenberg lui expliqua comment sa mécanique quantique était fondée uniquement sur les observables, tout comme l'avait été la théorie de la relativité en 1905. La réponse d'Einstein le surprit. Ce dernier reconnut qu'il avait sans doute procédé autrefois de cette façon, mais il ajouta : « Ce n'en est pas moins une absurdité. » Einstein — devançant Popper dans la perspective que

Werner Heisenberg

ce dernier adopterait quelques années plus tard — lui expliqua qu'il était futile d'essayer de construire des théories à partir des observables car, après tout, c'était la théorie elle-même qui disait aux physiciens ce qu'on pouvait ou non observer dans la nature.

L'argument d'Einstein était profond et subtil. Quelques mois plus tard, Heisenberg aurait une occasion spectaculaire d'en user lui-même.

Heisenberg vogua quelques mois sur la vague du succès, jusqu'à l'apparition d'une théorie rivale qui menaçait de rejeter sa mécanique quantique dans l'oubli. La nouvelle théorie de la « mécanique ondulatoire » avait ses origines dans la thèse de doctorat d'un étudiant noble français (prince, puis duc), Louis Victor de Broglie.

De Broglie savait que la lumière se comportait parfois comme une onde, quand elle s'infléchissait par exemple vers l'intérieur en franchissant les trous d'aiguille des expériences de Young. Mais quand elle bombardait une surface métallique dans l'effet photoélectrique étudié par Einstein, elle se comportait comme une particule. La lumière (et toute énergie) était à la fois une particule et une onde.

De Broglie décida de faire franchir à cette idée une étape hardie en demandant : si les ondes d'énergie peuvent avoir un caractère corpusculaire, les particules de matière peuvent-elles donc avoir un caractère *ondulatoire ?* Il avança que l'électron, par exemple, pouvait se comporter parfois comme une onde, et parfois comme une particule. Ses idées n'attirèrent que peu d'attention quand elles furent publiées, mais sa thèse, terminée en 1924, fut envoyée à Einstein. Ce dernier comprit l'importance des « ondes de matière » de Louis de Broglie et communiqua son enthousiasme à un collègue de sa vieille ville de Zurich, Erwin Schrödinger.

Ondes d'incertitude

Schrödinger, âgé à l'époque de près de quarante ans, avait presque atteint la limite de ce qu'on considère habituellement comme la vie créative d'un théoricien. Il n'avait apporté aucune contribution importante à la physique théorique ; en fait, après sa période de service militaire durant la Première Guerre mondiale, il avait envisagé d'abandonner la science pour se consacrer à la philosophie. Il n'en fut pas moins passionné par ce que lui dit Einstein. A supposer que l'électron se comportât effectivement comme une onde de Broglie quand il était à l'intérieur de l'atome — serait-il possible de calculer le mouvement de cette onde ?

A l'époque, les ondes « de matière » de Louis de Broglie n'étaient que pure spéculation — sans aucune preuve expérimentale pour les étayer. (Quelques années plus tard, les ondes de matière furent effectivement photographiées.) Schrödinger put montrer que si l'unique électron de l'atome d'hydrogène était réellement une « onde stationnaire », il admettrait des fréquences exactement équivalentes aux orbites définies par Bohr, avec des niveaux d'énergie égaux à ceux calculés par Heisenberg. En montrant que les niveaux d'énergie de l'électron pouvaient être des configurations ondulatoires, Schrödinger résolvait le même problème du nouveau spectre de l'hydrogène qu'avait résolu Heisenberg avec sa collection d'observables. Le système de Schrödinger, cependant, présentait un avantage évident. Il donnait aux physiciens une « image » de l'intérieur de l'atome, alors que Heisenberg ne leur avait donné que des formules mathématiques.

En 1926, le premier des mémoires de Schrödinger fut publié et obtint un succès immédiat. En avril de cette même année, Einstein lui écrivit : « Je suis convaincu que vous avez franchi un pas décisif avec votre formulation des conditions de quantification, tout comme je suis également convaincu que la voie Heisenberg-Bohr est erronée [26]. »

Le 2 avril, Max Planck écrivait : « J'ai lu votre article de la même façon qu'un enfant curieux écoute avidement la solution d'une énigme qui le tracassait depuis longtemps, et je suis émerveillé par les beautés qui s'offrent au regard [26]. »

Pour les physiciens, il semblait désormais que l'algèbre purement théorique de Heisenberg concernant les observables des transitions énergétiques de l'atome n'avait été qu'un bouche-trou sur la voie d'une théorie plus approfondie. Même son ancien professeur Max Born, qui avait initialement contribué à la formulation mathématique de la théorie, était persuadé que la mécanique des matrices de Heisenberg ne serait bientôt plus qu'un souvenir.

Mais dès que les physiciens commencèrent à examiner de plus près l'atome de Schrödinger, l'issue de la controverse devint moins évidente. Pour commencer, non seulement les théories de Heisenberg et de Schrödinger résolvaient le même problème, mais on pouvait montrer que leurs démarches étaient mathématiquement équivalentes malgré leurs différences conceptuelles.

Une autre complication apparut quand le modèle ondulatoire de Schrödinger fut appliqué à des atomes qui comportaient plus d'un électron. Dans l'atome d'hydrogène, tout avait paru parfaitement clair — les électrons forment des ondes de matière, et ces ondes établissent des configurations stationnaires autour du noyau. La « fonction d'onde » — nom donné à toute solution de l'équation de Schrödinger — apparaît presque comme une représentation directe de cette onde de matière, l'image mathématique d'une chose concrète.

Mais que se passe-t-il si un atome a deux électrons ? Cela signifie-t-il qu'il y a deux ondes se mouvant dans l'espace ? A ce point, la solide image classique de l'intérieur de l'atome commença de nouveau à se désagréger. L'équation d'onde de deux électrons ne pouvait pas s'écrire dans les trois dimensions de l'espace, mais requérait trois dimensions pour chaque électron — soit six dimensions. Dans le cas de l'atome de lithium à trois électrons, il fallait neuf dimensions, et douze pour l'atome de bérylium à quatre électrons. De toute évidence, la fonction d'onde de Schrödinger ne correspondait directement à aucune réalité physique, car elle s'exprimait dans un espace mathématique abstrait.

Le problème fut résolu par Born, qui fit observer que les solutions ondulatoires de Schrödinger étaient en fait des ondes de probabilité. Cela signifiait que l'équation de Schrödinger ne décrivait pas tant une onde physique que la probabilité d'observer un électron (particule quantique) en un certain endroit. Pour localiser les électrons, il suffisait de projeter une particule subatomique dans une région de l'espace. Si la particule frappait quelque chose qui laissait une trace sur une plaque photographique, on savait que l'électron s'était trouvé là. Selon Born, là où l'image de l'onde de probabilité de Schrödinger était dense, il y avait de fortes chances de trouver un électron ; là où elle était plus éclaircie, la probabilité était plus faible. Les physiciens commencèrent à se rendre compte que l'équation de la fonction d'onde révélait un aspect de la réalité beaucoup plus subtil qu'il n'était possible de le représenter.

Malgré ces problèmes, de nombreux physiciens préféraient en 1926 l'équation de Schrödinger parce qu'elle évoquait pour le moins une image physique, alors que la mécanique des matrices de Heisenberg demeurait une coordination de transitions et de niveaux d'énergie quantiques. En mai 1926, H.A. Lorentz décrivit le dilemme à Schrödinger :

> Si je devais choisir maintenant entre votre mécanique ondulatoire et la mécanique des matrices, je donnerais ma préférence à la première à cause de sa plus grande clarté intuitive, tant qu'on n'a affaire qu'à trois coordonnées x, y, z. Par contre, s'il y a d'autres degrés de liberté, je ne peux pas interpréter physiquement les ondes et les vibrations, et je dois m'en remettre alors à la mécanique des matrices [26].

La physique était déchirée entre ces différentes interprétations.

Tandis que les physiciens débattaient les mérites des théories rivales, Heisenberg parla à Bohr de ses doutes concernant la fonction d'onde, et Bohr invita Schrödinger à Copenhague. Ceux qui croient que les hommes de science recherchent la vérité d'une manière calme et objective risquent d'être choqués par la relation de la rencontre qui eut lieu en septembre 1926 entre Bohr et Schrödinger.

Bohr accueillit son invité à la gare de Copenhague et commença immédiatement à le haranguer à propos de l'interprétation correcte de la théorie quantique. Le débat se prolongea tard dans la nuit, et ne cessa que pour reprendre tôt le lendemain matin. D'après Heisenberg, Bohr devint fanatique : Schrödinger se montrait trop simpliste en essayant d'interpréter les atomes comme des ondes.

Sous l'intensité des attaques de Bohr, Schrödinger tomba littéralement malade, sans échapper pour autant aux arguments implacables de son interlocuteur. Il repartit épuisé, mais inflexible, et Bohr se rendit compte qu'il était d'une importance vitale d'établir une interprétation cohérente du monde quantique.

Heisenberg prit un appartement à Copenhague et, durant l'hiver et

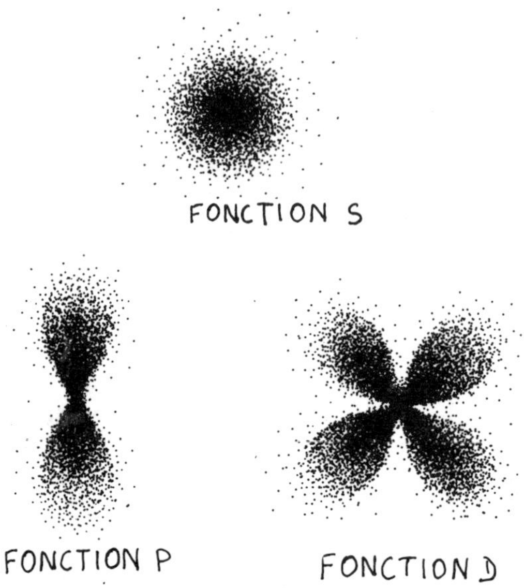

Ce schéma montre un relevé des équations de la fonction d'onde de Shrödinger pour l'atome d'hydrogène. Il représente trois différents niveaux d'excitation de l'unique électron de l'atome. Imaginez ce schéma en trois dimensions, le noyau étant situé au centre de chaque figure. La partie dense et sombre, autour du centre, nous montre la zone où existe la plus haute probabilité de trouver l'électron. Là où les points sont plus clairsemés, la probabilité est moindre. La théorie quantique a montré que, théoriquement, un électron pouvait se trouver n'importe où dans l'espace, y compris de l'autre côté d'une paroi de plomb par rapport au noyau, bien que la probabilité diminue avec la distance.

le début du printemps de 1927, Bohr et lui discutèrent fréquemment jusqu'au milieu de la nuit. Heisenberg en dira plus tard :

> Je me souviens de discussions avec Bohr qui se prolongeaient tard dans la nuit et s'achevaient presque dans le désespoir ; et à la fin de la discussion, quand j'allais marcher seul dans le parc voisin, je me répétais sans cesse la question : la nature peut-elle vraiment être aussi absurde qu'elle nous le paraît dans ces expériences sur l'atome [20] ?

Comment pouvait-il y avoir deux théories aussi différentes — les ondes de probabilité et la mécanique des observables — capables de prédire avec exactitude le résultat des expériences ? Que se passait-il à l'intérieur de l'atome qui pût expliquer comment cela était possible ? Le sentiment qu'avait Heisenberg d'un univers ordonné et rationnel était en jeu. Mais dans le désespoir même résidait la réponse.

Toutes les idées chères à la physique et au bon sens avaient été remises en question par le comportement des quanta. La lumière est à la fois une onde et une particule, les électrons sont à la fois des particules et des ondes. Quand une particule est projetée d'un point à un autre, elle n'a pas de trajectoire entre les deux. Quand l'électron saute d'un niveau quantique de l'atome au suivant, il semble n'avoir pas d'existence entre les deux. Où est l'électron durant un saut quantique ? *Comment* quelque chose peut-il être à la fois une onde et une particule ? La théorie des quanta semblait incapable de répondre à de telles questions.

C'est alors que Heisenberg se rappela ce que lui avait dit Einstein quand il le raccompagnait chez lui après la conférence de Berlin. Était-il possible que la réponse à ses questions existât déjà dans la théorie elle-même ? Mais sa théorie de la mécanique quantique ne donnait aucune réponse. Cela était-il en quelque sorte *la* réponse ?

Ces réflexions conduisirent Heisenberg à formuler le « principe d'incertitude » (ou d'« indétermination ») — une idée remarquable qui plonge aux racines du monde quantique. Il exprima ce principe en évoquant une expérience imaginaire faite au moyen d'un microscope. Depuis lors, l'expérience a été menée à de nombreuses reprises.

Si nous voulons découvrir comment l'électron se déplace du point A au point B, pourquoi ne pas faire appel à un puissant microscope ? Observer la particule en A, relever sa vitesse et sa direction, et calculer sa trajectoire. Vérifier ce résultat un peu plus loin le long de la trajectoire, et continuer jusqu'à arriver en B. C'est exactement la façon dont un ordinateur suivrait l'approche d'un missile et prédirait son point d'impact.

Mais l'électron est très, très petit. La longueur d'onde de la lumière visible est supérieure à sa taille, de sorte qu'il serait impossible de « voir » sa position. Pour ce faire, il nous faut une lumière de longueur d'onde extrêmement courte — les rayons gamma.

A l'aide d'un microscope à rayons gamma, il serait impossible de relever la position de l'électron au point A. L'étape suivante consiste à mesurer sa vitesse et la direction de son déplacement ou, plus exactement, sa quantité de mouvement (la quantité de mouvement d'un corps, encore appelée impulsion, est le produit de sa masse par son vecteur-vitesse). Mais là, Heisenberg se rendit compte qu'on affrontait un sérieux problème. En raison de sa longueur d'onde très courte le rayon gamma possède une grande énergie, de sorte que son photon (quantum ou particule de lumière) frappera violemment l'électron, l'accélérant et lui faisant quitter sa trajectoire. Nous connaissons la position de l'électron mais, par le fait même de notre observation, nous avons totalement changé sa quantité de mouvement, donc sa direction.

Et si nous réduisions la puissance des rayons gamma de façon que les photons individuels ne changent pas l'impulsion de l'électron et ne le fassent pas sortir de sa trajectoire ? Mais si nous utilisons des photons de basse énergie, cela signifie que la longueur d'onde de notre lumière s'est accrue, et nous revenons à notre point de départ : nous ne pouvons plus situer la position de l'électron avec exactitude.

L'« expérience du microscope » de Heisenberg était une illustration physique d'un phénomène qu'il avait découvert dans les raisonnements mathématiques de sa mécanique des matrices : quand on mesure la valeur de certains observables, d'autres deviennent incertains. Plus nous essayons de mesurer avec précision la position d'un objet quantique, moins nous pouvons être certains de sa quantité de mouvement. Il semble que l'acte même par lequel nous observons ou mesurons modifie le système.

Le principe d'incertitude de Heisenberg montrait que les propriétés effectives des objets ne pouvaient plus être séparées de l'acte de la mesure, et *par là du mesureur lui-même.* Heisenberg avait eu un aperçu du miroir, et ses travaux entraînaient les hommes de science à la lisière de ce dernier.

Avant Heisenberg, les hommes de science avaient cru qu'ils pouvaient indéfiniment affiner leurs expériences. Celles-ci produisent toujours de légères perturbations qui influencent le résultat. Un bon expérimentateur reconcevra son expérience, modifiera ses appareils, et réduira progressivement les perturbations externes indésirables jusqu'à se rapprocher le plus possible de la situation idéale où il aura éliminé autant que faire se peut toutes les influences extérieures et obtenu des résultats purement objectifs. Dans cette situation idéale, l'homme de science pré-heisenbergien est métaphoriquement assis derrière un miroir sans tain, spectateur de la nature observant les choses telles qu'elles sont réellement. Avec le principe d'incertitude, comme le dira plus tard le physicien John Wheeler, l'homme de science avait brisé cette vitre imaginaire qui le séparait de la nature.

Dans les fragments de la vitre brisée résidait la carte presque complète du paradigme newtonien. Le principe de Heisenberg marquait les dernières étapes du changement de paradigme. Les physiciens avaient maintenant du monde une carte quantique entièrement nouvelle, sur laquelle apparaissaient les contours d'un pays paradoxal.

La fameuse expérience de la « double fente » de Young illustre les dilemmes auxquels seraient désormais confrontés les hommes de science en essayant de compléter la carte et de naviguer dans ce paradigme paradoxal.

Les électrons sont des objets « élémentaires » ; on ne peut pas les diviser. De même, les photons sont des quanta unitaires et indivisibles d'énergie. Depuis l'expérience de Thomas Young, nous savons que si nous projetons un flux de photons (énergie lumineuse) vers un écran percé de deux fentes, les photons vont interférer et des franges de chevauchement d'ondes vont se former sur l'écran situé en arrière. Nous savons d'après la théorie des quanta que, puisque la matière est également un phénomène ondulatoire, la même chose doit se produire si nous projetons un flux d'électrons vers les deux fentes. Mais que se passerait-il si nous projetions un seul photon ou un seul électron à la fois ?

D'après la physique classique, le photon ou l'électron individuel franchira soit l'une des fentes, soit l'autre. Chaque électron est un objet unitaire et indivisible. Il n'y aura pas de franges, puisque nous les projetons individuellement de façon qu'ils n'interfèrent pas. Dans les expériences effectivement menées pour vérifier cette hypothèse, l'écran de détection produit un seul déclic chaque fois qu'un électron a franchi l'une des fentes, confirmant le fait qu'un seul électron a percuté la cible. Après environ un millier de ces tirs, la théorie classique prévoit que derrière chacune des fentes se sera formée une figure de dispersion simple, cinq cents impacts environ ayant été enregistrés de chaque côté.

Mais les expériences réelles font apparaître un résultat différent — déconcertant. Quand les expérimentateurs regardent leurs détecteurs, ils n'y trouvent pas une figure de dispersion, mais une figure d'interférence — comme s'ils avaient émis en une seule fois un flux d'ondes-électrons !

Il y a deux explications logiques à ces résultats, et ni l'une ni l'autre n'ont de sens en termes de physique classique. Dans la première interprétation, on peut supposer que chaque particule indivisible parvient en quelque sorte à franchir les deux trous en même temps et à interférer avec elle-même, contribuant ainsi à la formation des franges sur l'écran tout en n'enregistrant qu'un seul impact. La seconde interprétation est encore pire. On peut supposer que chaque particule « sait » où sont allées les particules qui l'ont précédée et où iront celles qui la suivront, de sorte qu'à la fin de l'expérience elles se sont toutes empilées soigneusement pour former de jolies franges d'interférence sur lesquelles l'expérimentateur pourra s'interroger à loisir. Non seulement ces interprétations sont extravagantes, mais ni l'une ni l'autre ne disent rien de ce qu'est réellement cette entité (quanton) qu'étudient les physiciens, ni des mécanismes de son comportement. Ou bien elle est très astucieuse, ou elle est à la fois divisible et indivisible.

Les physiciens se rendirent compte qu'à l'aide de leurs équations, en particulier l'équation d'onde de Schrödinger déterminant la probabilité de présence, ils pouvaient prévoir l'aspect de figure d'un grand nombre de particules, mais ne pouvaient pas dire grand-chose de ce que ferait individuellement chaque particule. Cette prévisibilité du comportement de groupe serait finalement l'un des indices qui permettrait à David Bohm d'envisager une science du miroir.

Pour les physiciens du paradigme quantique, la probabilité devenait ainsi une « donnée ». Dans d'autres cas où les hommes de science utilisent la probabilité, il s'agit d'un raccourci, d'une mesure d'ignorance. Quand on lance une pièce de monnaie, il y a une probabilité de 50 pour 100 pour qu'elle tombe sur face. Plus souvent on aura lancé la pièce, plus cette affirmation reflétera avec certitude le comportement du groupe des pièces lancées prises dans leur ensemble. Ce pourcentage, cependant, ne sert pas à grand-chose pour prédire de quel côté tombera la pièce au jet suivant. Pour faire ce genre de prévision, un scientifique vous dirait qu'il vous faut connaître toutes les forces entrant en jeu dans un jet particulier : énergie du pouce, pression atmosphérique, champ gravitationnel. Dans une situation réelle, nous ne connaissons pas toutes ces « variables cachées ». Comme il y en a trop pour les étalonner de façon appropriée, nous nous en remettons à la probabilité. La probabilité quantique est très différente. Les physiciens quantiques estiment qu'il n'existe pas de variables cachées, même des plus complexes, dans la réalité quantique. Il n'y a pas de « raisons » invisibles pour expliquer comment les quantons individuels passent d'une orbite à une autre ou semblent franchir deux fentes à la fois. Il existe seulement des règles très précises indiquant ce que feront de grands nombres de quantons et quelles seront leurs configurations globales. Les règles de la probabilité tracent une frontière sur la carte quantique.

Compliments de complémentarité

Le souci qu'avait Bohr de rester strictement à l'intérieur de cette frontière le fit réagir violemment contre l'exemple du microscope donné par Heisenberg pour le principe lui-même, estimant que c'était un aspect d'une idée plus profonde qu'il appelait « complémentarité ». Il entendait par là que l'univers ne peut jamais être décrit en une image claire et unique, mais doit être appréhendé à travers des perspectives imbriquées, complémentaires, et parfois paradoxales. Bohr trouvait des échos de cette idée dans la philosophie chinoise classique et dans les théories de la psychologie moderne.

Il convenait, avec Heisenberg, qu'il était important de montrer que plus nous mesurons avec précision la position d'un électron, moins nous pouvons être certains de connaître sa quantité de mouvement. Mais il fut loin de le complimenter pour l'exemple par lequel il avait choisi de concrétiser son idée. En fait, sa réaction mit littéralement Heisenberg au bord des larmes. Il reprochait à l'image du microscope de laisser entendre que l'électron *avait* en fait une trajectoire, qu'il avait à chaque instant une position et une quantité de mouvement déterminés que l'observation venait modifier. Cela aurait supposé que l'électron possède réellement des propriétés définies, et que c'est seulement son interaction avec le dispositif de mesure qui nous empêche de les mesurer avec exactitude. Bohr soutenait avec véhémence que de telles survivances du passé devaient disparaître. L'électron n'a pas de trajectoire ; il n'a pas de propriétés définies et indépendantes. Ce n'est pas, selon une phrase qui deviendrait populaire par la suite, une « chose », mais des « tendances à exister ». Au plus petit niveau de la nature, disait Bohr, nous ne trouvons plus de « choses en elles-mêmes ». Il se tenait au bord d'un miroir terni.

L'image de la nature sur laquelle s'accordèrent finalement Bohr et Heisenberg, et qui deviendrait connue sous le nom d'« interprétation de Copenhague de la mécanique quantique », est bien loin de celle qui avait prévalu depuis le temps des Grecs. Le monde dans lequel nous vivons et nous mouvons est composé de « choses » — pierres, maisons, animaux, nous-mêmes. Ces choses nous apparaissent comme des entités séparées, avec une existence propre, leurs propriétés particulières de couleur, de texture, d'odeur, de masse. Il existe bien entendu d'autres entités moins substantielles telles que l'air et l'eau, mais notre image fondamentale de la nature est celle d'un monde d'objets.

A la fin du XIXe siècle, il apparut que ces « choses » (y compris l'air et l'eau) étaient composées de molécules, lesquelles étaient à leur tour composées d'atomes. Même le premier modèle d'atome proposé par Bohr décrivait une « chose » dotée de propriétés particulières, indépendantes de tout observateur. Mais Bohr et Heisenberg admettaient maintenant que toute propriété est, jusqu'à un certain point, un résultat de l'acte par lequel on la mesure. Comme l'a dit Bohr, le photon dépend de nous pour son existence. Et la réciproque est sans doute également vraie. Nous dépendons aussi de lui ! Il n'y a pas d'objets séparés, indépendants. Au niveau quantique, le monde ne peut pas être divisé en parties indépendantes dont chacune exercerait sur l'autre une relation de cause et d'effet, car au niveau atomique chaque chose appartient à un tout indissoluble.

Mais que signifie « tout indissoluble » ? L'idée même semble une énorme abstraction mystique. La vision qu'avait eue Bohr dans le miroir était floue, et il avait reculé, essayant de sceller la frontière à jamais.

La nouvelle mécanique quantique, affirmait-il, était vouée à l'abstraction ; elle pouvait fournir des prévisions, mais ne pouvait plus offrir d'images ni de figures. Quand on procède à une expérience particulière de mécanique quantique, les théories de Schrödinger ou de Heisenberg indiqueront le mouvement qu'effectuera une aiguille sur un cadran ou quelles raies se formeront sur une plaque photographique. Ces corrélations seront statistiquement exactes — c'est tout ce que peut espérer le physicien. Si nous observons un groupe de particules arrivant au point B (un détecteur) après qu'un groupe de particules ont été émises d'un point A (une source), nous pouvons calculer correctement les probabilités et les configurations de ce que nous trouverons en B, mais c'est tout ; nous ne pouvons même pas affirmer avec certitude que les particules détectées en B sont les mêmes que celles qui ont été émises en A, et nous ne pouvons assurément pas dire quelles trajectoires elles ont suivies pour arriver là. Nous ne pouvons pas non plus savoir ce qui est arrivé en B. Nous relevons des traces sur nos appareils, mais nous n'avons aucune certitude quant à ce qu'elles sont réellement.

Actuellement, certains physiciens affirment encore que le principe d'incertitude de Heisenberg n'est qu'une reconnaissance des limitations de l'observation (peut-être la particule a-t-elle à la fois une position et une quantité de mouvement, mais nous ne pouvons simplement pas les mesurer). En d'autres circonstances, cependant, ces mêmes physiciens sont prêts à adopter l'idée de Bohr concernant la non-séparabilité quantique, car c'est le meilleur argument disponible contre l'existence de variables cachées. Une attitude aussi contradictoire illustre la difficulté de trouver son chemin sur la carte du paradigme quantique, et revient d'une certaine façon à essayer de conserver son gâteau quantique tout en le mangeant. Le problème est qu'il pourrait bien s'agir d'un gâteau du Miroir.

3.

LA PREMIÈRE EXPÉDITION

Nous avons vu comment les seconds explorateurs (quantistes) avaient atteint la lisière du miroir en sondant l'univers dans sa plus petite dimension — l'atome. Bien qu'Albert Einstein eût précédé ces aventuriers dans la même direction avec les travaux sur la nature quantique de la lumière qui lui valurent le prix Nobel, il abandonna bientôt cette piste pour prendre une autre direction. Il se dirigeait vers l'univers en grand. Les visions et les découvertes survenues au long de cette voie à travers les étoiles l'amenèrent à rejeter les théories des explorateurs quantistes, et finalement à reculer tout comme l'avaient fait ces derniers — pour des raisons différentes, cependant — quand il arriverait au seuil du miroir. Il vit ce seuil d'un certain point de vue, eux le virent d'un autre. Et, comme des gens contemplant une réalité à travers différentes facettes d'un diamant, ils ne pouvaient s'accorder sur ce qu'ils voyaient.

L'étonnant phénomène des horloges et des règles élastiques

L'excursion théorique d'Einstein à travers l'univers dans ses dimensions les plus vastes commença avec la théorie de la relativité restreinte, publiée en 1905 alors qu'il n'avait que vingt-six ans. C'est cette même année qu'il effectua ses travaux sur les quanta de lumière. Dix ans plus tard, il étendit la relativité restreinte pour définir la théorie de la relativité généralisée. Les deux théories sont le plus souvent évoquées simplement sous le nom de « relativité ».

La relativité restreinte naquit des réflexions d'Einstein sur le concept de mouvement absolu énoncé par Newton — un mouvement qui se produit dans un espace et un temps absolus. On peut se représenter l'espace absolu sous forme d'une grille comme on en utilise en algèbre. A l'époque du paradigme newtonien, l'univers dans son ensemble était représenté par une grille tridimensionnelle infinie, et tout mouvement pouvait être mesuré et comparé à n'importe quel autre mouvement dans ce quadrillage imaginaire de la même façon qu'on peut comparer deux lignes ou deux courbes tracées sur le même diagramme.

Mais Newton avait admis que les hommes de science ne pourraient peut-être jamais prouver par l'expérience que le mouvement absolu existait réellement. C'était un peu comme si nous étions des poissons dans une mer de temps et d'espace absolus, incapables de découvrir dans quoi nous vivons. Ernst Mach avait reproché au concept du mouvement absolu d'être en fait indémontrable, donc métaphysique. Pour cette raison, il devait être rejeté de la théorie scientifique, et Einstein avait trouvé l'argument convaincant.

Un second élément qui avait conduit le jeune Einstein à formuler la théorie de la relativité restreinte était né de l'intérêt qu'il portait à la lumière. Celle-ci le fascinait déjà quand il était enfant. A l'époque où il travaillait sur le problème du mouvement absolu, la lumière — des ondes gamma aux ondes radio — était représentée par les physiciens comme une vibration électromagnétique se déplaçant dans un milieu élastique qui emplissait tout l'espace. On appelait ce milieu l'« éther ». Les ondes lumineuses étaient censées voyager à travers cet éther invisible de la même façon que les ondes sonores voyagent dans l'air. L'éther était une « mer » absolue au sein de laquelle tout se mouvait. On supposait que si un observateur immobile dans l'éther mesurait la vitesse d'un rayon de lumière passant à sa portée, il obtiendrait une certaine valeur mais que, s'il se déplaçait lui-même, il obtiendrait une valeur différente. Par exemple, s'il allait dans la même direction que le rayon, celui-ci lui semblerait se mouvoir plus lentement. On dit qu'Einstein, quand il était enfant, s'est demandé ce qui se passerait s'il courait après un faisceau de lumière — de plus en plus vite. Quand il se déplacerait lui-même à la vitesse de la lumière, que verrait-il ? La théorie fournissait une réponse à cette question enfantine. S'il poursuivait un rayon de lumière à une vitesse croissante, il finirait par courir à sa hauteur et voir une ondulation stationnaire dans l'éther. C'était manifestement absurde, et cette expérience imaginaire avait dû le convaincre aussitôt qu'il y avait un vice profond dans la théorie.

Des chercheurs, utilisant la Terre elle-même comme laboratoire, essayèrent de détecter les différences dans la vitesse de la lumière à partir du mouvement de la planète dans l'éther autour du Soleil. Ils s'étaient dit que s'ils mesuraient la vitesse de la lumière entre deux points, ils obtiendraient des résultats différents selon que le rayon se déplacerait dans le même sens que la Terre ou en sens opposé. Mais les résultats furent surprenants. Quelle que fût la direction dans laquelle ils projetaient le faisceau lumineux, la mesure de la vitesse donnait toujours trois cents millions de mètres par seconde. La vitesse de la lumière, appelée « c », semblait être constante. Pour que c fût constante, la Terre en mouvement devait se tenir constamment immobile dans l'éther. Ridicule.

Tout juste un an avant la formulation de la relativité restreinte, le physicien hollandais Hendrik Lorentz tenta de résoudre ce paradoxe. Il avança l'hypothèse ingénieuse selon laquelle la Terre se mouvait effectivement dans l'éther, mais en précisant qu'un second effet masquait exactement toute tentative faite pour détecter son mouvement. Lorentz raisonnait comme suit : toute expérience visant à mesurer la vitesse de la lumière fait appel à des horloges et à des longueurs mesurées. La vitesse, par exemple, se mesure en chronométrant le temps que met une chose à franchir une certaine distance. Mais les horloges et les étalons de mesure sont tous composés d'atomes, lesquels sont maintenus ensemble par des forces électriques. C'était une notion acquise à la fin du XIXe siècle. Supposons un instant que la Terre (ou un laboratoire) soit immobile dans l'éther ; tous les atomes prennent des positions telles que les forces électriques qui les lient soient équilibrées. Les objets physiques — horloges et étalons de mesure — auront des configurations atomiques données, c'est-à-dire des longueurs et des rythmes de fonctionnement spécifiques. Supposons maintenant que le laboratoire commence à se déplacer dans l'éther. Les forces électriques qui maintiennent la cohésion des horloges et des étalons devront rattraper les atomes en mouvement, de sorte que chacun de ces derniers verra sa position légèrement décalée. Les atomes se trouveront ainsi tassés dans la direction de leur déplacement. Plus vite se déplace le laboratoire, plus les atomes seront tassés. Ces décalages auront pour effet de contracter les étalons de mesure et de ralentir les horloges.

En d'autres termes, bien que la valeur relevée pour c dût être plus petite, cette valeur sera surestimée par les instruments du laboratoire du fait de leur contraction. Ayant calculé minutieusement les variations de longueur et de temps, Lorentz s'aperçut qu'elles annulaient très exactement toute variation de la vitesse de la lumière.

Einstein avait fait remarquer, entre autres, que des observateurs se déplaçant à des vitesses différentes verraient les événements différemment. Le canard debout au centre d'un cube fonçant à travers l'espace frotte une allumette. De son point de vue, la lumière de l'allumette atteint les parois avant et arrière en même temps. Mais le lapin situé sur l'astéroïde ne voit pas l'événement de la même façon. Pour lui, la lumière de l'allumette atteint la paroi arrière un bref instant avant d'atteindre la paroi avant.

Ainsi, Lorentz affirma que, bien qu'un laboratoire pût se déplacer à travers l'éther, ces effets concouraient à rendre son mouvement inobservable. La vitesse de la lumière doit toujours apparaître identique, quelle que soit la vitesse du laboratoire. En un sens, l'hypothèse de Lorentz était analogue à la démarche de Bohr dans sa première théorie concernant l'atome — un mélange d'idées nouvelles et anciennes. Lorentz proposait une idée radicalement nouvelle en avançant que les

Du point de vue du canard debout dans la pièce fonçant à une vitesse relativiste, son horloge marche « normalement » et sa règle mesure toujours la même longueur. Le lapin, cependant, constate une chose étrange. Il voit l'horloge ralentir et la règle se contracter. De plus, il voit l'étrange canard devenir de plus en plus mince. Au lieu d'un univers composé de « choses » dures et définies, le lapin se rend compte que la réalité a un aspect profondément élastique.

horloges et les étalons étaient modifiés par le déplacement du laboratoire, mais il conservait néanmoins les vieux concepts d'éther et de mouvement absolu.

Einstein trouvait l'argument de Lorentz inacceptable. Si on ne pouvait jamais observer un mouvement dans l'éther, pourquoi ne pas abandonner carrément les notions d'éther et de mouvement absolu ? En conséquence, seuls les mouvements relatifs auraient une signification. Einstein franchit un pas de plus. Au lieu de considérer la constance de la vitesse de la lumière comme un effet de coïncidence, ainsi que le suggérait Lorentz, il l'éleva au rang d'un nouveau principe de physique.

La théorie de la relativité recelait quelques surprises, posant par exemple que des observateurs se mouvant à des vitesses différentes ne verraient pas les événements de la même façon. Des événements qui sembleraient simultanés pour un observateur pourraient apparaître parfaitement distincts pour un autre. « Tout est relatif », se mirent à clamer les vulgarisateurs. « Einstein a rejeté les absolus. Chacun voit un univers totalement différent. » A première vue, il semblait qu'Einstein affirmât un peu la même chose que Bohr, à savoir que chaque observateur crée un univers qui lui est propre. En fait, Einstein ne voyait pas du tout l'observateur sous le même jour que Bohr.

Pour lui, l'univers n'était pas simplement « relatif ». Il croyait fermement en un univers réel et objectif existant indépendamment de tout observateur. L'acte d'observation n'affectait en rien l'univers d'Einstein.

Mais si chaque observateur voit un univers différent, comment peut-on qualifier cet univers d'« objectif » ? Einstein répondait que

l'objectivité réside dans les lois de la nature. De quelque façon que les observateurs se déplacent, les mêmes lois de la nature continuent à s'appliquer. Peu importe que chaque observateur voie dans le même événement des phénomènes différents et en relève des mesures différentes, la relativité restreinte fournit certaines règles mathématiques pour traduire les phénomènes et les mesures. C'est un peu comme si chaque observateur venait d'un pays différent et parlait une langue étrangère ; en faisant passer tous leurs comptes-rendus par un traducteur, ils peuvent toujours s'accorder.

Supposons par exemple que plusieurs physiciens installent leurs laboratoires à bord de différentes fusées lancées à travers la galaxie, pour y effectuer des expériences et y relever des mesures. Différents laboratoires peuvent observer des phénomènes différents, mais les lois de la nature qu'ils en déduiront n'en seront pas moins identiques. En particulier, quels que soient le lieu ou le mode de leur déplacement, ils obtiendront tous la même vitesse pour la lumière. Les lois de la nature sont « invariables » ; elles ne dépendent pas du mouvement des observateurs. Tel était l'univers objectif, réel, que sous-entendait la théorie de la relativité.

En suivant la voie de la relativité restreinte, Einstein laissait en arrière le paradigme newtonien. D'une manière assez différente de celle des théoriciens quantiques, sa théorie démontrait que la matière et l'énergie ne peuvent pas être totalement dissociées. Qu'une chose soit matière ou énergie dépend du cadre de référence. En d'autres termes, Einstein avait découvert que la matière et l'énergie étaient équivalentes. Il exprima cette équivalence par la célèbre équation $E = mc^2$, qui demeurerait à jamais associée à son nom.

Einstein montra comment chaque observateur avait son propre espace-temps, et comment les étalons et les horloges d'un certain espace-temps ont une longueur et un rythme différents de ceux d'un autre espace-temps. Pour Lorentz, il s'agissait là d'un effet absolu ; une horloge prenait du retard parce qu'elle se déplaçait par rapport à l'éther, et une horloge au repos fonctionnait à un rythme « normal ». Dans la relativité restreinte, l'effet était plus subtil : si des observateurs A et B transportant des horloges se déplacent à des vitesses différentes, l'horloge de B prendra du retard aux yeux de A. Mais pour B, c'est l'horloge A qui prendra du retard. L'effet est symétrique, tout comme la constatation « A passe devant moi » faite par B, et la constatation « B passe devant moi » faite par A. Tout est relatif dans le sens que le mouvement absolu n'existe pas. Seul le mouvement relatif a une signification dans l'univers d'Einstein.

Le fait qu'une horloge en mouvement prend du retard est désormais bien établi. Certaines particules élémentaires qui ont des durées de vie définies se comportent comme de minuscules horloges. Le muon, par exemple, a une durée de vie d'environ deux millionièmes de seconde ; après ce temps il se désintègre en un électron et deux neutrinos. Les muons formés par les rayons cosmiques de haute énergie se déplaçant à des vitesses voisines de celle de la lumière dans un monde newtonien devraient donc parcourir plusieurs centaines de mètres durant ces deux millionièmes de seconde. En fait, les muons voyagent beaucoup plus loin parce que leurs « horloges internes » sont ralenties par leur mouvement, et que leur vie s'en trouve « allongée » par rapport aux horloges de la Terre.

La découverte de l'allongement et de la contraction des phénomènes se déplaçant les uns par rapport aux autres fut presque un pas de l'autre côté du miroir. Dans l'univers d'Einstein, il n'y a pas de « choses » dures en tant que telles — pas de particules absolues, seulement des particules relatives. Tout est fluide et élastique. Einstein a montré que la notion de corps rigide isolé ne concordait pas avec sa théorie. A la place des particules ponctuelles et des corps rigides de la physique newtonienne, il a introduit le concept de « tube-monde », ou histoire d'une région de l'espace. Le tube-monde est essentiellement un élément fondamental de la théorie, car il ne peut pas être analysé en détail plus fins. On peut se le représenter comme un tourbillon dans une rivière. De loin, on distingue clairement l'eau turbulente du tourbillon et le courant tranquille de la rivière ; mais en approchant, on se rend compte qu'il est impossible de dire où finit le tourbillon et où commence la rivière — toute tentative d'analyse en parties séparées distinctes est vouée à l'échec. Bohr avait dit quelque chose de similaire en affirmant qu'une expérience quantique ne pouvait pas être divisée en « parties » absolues. A leur grand chagrin, les deux physiciens ne purent jamais se retrouver sur ce terrain commun à leurs théories — peut-être parce qu'il se trouvait dans le miroir et que ni l'un ni l'autre ne voulait franchir la frontière.

Plus que relatif

Malgré le succès de la relativité restreinte, Einstein avait conscience de l'imperfection de sa théorie. S'il voulait montrer que tout ce que voient les observateurs est relatif, mais que les lois de la nature sont invariables, il y avait une chose dont il n'avait pas tenu compte — l'accélération. Quand plusieurs observateurs glissent uniformément dans des vaisseaux-fusées se mouvant à des vitesses différentes, ils sont tous équivalents en ce qu'ils sont relatifs les uns aux autres et que le mouvement absolu n'a aucune signification. Mais que se passe-t-il si l'un d'eux accélère pour en dépasser un autre ? Aussitôt, l'observateur qui se trouve à bord de la fusée accélérante semble singularisé. Il est pressé contre son siège, et ressent une force que ne ressent aucun des observateurs des autres vaisseaux. La force de l'accélération n'implique-t-elle pas qu'il existe malgré tout un mouvement absolu ? Einstein se rendit compte que la relativité restreinte n'était qu'une demi-théorie ; elle énonçait que la vitesse est entièrement relative, mais l'accélération semblait suggérer qu'il existe un arrière-plan absolu par rapport auquel tout se meut *.

Einstein se pencha longuement sur cette faille de sa théorie.

Le début d'une solution lui apparut un jour de 1907 alors qu'il rédigeait un sommaire de la théorie restreinte de la relativité. « A ce moment, écrivit-il plus tard, il m'est venu la plus heureuse inspiration de ma vie [64]. » Il prit soudain conscience qu'un homme tombant du toit d'une maison ne ressentirait paradoxalement aucune force gravifique. S'il portait une serviette et lâchait cette dernière, elle ne « tomberait » pas par rapport à lui, mais resterait plus ou moins à sa hauteur — bien que, évidemment, l'homme et la serviette fussent tous deux en mouvement par rapport au sol.

Cette intuition remonte à une expérience de Galilée. D'après la mythologie populaire, Galilée est censé avoir lâché différents poids du haut de la tour penchée de Pise, et avoir observé qu'ils arrivaient tous au sol en même temps. Le physicien italien n'a probablement jamais effectué cette expérience depuis la tour de Pise, mais il savait certainement qu'en éliminant la résistance de l'air un objet tomberait avec la même accélération, quelle que soit sa consistance.

En l'absence d'air, un gobelet de plastique et une boule de pétanque lâchés ensemble toucheront le sol ensemble.

On peut encore affiner cet exemple. Supposons qu'un laboratoire soit installé dans une fusée posée sur son aire de lancement à la surface de la Terre. A l'intérieur, un physicien laisse tomber un certain nombre d'objets différents. Ils frappent tous le sol au même instant. Il fait osciller un pendule de longueur appropriée, et ce dernier bat la

---

* Dans son analyse des faiblesses du mouvement absolu de Newton, Mach avança une proposition digne du miroir. (Ceci deviendra clair quand nous parlerons de David Bohm.) Mach pensait que l'inertie — la résistance à l'accélération — est causée par *l'interaction d'un corps avec le reste de l'univers.* Ainsi, quand un corps est accéléré par une force extérieure, il réagit avec toute la matière de l'univers extérieure à lui. *Tout est lié à tout le reste.* Bien qu'Einstein eût une grande admiration pour l'analyse que faisait Mach de Newton, sa propre solution au problème de l'accélération empruntait une autre voie.

seconde. Toutes ses mesures indiquent qu'il règne à l'intérieur de la fusée une attraction gravitationnelle égale à celle de la Terre.

Supposons maintenant que la fusée soit accélérée dans l'espace cosmique, loin de la Terre, à 9,81 mètres/seconde par seconde (la même accélération que subissent les objets qui tombent dans la gravité terrestre). Le physicien lâche ses différents objets, et ils tombent tous vers le sol à la même vitesse (d'un autre point de vue, ils demeurent immobiles dans l'espace intérieur du vaisseau là où on les a lâchés, et c'est le plancher de la fusée qui accélère vers eux). Il fait osciller son pendule, qui bat la seconde. Toutes ses mesures indiquent une attraction gravitationnelle égale à celle de la Terre. Ou bien indiquent-elles une accélération de 9,81 mètres/seconde par seconde ? En fait, le physicien n'a aucun moyen de savoir s'il est immobile sur la Terre ou en accélération dans l'espace — à moins qu'il ne regarde par un hublot et puisse comparer son mouvement par rapport à celui d'une planète ou d'une autre fusée.

Des exemples comme celui-là convainquirent Einstein que la gravitation et l'accélération doivent être indissolublement liées. Il était persuadé que les résultats obtenus par Galilée avec la chute des objets n'étaient pas un simple accident de la nature, mais devaient relever en profondeur d'une loi nouvelle. Tout comme il avait fait des conjectures sur la vitesse de la lumière la pierre angulaire de sa théorie restreinte de la relativité, Einstein fit alors de l'analogie entre gravitation et accélération le fondement de sa théorie de la relativité générale.

La gravitation et l'accélération sont mathématiquement équivalentes, avait-il conclu. Mais l'accélération se rapporte à des taux de changement de vélocité, c'est-à-dire à des trajectoires de particules. C'est donc un concept géométrique. Il en résulte que la gravitation doit être elle aussi un concept géométrique !

Newton avait dit que la Lune accélère sur son orbite autour de la Terre parce qu'elle tombe en fait continuellement, attirée par la gravité terrestre. Mais si la gravitation et l'accélération peuvent être considérées comme une seule et même chose, se dit Einstein, ce qui semble être la force gravifique attirant les corps selon des courbes (ou orbites) autour des planètes est en fait une accélération. Par conséquent, conclut-il, si les corps accélèrent selon des courbes, ce doit être parce que l'espace lui-même est courbe. Il appelait ces courbes de l'espace-temps des « géodésiques ». Une fusée qui n'est pas poussée par la force de ses propulseurs se déplacera suivant les courbes naturelles, ou géodésiques, de l'espace-temps. Plus l'espace est courbe dans une région, plus l'accélération de la fusée sera élevée.

La cloche en verre est posée sur une table, et Alice laisse échapper son sablier. Celui-ci tombe sur le sol, et elle sait que c'est à cause de la gravité. Puis elle voyage à bord de sa cloche dans l'espace cosmique, chaussée de souliers à semelles magnétiques pour rester ancrée au sol. La même chose se produit quand elle laisse échapper son sablier ; mais maintenant, elle ne sait pas avec certitude ce qui en est la cause. Le sablier est-il tombé sous l'action d'un champ gravitationnel, ou bien le sol est-il venu à sa rencontre parce que sa cloche-vaisseau accélérait ? (Alice sait que l'une ou l'autre chose s'est produite,car si elle se déplaçait dans l'espace selon un mouvement uniforme, le sablier aurait simplement continué à flotter là où elle l'avait lâché.)

Nous pourrions dire aussi que l'attraction gravitationnelle y est plus forte. Mais cela revient à inverser tout le raisonnement — à dire que parce que des corps tels que les planètes exercent une force gravifique, ils courbent l'espace-temps autour d'eux. Imaginez une mince feuille de caoutchouc tendue, sur laquelle sont posées des boules de tailles différentes. Ces boules vont s'enfoncer dans la feuille et la déformer. C'est ce que fait à l'espace la gravité des corps célestes. Si vous pilotiez une bille (ou une fusée) et vouliez aller d'une boule de bois (un corps céleste) à une autre, la plus courte distance, ou ligne droite, serait une courbe suivant la déformation de l'espace. Votre bille-fusée accélérerait en suivant les courbes les plus déclives au voisinage des boules les plus lourdes. Pour exprimer mathématiquement l'idée de l'espace

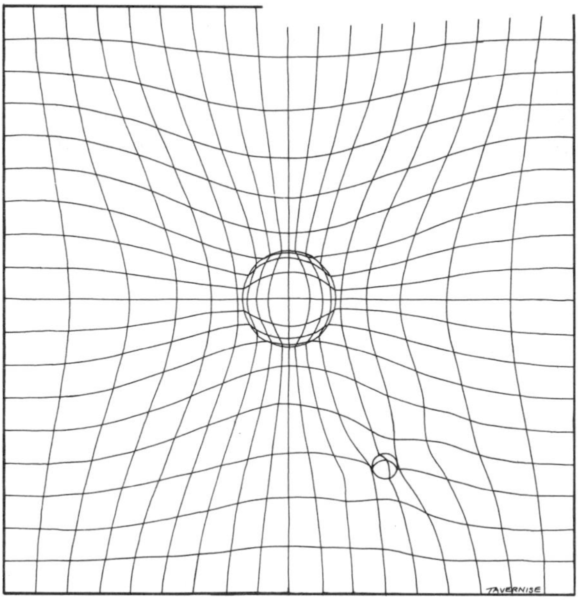

Pour Einstein, les corps célestes tels que le Soleil ou la Terre sont eux-mêmes d'intenses courbures de l'espace-temps ; ils gauchissent à leur tour (ou sont gauchis par) l'espace qui les entoure.

courbe, Einstein fit appel à la géométrie imaginaire de Georg Friedrich Reimann. Il faut noter, bien sûr, que l'espace einsteinien n'est pas en deux dimensions comme la feuille de caoutchouc. Il comporte nos trois dimensions familières plus le temps (qu'il est nécessaire d'inclure en tant que dimension dans laquelle se déplacent les observateurs).

Mais Einstein ne croyait pas que la géométrie de l'espace-temps était *causée* par la gravité des corps célestes. A son avis, la gravitation était elle-même la géométrie, ou courbure, de l'espace-temps.

La relativité générale fournissait une nouvelle théorie de la gravitation, fondée sur cette courbure de l'espace-temps, pour remplacer la force gravifique de Newton. Les différences de valeur prédictive entre les deux théories étaient faibles, mais suffisantes pour rendre compte des anomalies observées dans l'orbite de la planète Mercure. Cette anomalie, ainsi que le paradoxe de l'énergie lumineuse infinie à l'intérieur d'une « boîte noire », étaient les derniers problèmes que les physiciens classiques croyaient avoir à résoudre avant que le paradigme newtonien fût complet. La solution révolutionnaire apportée par Einstein à ces deux problèmes mit fin au rêve newtonien.

Une confirmation spectaculaire de la théorie de la relativité fut fournie lors de l'éclipse solaire de 1919, quand on constata pour la première fois la courbure de la lumière d'une étoile sous l'influence du champ gravitationnel du soleil. Depuis, on a pu vérifier que des horloges atomiques extrêmement précises fonctionnaient à des rythmes différents selon les variations du champ gravitationnel, suivant qu'elles étaient placées, par exemple, au niveau de la mer ou en altitude. Grâce aux satellites artificiels, à la détermination des distances par laser et à la précision des horloges atomiques, les diverses prédictions de la relativité générale sont maintenant bien établies. Certaines prédictions encore plus extraordinaires, telles que les « trous noirs » causés par une courbure très intense de l'espace, ont été provisoirement acceptées par la communauté scientifique.

Einstein espérait pousser finalement la relativité encore plus loin en éliminant les concepts d'autres forces telles que l'électricité et le magnétisme pour les remplacer toutes, ainsi que la matière, par une géométrie de l'espace-temps. Il envisageait une « théorie du champ unitaire », où la matière apparaîtrait comme des concentrations, ou bosses, dans un champ universel. Bien qu'il ne fût jamais parvenu à compléter cette théorie, la poursuite de son objectif l'amena près du miroir. Il était convenu que l'univers est un tout, que tout est en fin de compte équivalent à tout le reste et peut se transformer en n'importe quoi d'autre (selon le mouvement relatif de l'observateur) : la matière est équivalente à l'énergie, la gravitation à l'accélération, l'espace au temps. Tout n'est qu'un même champ unitaire.

Pas de dés : les chefs d'expédition se querellent

Einstein et Bohr admettaient tous deux que l'univers est un tout, mais les théories qui les amenaient à cette prise de conscience se contredisaient mutuellement. La relativité se fonde sur la notion de champs continus, alors que la théorie quantique fait apparaître la nature comme discontinue (les sauts quantiques). Dans la théorie quantique, l'idée de trajectoire est abandonnée, alors que dans la relativité la ligne géodésique prend une importance particulière. Einstein avait établi un ensemble de règles mathématiques, ou transformations, pour qu'un observateur pût traduire ce qu'il avait observé à l'intention de n'importe quel autre observateur. Des observateurs individuels peuvent voir les phénomènes de façons légèrement différentes mais, en utilisant les règles de traduction, ils découvriront toujours les mêmes lois de la nature. Ceci implique que l'univers est objectif et déterministe. Il est indépendant des observateurs, et ceux-ci découvrent des lois de certitude, non de probabilité. La théorie quantique, par contre, avait dévoilé un univers indéterministe et probabiliste donnant à penser que l'observation ne pouvait pas être indépendante de l'observateur. La théorie d'Einstein avait fourni une image claire de la relation de cause et d'effet entre l'observateur, les observations, et les éléments de l'univers macroscopique. L'interprétation de la théorie quantique donnée par Bohr et l'école de Copenhague disait que, dans l'univers microscopique, il ne pouvait pas y avoir d'image définitive de cause et d'effet. Il ne pouvait y avoir que des ondes de probabilité et des corrélations d'observations.

Einstein affirmait que cette absence d'images claires de cause et d'effet signifiait que la théorie quantique devait être « incomplète », et il tenta de démontrer cette insuffisance par un certain nombre d'expériences imaginaires. L'une d'elles, bien connue, concerne la désintégration d'un noyau atomique.

Certains noyaux sont fondamentalement instables et ne peuvent acquérir une stabilité relative que par un réagencement interne de leurs particules élémentaires, en émettant l'une de ces dernières. L'une des formes de cette désintégration est la radioactivité bêta, émission d'un électron.

On peut décrire le processus selon les règles de la théorie quantique de la façon suivante : l'équation de Schrödinger pour l'électron à l'intérieur de l'atome étant résolue, la solution donne la fonction d'onde à des intervalles de temps successifs, en commençant par l'instant où l'électron est entièrement contenu dans le noyau. A cet instant initial, la fonction d'onde présente une forte crête ou est localisée à l'intérieur du noyau ; mais un peu plus tard, la queue de la fonction d'onde se sera étalée (elle aura « fui » à l'extérieur). Il en résulte un peu ce qui se passerait si on renversait un carton de crème glacée sur une table de cuisine. La glace garderait d'abord la forme d'un bloc solide. Mais à mesure qu'elle se réchaufferait, une fine couche liquide commencerait à se répandre et le bloc s'affaisserait.

Le temps passant, la crête de la fonction d'onde diminue, et sa « queue » s'épaissit en s'étalant. Finalement, après un temps suffisant, la fonction d'onde s'est répandue dans tout l'espace et il y a d'égales probabilités pour qu'on trouve l'électron en n'importe quel endroit. Des expériences réelles ont montré que, même quand on avait placé des barrières sur le chemin de l'électron, il n'en « fuyait » pas moins et se retrouvait à l'extérieur de ces barrières selon les probabilités indiquées par l'équation de Schrödinger. Celle-ci nous dit donc qu'il y a tout d'abord une probabilité de 100 pour 100 de trouver l'électron à l'intérieur du noyau ; un peu plus tard, il y a quelques chances de le trouver à l'extérieur du noyau ; enfin, après un temps suffisant, on est à peu près sûr de le trouver à l'extérieur.

Mais cette description de l'émission d'un électron, cette image mentale de quelque chose qui s'écoule hors du noyau de façon continue, ne ressemble pas du tout à ce qui se passe dans la réalité. Pour réaliser son expérience, le physicien entoure l'atome de détecteurs et attend que l'un d'eux enregistre une désintégration. Dans une expérience type, un détecteur peut enregistrer l'émission d'un électron au bout d'une demi-heure. Si on répète l'expérience, il se peut que la désintégration ne survienne qu'au bout de deux heures, mais la fois suivante elle peut se produire au bout de dix minutes. Si on mesure le temps de désintégration d'un isotope particulier d'après un nombre suffisant d'expériences, on peut élaborer une image de la probabilité qu'il y a d'enregistrer l'émission d'un électron sur l'un des compteurs au bout d'un certain temps. Et cette distribution de probabilités est exactement la même que celle qui a été calculée d'après l'équation de Schrödinger.

Pour Bohr, c'est là tout ce que la mécanique quantique peut et doit faire. Elle ne permet pas de prévoir l'instant exact où l'atome émettra l'électron ; elle ne peut que fournir un moyen de calculer les probabilités d'un tel événement, et si ces probabilités concordent avec l'expérience, cela prouve la justesse de la théorie quantique. Mais cette explication ne satisfaisait pas Einstein, qui estimait que la théorie devait aller plus loin et prédire le moment exact où l'isotope se désintégrerait. Il fit remarquer que, juste avant l'enregistrement du compteur, nous savons avec 100 pour 100 de certitude que l'électron se trouve à l'intérieur de l'atome, mais que dès le déclic du compteur nous savons avec 100 pour 100 de certitude que l'électron a quitté le

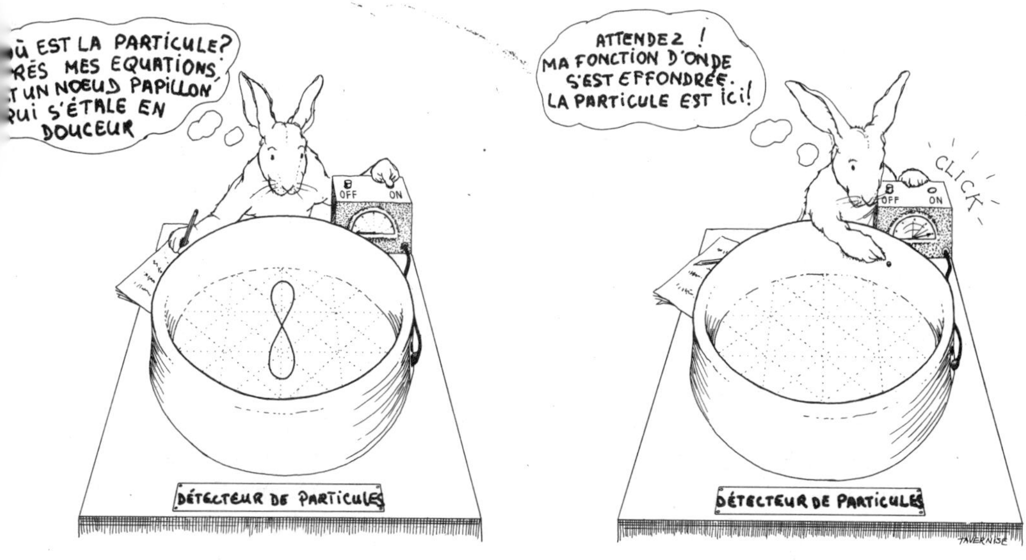

noyau. En d'autres termes, le phénomène réel est discontinu alors que l'image donnée par la fonction d'onde de Schrödinger est celle d'un processus uni et continu. Une microseconde avant le déclic du compteur, la fonction d'onde de la mécanique quantique est étalée dans tout l'espace ; une microseconde plus tard, nous savons que l'électron a été enregistré et que la fonction d'onde s'est « effondrée ». Pourtant, rien dans l'équation de Schrödinger ne peut expliquer un tel effondrement.

Pour Einstein et d'autres, cet « effondrement de la fonction d'onde » (ou « réduction du paquet d'ondes ») indiquait clairement qu'il manquait quelque chose dans l'équation de Schrödinger. Peut-être l'apport de ces termes manquants, ou « variables cachées », rendrait-il compte de l'effondrement de la fonction d'onde, et pourrait-on expliquer en détail avec exactitude la désintégration de l'atome. Bohr et ses successeurs ripostèrent en affirmant que les variables cachées étaient une illusion et que la théorie quantique est une description complète de la nature.

Pour Einstein, cependant, il fallait que l'univers fût objectif et déterminé. Dans son autobiographie, il écrit qu'à l'âge de douze ans il avait souhaité pouvoir se libérer de l'univers du « purement personnel » et s'était convaincu que « là-bas se trouvait ce monde immense, qui existe indépendamment de nous, êtres humains [41] ». Il affirmait que Dieu « ne joue pas aux dés ». Quand des physiciens recourent aux statistiques et aux probabilités, ce doit être par ignorance, comme dans les jeux de hasard. Les processus sous-jacents doivent être totalement causaux et indépendants des observateurs. Il était convaincu qu'il devait exister des phénomènes encore inconnus à l'œuvre sous la surface des événements quantiques, une physique cachée qui, lorsqu'elle serait découverte, expliquerait pourquoi l'électron apparaissait à un moment et pas à un autre.

Einstein était sans doute conforté dans son opinion par la réussite qu'il avait connue en 1905 en découvrant les variables cachées qui expliquaient le « mouvement brownien ».

Dans un rayon de lumière, on peut voir danser de minuscules particules de poussière. Même si on parvenait à contrôler l'atmosphère d'une salle poussiéreuse de façon qu'il n'y ait strictement aucun mouvement d'air, ces particules n'en poursuivraient pas moins leur danse. Au début du XIXe siècle, le botaniste écossais Robert Brown avait observé un mouvement similaire des grains de pollen en suspension dans l'eau. Il avait supposé que ce mouvement provenait d'une certaine mobilité du pollen lui-même et s'étonnait du « fait inattendu de constater la vitalité conservée par ces " molécules " si longtemps après la mort de la plante [8] ». En fait, le mouvement n'avait rien à voir avec le pollen vivant, et on pouvait vérifier que tout corps suffisamment petit — particules de roche, grains de poussière — était animé d'un mouvement aléatoire continuel.

La raison de ce mouvement fut finalement établie par Einstein, à l'aide d'une théorie comportant des variables cachées. Einstein avança que le mouvement aléatoire des très petites particules était causé par le bombardement de molécules invisibles d'eau ou d'air, dont chacune se mouvait très rapidement et donnait des petits coups aux grains de pollen ou de poussière. L'accumulation d'un très grand nombre de coups produisait un sautillement aléatoire des grains.

A un certain niveau, le mouvement brownien semblait totalement aléatoire et probabiliste. Mais dès qu'on descendait au niveau moléculaire, le mouvement se révélait totalement déterminé. La même chose pouvait-elle s'appliquer aux atomes ? Les processus aléatoires de la théorie quantique pouvaient-ils résulter de l'existence d'un grand nombre d'événements subquantiques déterminés ?

En 1935, Einstein et deux jeunes collègues, Boris Podolsky et Nathan Rosen, firent une autre tentative pour essayer de montrer que la théorie quantique était incomplète et requérait l'apport d'une théorie additionnelle de variables subquantiques cachées. Les trois physiciens proposèrent une expérience imaginaire (EPR en abrégé, d'après les initiales des trois auteurs) dont les détails furent affinés plus tard par David Bohm.

Dans l'EPR, une particule atomique P se désintègre en deux parties, et ces deux moitiés, A et B, s'éloignent à grande vitesse dans des directions opposées. D'après les lois de la physique, aussi bien classique que quantique, il existe une corrélation entre les quantités de mouvement de A et de B, ainsi qu'entre leurs positions. Cela signifie que tout ce que nous pouvons apprendre de A nous donne des informations correspondantes à propos de B. Le principe d'incertitude de Heisenberg stipule que lorsque nous mesurons la position de la par-

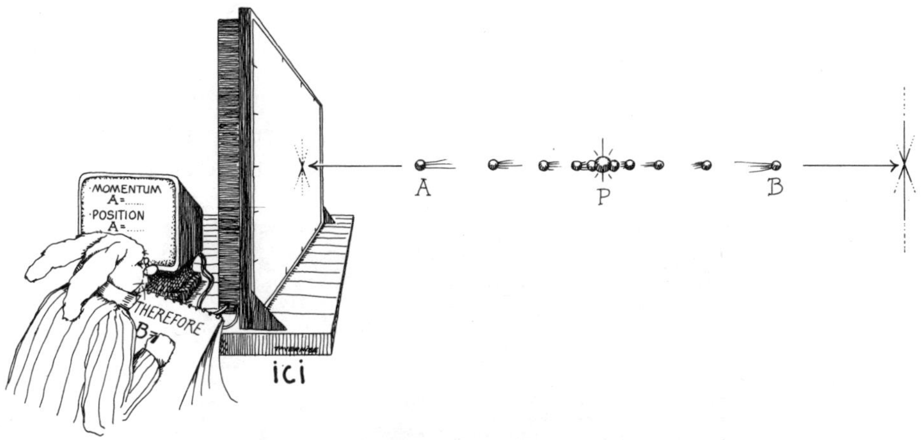

EXPÉRIENCE EPR

Einstein présumait qu'une mesure effectuée sur une particule *ici* ne pouvait pas affecter une particule située *là-bas*. Bohr a affirmé qu'elle pouvait l'affecter, et qu'il était faux de parler de choses situées *ici* ou *là* comme si elles existaient sans la présence d'un observateur pour effectuer la mesure.

ticule A, sa quantité de mouvement devient incertaine. Mais, demandèrent Einstein et ses collègues, comment le fait de mesurer A pouvait-il affecter la particule B, qui vole vers l'autre extrémité du laboratoire ? Puisque les quantités de mouvement et les positions de A et de B sont corrélées, il doit être possible, en agissant sur A, de déduire quelque chose à propos de B sans mesurer directement cette dernière particule. Supposons donc que nous mesurons la quantité de mouvement de A. Cela nous donne également la quantité de mouvement de B. Sans violer le principe d'incertitude, nous sommes parvenus à obtenir à la fois la quantité de mouvement et la position de B, exploit impossible d'après ce même principe !

La réponse de Bohr à EPR fut subtile mais, en bref, il souligna que l'argument d'Einstein n'était pas valable parce qu'il violait un principe important de l'interprétation de Copenhague, celui sur lequel il avait insisté avec Heisenberg. Un système de mécanique quantique est un *tout indissocié,* un système global. Einstein avait présumé que la particule B était « séparée » pendant qu'on effectuait une mesure de A. Selon Bohr, une mesure faite sur n'importe quelle partie du système change tout le système, et l'idée de pouvoir perturber une particule pour obtenir une information à propos de sa lointaine partenaire est un paralogisme. Aussi souvent qu'un physicien puisse faire l'aller et retour entre les deux particules A et B pour mesurer leur position et leur quantité de mouvement, aucune certitude absolue n'est possible. Car, dans chaque mesure, l'observateur choisit une nouvelle valeur à mesurer.

A ce point, en ce qui concernait Bohr, la théorie quantique avait fait la preuve de son bon droit et les variables cachées avaient eu leur compte. Il était soutenu par une preuve mathématique de John von

Niels Bohr, à gauche, et Albert Einstein, lors de l'un de leurs débats.

Neumann, qui tendait à démontrer que des variables cachées imaginées par analogie avec le mouvement brownien seraient incompatibles avec les principes mathématiques de la théorie quantique. Bohr accusait les gens qui cherchaient une solution de remplacement à la mécanique quantique d'être pareils à ceux qui diraient : « Nous pouvons espérer qu'il se révélera un jour que deux plus deux égalent parfois cinq. »

A la fin des années 20 et au début des années 30, Einstein et Bohr se rencontrèrent à plusieurs reprises. Dans une lettre écrite après l'un de ces entretiens, Einstein dit qu'il ne s'était jamais senti aussi proche de personne que de Bohr, et Bohr pensait la même chose de son côté. Malgré cela, leurs longues discussions sur la théorie quantique, les implacables expériences imaginaires d'Einstein et les réponses de plus en plus impatientes de Bohr finirent par éloigner les deux hommes l'un de l'autre. Kuhn dit que quand un homme de science refuse d'accepter le nouveau paradigme après qu'un changement est survenu, ses collègues commencent à le considérer comme ne pratiquant plus la science. Ce fut le sort d'Einstein. Il était respecté pour ses travaux passés, mais plaint pour son incapacité d'accepter la nouvelle science quantique. Il était un de ceux qui espéraient que deux plus deux feraient cinq. Pour sa part, Einstein écrivait amèrement en 1928 : « La tranquillisante philosophie de Heisenberg-Bohr — ou religion ? — est si délicatement combinée que, pour l'instant, elle fournit au vrai croyant un moelleux coussin dont il est difficile de le séparer. Laissons-le donc à son confort [26]. »

L'aspect le plus tragique de cette amitié brisée réside peut-être dans le fait que les deux hommes étaient très proches l'un de l'autre sur un point important de leurs théories. Tous deux avaient découvert la non-séparabilité, mais elle avait pour chacun une signification différente, et malheureusement pas très claire. En maintenant que les lois de la nature étaient objectives, Einstein s'interdisait de franchir le seuil du miroir de la non-séparabilité. Bohr a érigé sa propre barrière en affirmant qu'on ne peut élaborer aucune image de cette non-séparabilité, que les paradoxes et les probabilités de la théorie quantique sont tout ce qu'il est possible d'en connaître.

4.

CRISE AU BORD DU MIROIR

Depuis l'époque des malencontreuses discussions entre Bohr et Einstein, la théorie des quanta et celle de la relativité se sont fermement implantées dans la physique moderne. Elles sont devenues son paradigme actuel. Les physiciens les tiennent pour indiscutables et estiment qu'on progresse rapidement vers leur unification. Nombre d'entre eux sont persuadés que, ceci accompli, ils auront également résolu la plupart des énigmes théoriques de leur science. Pour la majorité des physiciens modernes, il n'y a pas de crise de paradigme.

Grande unification

Appuyés par les subventions de recherche et le soutien public auxquels peut prétendre un paradigme établi, les scientifiques contemporains ont consacré la plus grande partie de leurs efforts à formuler et prouver ce qu'on appelle « la théorie de la grande unification » — une tentative conceptuelle pour unifier toutes les forces de la nature.

Pour les physiciens, il existe quatre forces fondamentales agissant sur la matière. Les deux premières sont connues de la science depuis un certain temps : l'électromagnétisme, familier à la plupart des gens parce qu'il fait tourner les moteurs électriques et transporte les signaux de la télévision, et la gravitation, qui fait tomber les objets. Les deux autres forces sont des découvertes plus récentes : les forces nucléaires forte et faible. La force forte maintient la cohésion des protons et des neutrons dans le noyau. La force faible est responsable de la désintégration de certaines particules élémentaires et ne semble se manifester que quand ces dernières sont extrêmement proches les unes des autres.

L'objectif de la grande unification est de trouver un moyen de traduire mathématiquement ces quatre forces de l'une à l'autre afin de prouver qu'elles émanent toutes d'une force unique, dont elles représentent différentes expressions. Ceci impliquerait que les physiciens aient découvert un champ de force unitaire qui rendrait compte de tout — ce même champ qu'a recherché Einstein durant les dernières années de sa vie. Cette grande théorie unificatrice, cependant, présume que tout, y compris les quatre forces, est d'une nature fondamentalement quantique et obéit aux lois statistiques de la mécanique quantique. Einstein, fût-il vivant, se trouverait sans doute rejeter la grande unification même si elle réussissait à marier la relativité et la théorie quantique — car pour lui, toute théorie fondée sur les statistiques ne peut qu'être incomplète.

Dans leur quête de la grande unification, les physiciens ont usé abondamment de résultats expérimentaux fournis par les accélérateurs de particules — d'énormes électro-aimants qui propulsent les particules à des vitesses terrifiantes et les font entrer en collision afin de découvrir ce qu'ils contiennent, s'ils contiennent quelque chose. Il semble qu'on ait ainsi découvert récemment le quantum qui transporte (ou, plus exactement, qui *est*) la force nucléaire faible. Les physiciens pensent pouvoir démontrer que la force faible n'est que la force électromagnétique déguisée. Si cela se vérifiait, ce serait un grand pas vers l'unification des quatre forces.

Au fil des ans, les accélérateurs de particules et autres moyens de sondage ont révélé une foule de nouvelles entités dans le domaine subatomique. Dans les années 20, quand Bohr et Heisenberg s'efforçaient d'interpréter la nouvelle théorie quantique, il semblait que la matière ne fût composée que de deux particules élémentaires : l'électron et le proton. Mais dès le début des années 60, les physiciens avaient découvert un véritable « zoo de particules » comprenant près d'une centaine d'entités élémentaires, et d'autres découvertes continuent d'affluer.

Les chercheurs n'ont pas été trop mécontents de cette situation, qui leur a fourni une abondance de nouvelles énigmes à résoudre. Un bon nombre de particules nouvelles ont été découvertes grâce à des applications découlant de la théorie quantique. A mesure qu'elles sont apparues, elles ont créé des possibilités de nouvelles découvertes, ainsi que de nouvelles incertitudes concernant la façon dont toutes ces choses s'adaptent les unes aux autres. Le processus rappelle la description que donne Kuhn des briseurs d'énigmes de la « science normale » quand ils étendent et clarifient la carte du paradigme, engendrant malgré eux de nouvelles ignorances au même rythme qu'ils développent leurs nouvelles connaissances.

Ceci, néanmoins, ne touche pas la plupart des chercheurs physiciens. En ce qui les concerne, la théorie quantique fonctionne. Ses prédictions ne cessent de se confirmer. Dans le processus normal de la recherche, les théoriciens quantiques n'ont pas vraiment besoin de comprendre comment fonctionne la théorie, mais seulement comment appliquer ses règles. Ceci est particulièrement vrai pour les expérimentateurs qui prennent la théorie pour guide. C'est également vrai d'un certain groupe de théoriciens qui ne sont pas des révolutionnaires et ne veulent pas l'être, mais qui considèrent que leur tâche consiste à étendre la théorie prépondérante en l'appliquant à de nouveaux problèmes.

C'est compréhensible. Supposons qu'un cuisinier veuille préparer un gâteau d'anniversaire à l'aide d'un livre de cuisine. Tout ce qu'il a à faire, c'est de suivre les instructions de la recette. Il n'a pas besoin de se soucier de la biochimie des amidons, du mécanisme du four, du coefficient d'expansion de l'air emprisonné dans chacune des minuscules bulles de la pâte, ni de l'effet de la chaleur sur la farine. Pour faire un bon gâteau, le cuisinier n'a besoin de connaître que le « comment » de la recette, pas le « pourquoi ». Pourvu que le gâteau soit réussi, il n'est pas nécessaire de récrire le livre de cuisine.

De la même façon, le physicien quantique n'a pas besoin de s'engager dans de longues discussions concernant l'interprétation de la théorie quantique. Il lui suffit d'appliquer correctement les règles et de calculer la réponse. Puisque la réponse s'est toujours avérée juste, il semble aussi absurde de changer les règles quantiques qu'il le serait de changer un bon livre de cuisine. De fait, si la valeur d'une théorie se jugeaunombred'énigmesproductivesqu'ellerésout,onpeutconsidérerla théorie quantique comme l'une des plus riches de l'histoire de la science. Énigmes après énigmes ont capitulé devant elle. Pour prendre un seul exemple, Arnold Sommerfeld, ancien professeur de Heisenberg, avait appliqué en 1928 la théorie quantique aux électrons qui se déplacent à l'intérieur d'un métal. Il avait repris une hypothèse antérieure selon laquelle ces électrons extérieurs n'étaient pas en fait liés à des atomes particuliers, mais se déplaçaient librement. Ils formaient une « mer d'électrons ». En appliquant l'équation de Schrödinger à cette mer d'électrons, Sommerfeld put calculer avec exactitude la distribution énergétique des électrons dans un métal. Au cours des années suivantes, la théorie fut étendue à la résistance, à la supraconductivité, à la catalyse du métal, et aux semiconducteurs. Dans les années 80, la technologie des circuits intégrés est devenue la branche la plus importante de la physique, et toutes ses réalisations impressionnantes sont fondées sur la théorie quantique.

Pourtant, en raison de la nature paradoxale des principes du quantum, le gâteau mis au four par la théorie quantique se révèle parfois étrange.

C'est ainsi qu'on a découvert que lorsque certaines particules élémentaires sont « cassées » dans un accélérateur, elles se divisent en un certain nombre d'autres particules et continuent à se diviser jusqu'à *donner naissance à des particules identiques aux particules initiales !* Le même genre de phénomène se produit également pour les quarks.

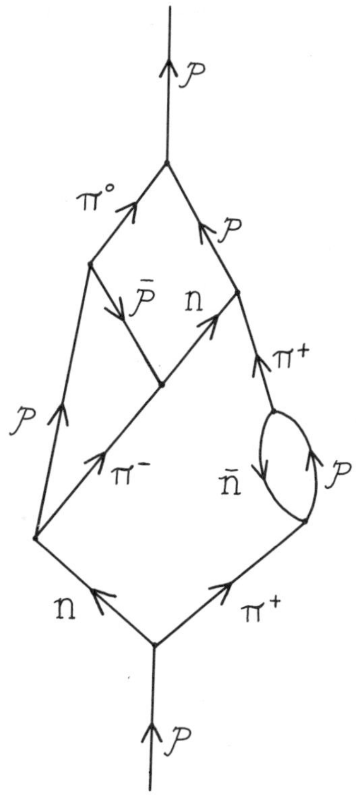

Un gâteau de particules du miroir. Le diagramme montre un exemple de particule (un proton) se divisant en un certain nombre d'autres particules (pions neutres, positifs et négatifs, neutrons, antineutron et antiproton) et finissant, après toutes ces divisions, par reparaître sous sa forme originale.

Le « quark » (mot tiré d'une chansonnette du roman de James Joyce, *La Veillée de Finnegan*) fut à l'origine proposé par les physiciens pour résoudre le problème causé par la prolifération apparemment inépuisable de particules. Depuis l'époque de Démocrite, les hommes de science ont cru que sous les complexités de la nature devait résider une simplicité fondamentale. Au fond de l'univers, il ne doit y avoir qu'un nombre très restreint de types élémentaires d'entités à partir desquels est construit tout le reste. Mais les physiciens modernes disposaient de près d'une centaine d'entités élémentaires, ce qui était loin d'être simple. Einstein avait dit : « Dieu est subtil, mais il n'est pas malicieux. » Les physiciens des particules commençaient pourtant à soupçonner qu'il pût y avoir en fait une touche de malice dans la création. La théorie du quark vint à la rescousse en posant que toutes ces différentes particules élémentaires étaient elles-mêmes composées d'entités plus fondamentales : les quarks. A mesure que mûrissait la théorie des quarks, on n'en observa de fait aucun, et les physiciens conclurent qu'il devait y avoir à cela une raison toute particulière. Ils découvrirent d'abord qu'il existait une force inconnue maintenant les quarks ensemble, qu'ils appelèrent force « collante », ou « force nucléaire superforte ». Quand les quarks se trouvent proches les uns des autres dans une particule telle qu'un méson, la force collante semble assez faible. Mais quand les physiciens appliquèrent une certaine quantité d'énergie pour essayer d'arracher le quark, la force collante devint de plus en plus forte. Ils s'aperçurent que quand on applique une énergie telle que les quarks sont *obligés* de se séparer, l'énergie appliquée est instantanément libérée et crée de nouveaux quarks qui se combinent alors avec leurs frères ainsi délivrés. A l'instant même où un quark est arraché à un méson, il se combine avec un quark nouvellement créé pour former un autre méson. Il en résulte que quand on divise un méson, il se forme aussitôt de nouveaux mésons et qu'on n'observe aucun quark libre.

Le gâteau de la mécanique quantique ressemble à un gâteau du miroir — un tout qui ne peut pas être divisé.

Le physicien du miroir David Bohm critique l'effort que font actuellement les théoriciens quantiques pour élaborer une théorie unifiée, parce qu'il pense que la recherche de l'ultime particule, de l'ultime quantum, ou de l'ultime force, constitue une erreur fondamentale — elle présume que l'univers est composé de parties. En sondant la nature comme si elle était constituée de parties, les physiciens ont découvert des parties. De l'avis de Bohm, aucune partie ultime ou « primaire » ne sera jamais découverte. On ne découvrira qu'un nombre croissant de parties, qui ne cesseront de se dissoudre insaisissablement en elles-mêmes.

Un autre physicien du miroir, Rupert Sheldrake, a fait remarquer que même si les physiciens quantiques parvenaient à découvrir la force ultime, censée être responsable du big bang qui a donné naissance à l'univers il y a quinze à vingt milliards d'années, ils n'en seront pas moins confrontés à un problème insoluble. L'ultime force-semence serait nécessairement la première loi de la nature. Mais où existait cette première loi *avant* le big bang ? La réponse à cette question, affirme Sheldrake, ne peut être que métaphysique. A son avis, les mécanistes obstinés qui prétendent rejeter toute supposition métaphysique refusent de reconnaître que leur propre théorie se fonde sur la vague idée philosophique selon laquelle une loi éternelle de la nature a pu exister avant même que la nature elle-même fût censée exister.

Certains physiciens font un autre reproche à la démarche de la grande unification. Ils s'inquiètent de ce qu'essayer de comprendre la nature en brisant des particules les unes contre les autres revienne à essayer de comprendre le temps en brisant des horloges les unes contre les autres.

On peut se représenter l'objectif de la grande unification comme un exploit d'ingénierie théorique, une tentative pour rassembler tout le « zoo » des mécanismes des particules et des forces dans un même édifice. La physique moderne avait déclaré la fin de la grande machine newtonienne, mais la physique de la grande unification semble essayer d'ériger à sa place une machine quantique. Dans l'excitation causée par la découverte de nouvelles particules et la résolution de nouvelles énigmes grâce à la théorie quantique, un élément important semble avoir été perdu. Parmi les masses de connaissances qui s'amoncellent, on oublie aisément que la théorie précise que nous ne pouvons jamais savoir réellement ce qui se passe à l'intérieur de l'atome. Quarks, gluons et autres quanta subatomiques à propos desquels nous semblons savoir tant de choses ne sont « réellement » que des corrélations et des abstractions mathématiques qui laissent parfois des traces sur les dispositifs expérimentaux. Notre savoir a été créé par des ombres.

Ainsi, bien qu'on ne puisse nier le succès de la mécanique quantique pour ce qui est de proposer et de résoudre des énigmes, il reste une ambiguïté troublante et fondamentale au cœur de la théorie. On peut mettre cette ambiguïté en lumière en évoquant trois « problèmes » qui laissent supposer que, bien que la plupart des physiciens refusent de l'admettre, il y a en fait une « crise » dans le paradigme actuel.

Problème 1 :
Le dilemme quantum relativité

Jusqu'à présent, les unificationnistes n'ont pas fait beaucoup de progrès pour ce qui est d'élaborer une description quantique de la force de gravitation et de l'unifier aux autres forces. Il en résulte que la théorie quantique et la relativité demeurent aussi éloignées l'une de l'autre qu'elles l'étaient à l'époque d'Einstein et de Bohr. Les lois éternelles des deux théories semblent irrévocablement brouillées.

En un certain sens, pourtant, chaque théorie dépend de l'autre. La relativité, qui s'intéresse à la structure de l'espace-temps, fait usage d'horloges et d'étalons de mesure. Les horloges les plus précises sont les horloges atomiques, et les étalons les plus précis sont les faisceaux de lumière — deux outils dont la nature relève de la mécanique quantique. Réciproquement, la théorie quantique, comme l'a montré Bohr, dépend d'un observateur qui effectue les mesures de systèmes atomiques au moyen d'équipements macroscopiques. Et le fonctionnement de ces équipements est régi par les lois de la relativité.

Si les phénomènes couverts par la relativité et par la théorie quantique étaient toujours largement séparés, le désir d'unifier ces théories serait purement esthétique, motivé par un besoin d'ordre scientifique plus que par nécessité immédiate. Mais depuis une dizaine d'années, il est apparu qu'il existait certains phénomènes dans lesquels les deux théories se chevauchent. C'est un peu comme si deux sergents essayaient simultanément de faire manœuvrer un même groupe de soldats.

L'un des exemples les plus frappants de ce chevauchement fut découvert par Stephen Hawking, mathématicien et physicien brillant, et il dérive de deux hypothèses : l'une relevant de la théorie quantique, l'autre de la relativité. Examinons d'abord la première.

Le principe d'incertitude de Heisenberg nous dit qu'on ne peut pas connaître avec exactitude toutes les propriétés d'un système. Si on mesure avec précision une certaine propriété, une autre devient incertaine. Un exemple de cette indétermination apparaît dans la mesure de l'énergie et du temps. Si on mesure l'énergie d'un système sur une période de temps suffisamment longue, on peut la connaître avec une très bonne précision. Mais si on essaie de la mesurer pour des durées de plus en plus courtes, elle devient incertaine.

De l'avis des physiciens quantiques, cette incertitude entraîne un certain état de fait : l'énergie d'un système n'est pas strictement constante, mais varie d'instant en instant autour d'une valeur moyenne. Si on observe le système durant des périodes de plus en plus courtes, son énergie semble être dans un état de fluctuation de plus en plus grand, croissant et décroissant de façon aléatoire mais conservant une valeur moyenne constante. L'énergie étant toujours quantifiée (créée par à-coups), ceci doit signifier que le système est constamment en train de créer et d'absorber des quanta d'énergie. Mais l'énergie et la masse peuvent se convertir l'une en l'autre selon l'équation $E = mc^2$, de sorte que le système doit aussi créer et annihiler des paires de particules et d'antiparticules. Ces paires n'étant créées qu'une infime fraction de seconde avant d'être réabsorbées, on ne peut jamais les observer directement durant une expérience et elles sont appelées « particules virtuelles ». Elles sont comme de l'argent emprunté à la banque et rendu le même jour, de sorte que le solde du relevé de compte demeure inchangé.

La seconde hypothèse dont traitait Hawking était relativiste. Dans sa théorie généralisée, Einstein enseignait que la matière provoque une courbure de l'espace-temps, et que cette courbure est ressentie par les corps voisins comme étant la force de gravitation. D'après ses équations, aucune raison n'empêche un bloc de matière suffisamment dense de courber si fortement l'espace-temps que celui-ci revienne sur lui-même. Un tel phénomène a été baptisé « trou noir ». Sa courbure est si intense que rien ne peut échapper de son centre, et que tout ce qui y pénètre est démantelé par les forces gravitationnelles. Pour chaque trou noir, il existe un point de non-retour bien défini, appelé « horizon d'événement ». A l'extérieur de cet horizon, une particule peut encore s'échapper ; dès qu'elle a passé de l'autre côté, elle est vouée à l'extinction.

Les physiciens connaissent bien ces faits concernant l'horizon d'événement du trou noir et la façon dont des paires particules-antiparticules sont constamment créées et détruites dans les fluctuations quantiques d'énergie, mais personne n'avait jamais pensé auparavant à les rapprocher. Hawking demanda ce qui se passerait si une paire virtuelle particule-antiparticule était créée sur l'horizon d'événement. D'après la théorie quantique, les deux éléments de la paire s'éloigneraient un instant l'un de l'autre, puis se recombineraient pour former un quantum d'énergie. Mais qu'arriverait-il si l'une des particules virtuelles franchissait l'horizon d'événement durant ce processus ? D'après la physique des trous noirs, elle ne pourrait jamais retourner dans le monde extérieur et sa partenaire, incapable de la retrouver, ne pourrait pas s'annihiler. En d'autres termes, si l'un des éléments d'une paire virtuelle franchissait l'horizon d'événement, l'autre serait obligé d'apparaître comme une particule réelle. C'est comme si on empruntait de l'argent à la banque, et que celle-ci ferme soudainement avant qu'on ait pu rendre la somme empruntée.

Se fondant sur les principes de la théorie quantique et de la relativité, Hawking affirmait que des particules élémentaires doivent se créer continuellement autour de l'horizon d'événement d'un trou noir. (Jusqu'à présent, cet effet n'a pas été effectivement observé ; en fait, personne ne sait encore avec certitude si les trous noirs existent réellement.) Il en concluait donc que les processus quantiques et la courbure de l'espace postulée par la relativité générale sont étroitement interconnectés, et qu'il est plus important que jamais de coordonner convenablement ces deux théories.

Problème 2 :
Quel mesurage et qui décide ?

Quelle est la relation entre observateur et observé ? Autrement dit, que se passe-t-il quand l'observateur effectue une mesure ? C'est une question cruciale pour la théorie quantique, mais la théorie elle-même n'a que fort peu de chose à en dire. Certains physiciens estiment qu'il est peut-être bon et bien d'élaborer une théorie unitaire fondée sur les expériences concernant les particules, mais ils se demandent ce que peut signifier une telle théorie quand les effets précis produits par l'expérimentateur sur ses résultats sont incertains.

Détail ironique, Schrödinger, l'un des pères fondateurs du paradigme quantique, avait le profond sentiment qu'il s'agissait là d'une faille importante de la théorie, et il cristallisa ses réflexions à ce sujet sous forme d'une expérience imaginaire connue sous le nom du « chat de Schrödinger ». C'est une reformulation imagée de l'expérience de la désintégration atomique qui avait tant préoccupé Einstein. La version que donne Schrödinger du problème de l'effondrement de la fonction d'onde est destinée à mettre en lumière la question du rôle de l'observateur.

Dans cette expérience, on met un chat vivant dans une boîte, avec une capsule fermée de cyanure. (Qu'il soit bien clair qu'il ne s'agit que d'une expérience hypothétique, et qu'aucun physicien n'a jamais proposé de l'effectuer avec un vrai chat.) La capsule est munie d'un dispositif à déclenchement aléatoire dont la probabilité de fonctionnement est de 50 pour 100. S'il se déclenche, le dispositif brisera la capsule, dont le gaz sera libéré et tuera le chat ; s'il ne se déclenche pas, la capsule restera intacte, de même que le chat.

L'expérience imaginaire de Schrödinger faisait appel à un dispositif de mécanique quantique pour briser la capsule, mais, pour éclaircir les choses, commençons par prendre un dispositif familier « classique »

Erwin Schrödinger

— une roulette de casino. On peut la munir de circuits tels que si la boule s'arrête dans l'une des encoches rouges, elle déclenche le bris de la capsule ; si elle tombe sur le noir, il ne se passe rien. Nous lançons la roulette, caressons le chat, et fermons la boîte.

Nous revenons une heure plus tard en nous demandant ce qui s'est passé. Tant que nous n'aurons pas ouvert la boîte, il est clair que nous ne saurons pas si le chat est vivant ou mort, bien qu'il y ait une probabilité de 50 pour 100 pour que l'une ou l'autre possibilité soit vérifiée. Il y a une chose que nous savons, cependant, c'est que le chat est soit vivant, soit mort, et qu'il n'y a aucune autre issue possible. Le fait d'ouvrir le couvercle de la boîte nous donnera une information supplémentaire, mais n'affectera en aucune façon le dénouement de l'expérience ; que nous ouvrions ou non la boîte, le chat en sera tout aussi mort ou vivant.

Supposons maintenant que nous remplacions la roulette par les détecteurs d'électrons de désintégration, et que nous les connections au dispositif chargé de briser la capsule. Comme précédemment, le déclenchement du dispositif est entièrement aléatoire, et il y a de nouveau 50 chances sur 100 pour que le chat soit tué avant que nous ouvrions la boîte une heure plus tard. Nous branchons le dispositif électronique, caressons le chat, fermons la boîte, et laissons le tout.

Nous revenons une heure plus tard en nous demandant de nouveau ce qui s'est passé. Cette fois encore, nous ne saurons pas si le chat est vivant ou mort tant que nous n'aurons pas ouvert la boîte. Ce n'est qu'alors que nous disposerons de l'information complète. Le sens commun nous dit que, comme dans le cas de la roulette, le chat est soit vivant, soit mort ; mais le sens commun est-il compatible avec la mécanique quantique ? La réponse donnée par de nombreux manuels est que le sens commun nous a trompés et que le chat n'est pas soit vivant, soit mort, mais vivant et mort à la fois.

Pour un mathématicien, l'équation de Schrödinger est une équation linéaire, et cette propriété est une pierre angulaire de la théorie quantique. Une conséquence de cette linéarité est que s'il existe, par exemple, deux solutions à l'équation de Schrödinger, tout mélange ou combinaison de ces solutions satisfera également l'équation.

Cette propriété ne s'applique pas à l'autre grande théorie de la physique moderne. La relativité est essentiellement non linéaire ; les problèmes n'y ont que des solutions uniques, et des paradoxes comme celui du chat de Schrödinger ne pourraient y exister.

Dans ce paradoxe, les solutions retenant la désintégration ou la non-désintégration de l'isotope radioactif sont toutes deux valables, de même que toutes leurs combinaisons linéaires possibles. Cela signifie que deux solutions importantes, l'une dans laquelle le chat est vivant, l'autre dans laquelle il est mort, sont vraies, de même que toutes les combinaisons où le chat est à moitié mort et à moitié vivant, mort à 34 pour 100 et vivant à 66 pour 100, etc. Certains experts estiment que cela revient à dire que le chat se trouve dans un

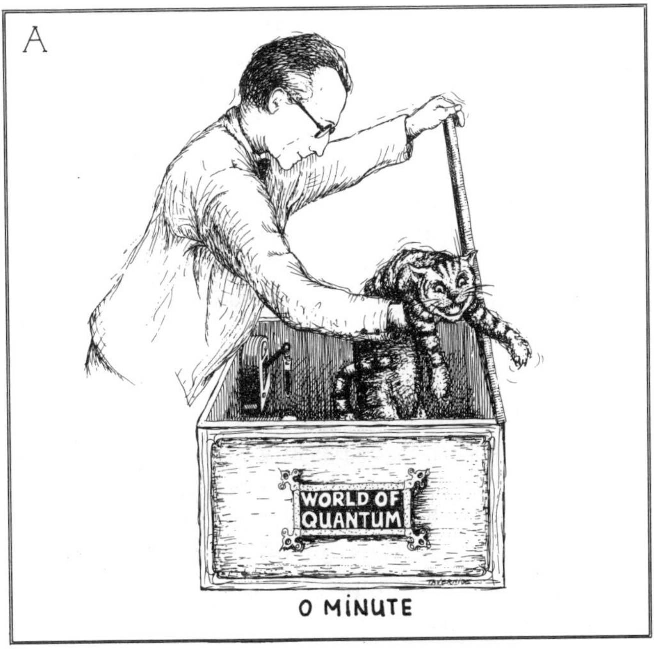

Pour l'observateur, il ne peut y avoir que l'une de deux solutions possibles — le chat est vivant ou mort. Mais dans le monde quantique, toutes les solutions intermédiaires existent simultanément.

état d'arrêt partiel de ses fonctions vitales, idée manifestement ridicule.

Qu'arrive-t-il quand on ouvre la boîte ? En mécanique quantique, cela équivaut à effectuer une mesure et implique le phénomène qui préoccupait Einstein — l'effondrement de la fonction d'onde. Quand la boîte est ouverte, nous apprenons le sort du chat en constatant qu'il est mort ou vivant. Une seule solution à l'équation de Schrödinger s'applique désormais, car une seule fonction d'onde s'est effondrée ou a été retenue parmi le mélange de combinaisons linéaires. Il apparaît donc que *l'acte même du mesurage humain a résolu le sort du chat.* Comment la théorie quantique peut-elle survivre à un tel paradoxe ?

D'après l'interprétation de Copenhague, cependant, le cas de la mécanique quantique n'est pas plus mystérieux que celui de la roulette. Dans les deux cas, il faut ouvrir le couvercle de la boîte pour connaître le sort du chat, et cet effondrement de la fonction d'onde n'est qu'une expression du fait que l'observation a transformé l'indétermination en certitude. La fonction d'onde n'est qu'une expression d'information et n'a aucune réalité objective. Parler de son effondrement ou de chat en état de léthargie vient de ce que les physiciens exigent trop de détails.

Pour certains d'entre eux, cette explication est loin d'être satisfaisante. Si la théorie quantique est complète, l'équation de Schrödinger doit fournir une description complète des événements. Elle doit décrire le mécanisme réel de l'effondrement de la fonction d'onde et donner un exposé correct de l'acte d'observation.

Comme les chats ne sont pas habituellement à la fois vivants et morts, quelques physiciens ont avancé que, si l'équation de Schrödinger s'applique parfaitement aux particules élémentaires, aux atomes et aux molécules, elle ne s'applique pas aux êtres vivants. A ce niveau de complexité (de l'avis de certains physiciens), la mécanique quantique échoue et l'équation de Schrödinger n'est pas assez flexible pour expliquer le paradoxe du chat. Mais où trace-t-on la frontière entre le microscopique et le macroscopique, le monde des atomes et le monde classique des chats ? Quelles règles doit-on appliquer pour savoir quand on a atteint cette frontière ? De petites molécules réagissent ensemble et s'incorporent à des molécules plus grandes. Celles-ci, à leur tour, sont mobilisées pour constituer des macromolécules comme l'ADN, lesquelles sont incorporées dans la cellule. Le monde quantique s'arrête-t-il à l'atome ? A la molécule ? Où ? Combien d'atomes doivent-ils être rassemblés avant que le groupe cesse de relever de la mécanique quantique pour devenir « classique » ? Eugene Wigner place l'ultime rupture au niveau de l'esprit conscient — de l'observateur. Wigner est un autre de ces physiciens qui, présents depuis les premiers jours de la théorie quantique, ont eu quelques doutes à son égard.

Ayant analysé le paradoxe du chat de Schrödinger, il en conclut que la « mécanique quantique, sous sa forme actuelle, n'est pas applicable aux systèmes vivants, dont la conscience est un facteur décisif [18] ». Les chats et les humains, de l'avis deWigner, ont une influence sensible sur les événements quantiques. Si son analyse est correcte, il est tout à fait possible d'accepter le mélange des états pour un univers inanimé ; mais une fois qu'on y ajoute des êtres conscients, les fonctions d'onde s'effondrent et des résultats spécifiques apparaissent. L'esprit conscient est fermement placé au centre de l'univers, car la conscience influence maintenant les événements. L'observateur détermine ce qui est observé.

Une autre conjecture soulevée par le problème du mesurage confine à la science-fiction.

Certains physiciens, par exemple, ont avancé qu'il existe en fait un mécanisme à effondrement de fonction d'onde dans certaines cellules particulières du cerveau humain. Brian Josephson, prix Nobel, a tenté de rapporter la théorie quantique à une interprétation mystique de l'univers similaire à celle qu'enseigne Don Juan, l'alter ego de Carlos Castaneda. Selon Josephson, la réalité objective émane de la mémoire collective de la société humaine alors que les événements singuliers et imprévisibles sont, dans une certaine mesure, la manifestation de la volonté individuelle.

D'autres, refusant d'avaler ce qu'un physicien appelle le « solipsisme quantique », proposent pour le paradoxe du chat de Schrödinger une solution plus étrange encore que celle qui prétend que la conscience humaine détermine les événements.

Hugh Everett III a avancé que l'équation de Schrödinger était parfaitement applicable aux atomes comme aux cerveaux, et que toutes ses solutions possibles existent avec une égale validité. La raison pour laquelle nous n'observons pas de mélanges intermédiaires entre chats vivants et chats morts quand nous ouvrons la boîte dans l'expérience de Schrödinger est qu'il existe une infinité d'univers possibles. A chaque univers correspond l'une des solutions de la fonction d'onde.

Selon Everett, une multitude d'univers se créent à l'instant où la boîte contenant le chat est ouverte. Dans la plupart de ces univers se trouveront des chats à différents stades d'activité. Dans l'un d'eux se trouvera un chat mort.

Parmi des tentatives moins ambitieuses pour résoudre le problème du mesurage, citons l'essai d'élaboration d'une « logique quantique » intégrant les lois de la micro-réalité dans un système logique qui aurait un sens pour nos macro-esprits. Jusqu'à présent, cette tentative n'a que peu progressé.

Il est sans doute utile de répéter que la plupart des scientifiques ne se soucient pas de ces questions et poursuivent leurs recherches à l'aide de la théorie quantique.

Problème 3 :
La non-localité de la totalité quantique, quand ici est là

Lorsqu'il proposa l'expérience imaginaire EPR (page 73), Einstein présumait que quand une paire de particules corrélées s'éloignent l'une de l'autre, un observateur mesurant la particule A ne peut pas affecter instantanément le comportement de la particule B. Mais des expériences récentes laissent supposer que c'est exactement ce qui se passe.

Dans les années 60, le physicien anglais J.S. Bell étudia en détail le type de corrélation expérimentale entre particules appariées qu'on pouvait attendre de la théorie quantique et de la théorie des variables cachées. Les calculs de Bell ont été mis à l'épreuve dans divers laboratoires. Dans l'un de ces essais les plus spectaculaires, le physicien français Alain Aspect a divisé des paires de photons corrélés, les a lancés dans des directions opposées, puis a commuté un filtre polarisant devant l'un des détecteurs alors que les photons étaient à mi-course. Les résultats ont montré que le photon B semble « savoir » ce que est arrivé à son jumeau A. Les paires de photons demeuraient puissamment corrélées, quel que soit l'état du polariseur. Ceci rappelle l'histoire des frères corses, des jumeaux siamois séparés à la naissance dont chacun ressentait les plaisirs et les douleurs éprouvés par l'autre. Quant l'un d'eux fut balafré par un fleuret, loin dans une autre ville, son frère sentit la coupure.

Que signifie cela ? Les physiciens admettent généralement deux possibilités. Les photons jumeaux se déplacent à la vitesse de la lumière (ce sont des quanta de lumière). La première possibilité est que le photon A fait savoir au photon B ce qui se passe grâce à un signal qui va de l'un à l'autre *plus vite* que la lumière. La seconde est ce que Bohr appelait « l'indivisibilité du quantum d'action », la « non-séparabilité » de l'expérience quantique. Mais comme A et B sont séparés par une certaine distance — de l'espace — *la non-séparabilité en ce cas revient à admettre qu'il n'y a pas d'ici ni de là, et qu'ici est identique à là.* Ceci dote l'espace et le temps d'une propriété appelée « non-localité ».

L'expérience d'Aspect semble prouver qu'au niveau quantique, il n'y a pas de variables cachées de type classique opérant de façon localisée comme dans le mouvement brownien. Elle met également en relief une curieuse non-localité du système quantique et laisse supposer que l'espace-temps de la physique quantique est remarquablement différent de celui de la relativité d'Einstein. Les physiciens avaient déjà pu constater la non-localité grâce à l'expérience de la double fente et à l'interprétation de Copenhague, mais des expériences comme celle d'Aspect ont amené certains théoriciens à considérer cette particularité de la mécanique quantique comme un sérieux problème. Malgré les restrictions de Bohr, ils en déduisent que la théorie doit être incomplète *.

Un certain nombre de physiciens ont conclu que la disposition normale dans l'espace-temps des événements du monde à grande échelle, ou macro-monde, ne devait pas s'appliquer au micro-monde des systèmes quantiques.

Poussé par l'espoir d'unifier la relativité et la théorie quantique, Roger Penrose étudie depuis dix ans une nouvelle forme de disposition de l'espace-temps appelée « torseurs » (Twistors). Penrose affirme que, de notre point de vue, l'électron de l'expérience de la double fente semble franchir les deux trous à la fois. Mais dans le curieux espace-temps de l'électron, tout notre monde classique ordinaire peut apparaître radicalement différent. Les fentes elles-mêmes peuvent être en quelque sorte englouties par un électron isolé.

John Wheeler a émis l'idée que, au-dessous du niveau de l'atome, l'espace-temps se dissout en une structure « mousse ». Cette mousse émane d'une façon qui reste à déterminer de ce que Wheeler appelle la « prégéométrie ». Les particules élémentaires, et pas seulement l'espace-temps, sont des expressions de cette prégéométrie. Comme l'a dit Wheeler : « Vous et moi regardons le ciel et voyons des nuages blancs flotter çà et là ; les nuages semblent être la seule chose tangible, mais si nous allons les étudier en détail, nous nous apercevons que la vapeur d'eau qui les constitue est mille fois plus ténue que l'air, et que le point de départ adéquat pour la description du ciel n'est pas les nuages mais la physique de l'air. De la même façon, le point de départ adéquat pour la description des particules est toute cette activité (mousse) de tout temps et de tout lieu dans l'espace [19]. » Dans une des

* Un physicien au moins affirme que les expériences ne démontrent *pas* la non-localité. Heinz Pagels estime que les expérimentateurs ont été abusés. La corrélation apparente se situe en réalité dans l'esprit de ces derniers quand ils rapprochent deux ensembles de nombres essentiellement aléatoires apparus sur leurs détecteurs. La réfutation de Pagels (qui est compliquée) déplace le centre du problème, et rend d'autant plus urgente la question du mesurage discutée plus haut. Qui est cet observateur abusé par ses expériences quantiques ?

premières versions de cette théorie, Wheeler suggérait que les électrons positifs et négatifs n'étaient pas des éléments de matière ni d'énergie quantique, mais des « trous de vers » dans le tissu de l'espace-temps.

Carl von Weizäcker, ancien élève de Heisenberg, pense que les relations de l'espace-temps peuvent être dérivées d'une « logique tendue » qui dérive des axiomes de la théorie quantique. David Finkelstein a consacré beaucoup d'énergie à élaborer un « code spatio-temporel », une démarche mathématique abstraite pour décrire les processus sous-jacents au tissu de l'espace-temps.

La plupart de ces entreprises restent des spéculations vagues et fragmentaires ou, pour reprendre l'expression de John Wheeler, « des idées pour des idées ».

D'autres physiciens ont adopté la seconde explication des expériences de Bell — des signaux instantanés ou voyageant plus vite que la lumière. Si de tels signaux existaient (il n'en existe aucune preuve), ils fourniraient une sorte de « variable cachée » pour expliquer ce qui se passe sous la structure de la probabilité quantique. La notion de messages instantanés a également attiré l'attention de ceux qui cherchent à donner aux phénomènes psychiques une explication physique. Les signaux « supraluminiques » seraient d'après eux les porteurs des messages psychiques.

S'il ressort quelque chose de telles idées, c'est la confusion qui règne quand les physiciens essaient de pénétrer plus avant dans la théorie quantique — une théorie qui n'offre aucun modèle et aucune explication de la réalité.

On comprendra, pourtant, qu'une question ne laisse pas d'exciter l'imagination : comment peut-on expliquer cette mystérieuse non-séparabilité quantique ?

Crise ?

Bohr a dit dans l'interprétation de Copenhague que le paradigme quantique était paradoxal. A quel moment un paradoxe devient-il confusion ? Certains physiciens commencent à avoir l'impression que ce point a été atteint. Les lois de la nature sont-elles éternelles et contradictoires ? Certains commentateurs, dont Kuhn, estiment que la physique contemporaine, maintenant dominée par la théorie quantique, la relativité et la poursuite de la grande unification, souffre d'une crise de paradigme. Et pas seulement la physique. Bien que plus faiblement, des signes de crises prochaines apparaissent dans les domaines de la biologie et de la science du cerveau. Le travail des scientifiques du miroir décrit dans ce livre est un effort mené par ces derniers pour résoudre les anomalies et les problèmes de leurs disciplines respectives. Leurs théories laissent entendre que les crises naissantes qui se manifestent sur tout le front de la science ont peut-être quelque origine commune, enfouie dans le paradigme ancien qui a guidé la science dans son ensemble pendant des siècles et qui commence seulement à se trouver remis en question.

Ainsi, alors que de nombreux scientifiques s'affairent à étendre les cartes de leurs paradigmes établis, alors que les physiciens d'aujourd'hui esquivent adroitement les paradoxes de leurs théories avec un grand aplomb et un succès apparemment inépuisable, d'autres hommes de science glissent à travers les cartes dans une réalité différente qu'ils ne font encore que percevoir confusément.

Mais voici que, à la frontière entre relativité et théorie quantique, nous trouvons David Bohm. Là, méditant, il a vu de l'autre côté du miroir une totalité chatoyante pareille à un océan. Il a porté sa main sur la barrière et, pareille à une brume d'argent lumineuse, elle a fondu. Il a pénétré dans un nouvel univers.

2

LA CARTE MIROIR DE DAVID BOHM

... et sautait d'un pied léger dans la chambre du Miroir...
J'ai déjà coupé plusieurs tranches,
mais elles se recollent chaque fois !

5.

DES CANARDS AUX LAPINS

David Bohm, quand il était enfant, eut une vision. Avec du recul, il semble qu'elle ait contenu en germe sa théorie de l'ordre implicite.

Fils d'un marchand de meubles d'occasion, Bohm a grandi à Wilkes-Barre, en Pennsylvanie. Dans sa prime jeunesse, il aimait gravir les collines qui entourent la ville pour regarder d'en haut les rues et les maisons. Plus tard, il se souvint d'une prise de conscience particulièrement intense survenue en l'une de ces occasions. Il avait médité sur la nature et la réalité de sa propre existence quand il fut subjugué par la vue des lumières de la ville. Il se rendit compte que l'énergie de ces lumières s'éloignait de la ville et de la Terre jusqu'à remplir l'univers entier. Tout comme ses pensées semblaient voyager sans limites, l'énergie lumineuse se déplace sans fin à travers l'univers. La nature elle-même est un tissu d'énergie vivante, chaque objet étant un miroir composé, fil à fil, de tout ce qui est.

Bohm a pris récemment sa retraite du poste de professeur de physique théorique qu'il occupait au Birkbeck College de l'université de Londres. Pâle, effacé, et apparemment réticent, il devient étonnamment intense et animé quand on aborde le sujet de la nature de la réalité. A un âge où la plupart des physiciens de sa réputation se seraient reposés sur leurs lauriers, Bohm a donné le jour à sa vaste théorie de « l'ordre implicite » de l'univers, qui comprend certaines considérations profondes sur des sujets traditionnellement non scientifiques tels que la vérité, l'illusion de soi, la compréhension et le langage — dont il a essayé de montrer qu'ils étaient aussi importants pour l'appréhension du monde physique que les concepts classiques de charge et de quantité de mouvement. Par sa théorie, Bohm a entrepris non seulement d'élaborer la carte d'un nouvel univers, mais

David Bohm

de créer une nouvelle compréhension de la relation entre la carte et le terrain. L'apparition de cette démarche sans précédent a enflammé l'imagination des scientifiques comme des théoriciens d'autres disciplines. Elle émerge de la matière même des nombreux projets dans lesquels Bohm s'est engagé durant sa longue carrière scientifique.

La naissance d'un cartographe

Après avoir achevé les travaux de sa thèse de doctorat avec Robert Oppenheimer à l'université de la Californie du Sud durant la Seconde Guerre mondiale, David Bohm se vit offrir un poste à l'université de Princeton, où il rencontra Albert Einstein. Durant six mois intenses, lui et Einstein tinrent de longues conversations. Discutant de la nature des théories physiques et de l'état de la théorie quantique, ils s'accordèrent sur le fait que cette dernière avait obtenu un succès spectaculaire dans l'interprétation du monde atomique, mais que sa prétention d'être la théorie complète des processus microscopiques était inacceptable. Ils examinèrent les problèmes concernant l'extension de la théorie de la relativité au domaine atomique et la formulation d'une théorie unique qui rendrait compte de la matière et des forces qui agissent sur la matière. Ils ne résolurent pas ces questions, évidemment, mais leurs conversations furent un stimulus important pour les réflexions ultérieures de Bohm.

Peu avant de rencontrer Einstein, Bohm s'était rendu compte qu'il avait besoin de mieux comprendre les subtilités de la mécanique quantique, et il entreprit à cette fin d'écrire un mémoire sur la théorie des quanta. Quand il le termina en 1951 et en donna un exemplaire à Einstein, ce dernier déclara avec enthousiasme qu'il n'avait jamais compris totalement la théorie avant d'avoir lu le livre de Bohm. Pauli manifesta également son approbation mais Bohr, à qui l'ouvrage fut envoyé à titre gracieux, n'émit aucun commentaire. Le livre de Bohm est finalement devenu un classique de sa spécialité et une source d'inspiration pour des générations de physiciens. Bien qu'il y présente la théorie quantique sous une forme orthodoxe, l'auteur en souligne certaines caractéristiques qui révèlent la teneur de ses premières réflexions inquisitrices sur le sujet :

> Les concepts quantiques impliquent que le monde agit plutôt comme une unité indivisible, dans laquelle même la nature « intrinsèque » de chaque partie (onde ou particule) dépend à un certain degré de sa relation avec son environnement. Ce n'est cependant qu'au niveau microscopique (ou quantique) que l'unité indivisible des différentes parties composant le monde produit des effets appréciables [4].

Après avoir écrit le livre et donné des conférences à son sujet, Bohm s'aperçut que plus il en savait, plus il « ne comprenait pas de quoi traitait la théorie quantique ». Il finit par se convaincre qu'il y avait dans la théorie certaine confusion profonde.

Il avait mené avec son élève David Pines les premiers travaux de recherche qui lui valurent une large estime scientifique. Leur sujet était le mouvement collectif du nombre astronomique d'électrons qui composent un métal. A cette époque, les physiciens considéraient le métal comme une mer d'électrons libres enclavés dans un lacis vibrant de noyaux atomiques. La plupart des mesures qu'ils obtenaient quand ils observaient des métaux dans leurs laboratoires étaient expliquées par de petites excitations d'électrons individuels interagissant dans la toile de fond de cette mer électronique contre le lacis atomique. Cette démarche était une extension du concept newtonien des boules de billard utilisé pour décrire l'univers. Bohm conjectura l'existence d'un facteur nouveau et entièrement non newtonien. Outre les fluctuations individuelles et aléatoires des électrons, il vit qu'il se produisait un mouvement collectif impliquant la mer d'électrons dans son ensemble, un « plasma d'électrons ».

Dans un tel mode collectif, le mouvement des électrons individuels peut paraître superficiellement « aléatoire », mais l'effet cumulatif d'infimes fluctuations dans un nombre énorme (10^{23}) d'électrons se combine pour produire un effet global. Ces effets collectifs finirent par être expérimentalement bien établis et furent appelés « plasmons ». Bohm démontra que, mathématiquement, le mouvement d'un plasmon reflétait le comportement de chaque électron du métal. Réciproquement, chaque électron impliquait ou masquait le mouvement du plasmon dans son ensemble. Les travaux de Bohm aboutirent à une nouvelle et magistrale appréhension de la matière, car ils montraient comment des ordres de mouvement collectif pouvaient être impliqués dans des mouvements individuels explicites. Se référant plus tard à sa recherche sur les plasmons, Bohm remarqua qu'il avait souvent eu l'impression très nette que la mer d'électrons était « vivante ». Bien que le physicien de formation traditionnelle qui était en lui pût se trouver déconcerté par une telle déclaration, cette impression de vie dans la matière inanimée se révélerait un jour être une intuition essentielle pour son hypothèse.

Parmi ses premiers travaux, Bohm découvrit que ce qu'on appelle les « transformations canoniques » en physique classique laissent elles aussi supposer des mouvements pareils à ceux qu'il avait découverts dans les plasmons. Une transformation canonique est une reformulation mathématique d'une loi familière. En mettant la vieille loi sous une forme nouvelle et plus subtile (mathématiquement équivalente à l'ancienne forme), il peut se révéler des aspects cachés impliqués par les lois anciennes. Dans ses travaux sur les plasmons et les reformulations théoriques de la physique établie, Bohm découvrit que des ordres plus profonds se dissimulent dans les mouvements qui paraissent superficiellement aléatoires, et qu'à ce niveau plus profond les structures sont enveloppées et déployées de façons nouvelles et singulières.

Dans son second livre, *Causalité et Hasard dans la physique moderne,* publié en 1957, Bohm aborda une autre question : la causalité. Il y affirmait péremptoirement que la notion habituelle de causalité est beaucoup trop limitée. Nous considérons normalement un effet comme ayant seulement une ou quelques causes. En fait, la cause de chaque chose est tout le reste. Comprendre totalement la cause de la malaria chez les humains, par exemple, exige de comprendre non seulement le cycle de vie de l'anophèle, mais aussi l'évolution, l'écologie, la chimie, et en fin de compte tout l'univers. Bohm soulignait que si, pour des applications pratiques, on pouvait négliger de nombreuses causes (on n'a pas besoin de prendre en compte toute l'évolution pour réaliser un vaccin contre la malaria), on n'avait pas prêté assez d'attention au fait que l'univers dans son ensemble est un réseau mouvant de causalité.

A peu près à cette même époque, Bohm appliqua son idée du mouvement collectif à la controverse des variables cachées qui faisait encore rage dans la théorie quantique. Sa démarche était très différente des tentatives précédentes, y compris de celle d'Einstein. Supposons, proposait Bohm, que les variables cachées n'aient rien à voir avec ces molécules d'air qui bombardent une molécule de poussière dans le mouvement brownien. Supposons qu'elles soient non seulement non localisées, mais qu'elles n'aient rien de particules. Ces curieuses variables ne pourraient pas être exclues par la preuve de von Neumann ni par la réfutation de Bohr concernant l'expérience EPR. Leur essence serait les corrélations non locales mises en évidence par les expériences visant à tester l'hypothèse de Bell.

La réaction de la communauté scientifique ne fut pas des plus bienveillantes. Les partisans de l'interprétation de Copenhague formulée par Bohr-Heisenberg, en particulier, l'accusèrent d'essayer de revenir à une théorie de la matière purement déterministe. Einstein lui-même estimait que Bohm, avec son hypothèse de la variable-cachée-indétectable, avait « obtenu ses résultats à trop bon compte ».

Bohm rétorqua qu'il n'avait aucune intention de réintroduire le déterminisme classique. Il avait simplement démontré que la théorie quantique n'était pas, comme l'avait affirmé Bohr, l'explication unique, exclusive, « complète » des mouvements de la matière microscopique. Son hypothèse ne prétendait pas être définitive, mais se contentait d'ouvrir la porte à des théories plus satisfaisantes. Malheureusement pour sa carrière, le message de Bohm dans cette controverse fut mal interprété. Max Jammer, par exemple, dans son histoire bien connue de la théorie quantique, le dépeignit comme un déterministe. Bien que la revue *New Scientist* observât récemment : « Bohm est sans doute aussi loin d'être un déterministe que n'importe quel physicien contemporain », le livre de Jammer devint l'une des principales sources d'information concernant les théories de Bohm. Il n'est peut-être pas surprenant que le monde des physiciens, dominé par le paradigme quantique, finît par considérer Bohm comme un homme de science brillant mais non conformiste qui refusait d'accepter la sagesse reçue de Copenhague — quelqu'un à mettre dans le même sac qu'Einstein, de Broglie et quelques autres excentriques non croyants.

En 1965, Bohm publia un autre livre, cette fois sur la relativité restreinte, dans lequel il soulignait le rôle de la perception dans le domaine scientifique. Les psychologues, remarquait-il, ont montré que notre dispositif de perception (yeux, oreilles, etc.) abstrait de l'environnement des traits relativement peu changeants ou « invariants » pour en élaborer des cartes mentales. Une carte routière ne montre pas le revêtement de la route, avec ses nids-de-poule et ses plaques de goudron rapportées, ni les arbres qui la bordent ; elle se contente d'en abstraire (de choisir) certaines caractéristiques telles que les courbes et la direction. Les mécanismes de la mémoire et de la perception font la même chose. Ils réagissent à des aspects relativement « invariants » et les emmagasinent. Une fois qu'une carte mentale est formée, elle conditionne toute perception ultérieure. Une personne marchant sur la route, par exemple, voit se déplacer à quelque distance un petit objet dans lequel elle reconnaît un écureuil. Elle « voit » clairement l'écureuil jusqu'au moment où, s'approchant, elle se rend compte que ce n'était qu'une feuille morte balayée par le vent. Selon les psychologues, ce phénomène vient de ce que la personne a appliqué un ensemble complexe de caractéristiques abstraites issu de la mémoire à l'objet qu'elle avait sous les yeux. Ce qu'elle a « vu » n'était pas « là », mais ce n'était pas entièrement une illusion ; c'était une relation entre les vieilles cartes de référence et le mouvement de l'objet identifié par la suite comme étant une feuille. Tout comme Kuhn, Bohm affirmait que les théories scientifiques sont aussi des cartes qui gouvernent la façon de voir les choses et la nature de ces dernières.

Il soulignait cependant que cela n'avait rien à voir avec le solipsisme — le monde en tant qu'illusion de l'observateur. L'implication était plus profonde. « Le fait même que notre vision du monde puisse être réfutée à la suite d'un nouveau mouvement, d'une observation, d'une investigation, etc., laisse entendre qu'il y a plus dans le monde que ce que nous en avons perçu et connu [6]. »

De ces réflexions, Bohm conclut que l'objectif de la recherche scientifique n'est pas l'accumulation de connaissances. Toutes les théories finissent par être réfutées. La signification de la recherche scientifique est dans ce qu'elle est un acte de perception, un processus continuel de la conscience et de la nature.

Cette considération semble avoir marqué un tournant dans la pensée de Bohm. Les divers fils sous-jacents de ses années de recherche et de méditation convergeaient enfin et devenaient manifestes dans son concept de l'ordre implicite.

Le partage du gâteau

A la lumière de l'histoire de Bohm, on ne peut s'étonner que son hypothèse aille totalement à l'encontre d'un principe ancré dans la pensée des hommes de science depuis Aristote. Il s'agit de l'idée selon laquelle la nature peut être analysée en parties distinctes, au lieu de quoi il propose de considérer l'univers comme un tout indivisible. Beaucoup d'autres théories se sont référées à l'idée de non-séparabilité, parmi lesquelles, comme nous l'avons vu, la théorie quantique et la relativité. Mais, en pratique, la science a toujours traité la nature comme si les parties et les fragments qu'on en pressait sous les microscopes et qu'on accélérait dans les chambres à particules étaient réels. La non-séparabilité, fait observer Bohm, est l'une de ces idées auxquelles presque tout le monde rend un hommage superficiel, mais que personne ne prend assez au sérieux pour en chercher la signification. Car prendre la non-séparabilité au sérieux revient à se lancer dans un invraisemblable voyage en abandonnant tout ce qui est familier et confortable. C'est aussi étrange que l'idée de pouvoir se glisser de l'autre côté d'un miroir.

Dans ses écrits et ses conférences, David Bohm s'efforce constamment d'attirer l'attention sur les difficultés subtiles qu'il y a à comprendre la différence entre la démarche fragmentaire qui a si longtemps dominé la science et celle qui suppose la non-séparabilité. Il développe son argument comme suit :

Démocrite, philosophe grec du Ve siècle, avait suggéré que le monde était composé d'atomes se mouvant dans le vide. Il imagina que tous les objets étaient constitués de différents agencements d'atomes. Peut-être son point de vue était-il initialement une « appréhension intuitive » de la non-séparabilité, en ce qu'elle permettait à l'être humain de comprendre comment l'énorme variété d'objets que recelait l'univers pouvait avoir une unité sous-jacente au niveau atomique. Pour Bohm, une appréhension intuitive n'est pas une vérité immuable, mais un acte ou un angle de perception. Ce peut être par exemple le fait d'apprendre à placer un *hook shot* ou à descendre à skis une pente difficile. L'intuition trouve parmi des éléments mouvants une relation qui aurait un sens. Dans ce cas, le « sens » consiste à réussir un panier ou atteindre le bas de la pente sans tomber. Le savoir impliqué dans ce processus n'a rien d'immuable ni de définitif, car il dépend de circonstances qui changent constamment et auxquelles il doit s'adapter. Si un joueur de basket-ball essayait d'analyser toutes les étapes de l'exécution d'un *hook shot,* il n'arriverait probablement jamais à en réussir un. L'appréhension intuitive implique la reconnaissance du fait que certains aspects des événements défient l'analyse. Bohm veut élaborer une théorie de la physique qui fournisse une « appréhension intuitive », et pas seulement un savoir — car il estime que négliger la première entraîne des conséquences dévastatrices pour la non-séparabilité. Il illustre ces conséquences en considérant ce qu'il est advenu de l'appréhension intuitive de Démocrite concernant les atomes.

Avec l'évolution de la science, l'intuition de Démocrite a perdu sa souplesse pour se figer en une vérité immuable. A mesure qu'il devenait de plus en plus articulé, le concept atomique, au lieu d'attirer l'attention sur la nature indivisible de l'existence, a servi de fondement à l'image d'une réalité faite de fragments. Démocrite avait montré du doigt une unité sous-jacente ; après un certain temps, les gens ont cessé de regarder ce qu'il montrait et se sont mis à étudier son doigt. Une fois accompli le passage de l'appréhension intuitive au « savoir », on admit que tout était composé de parties — des parties qui existaient indépendamment, extérieurement les unes aux autres, et se trouvaient liées par des relations externes. Et ce point de vue fragmentaire est devenu de plus en plus complexe.

Prenons pour exemple ce qui s'est passé dans le domaine médical et biologique — où on aurait pu s'attendre que la notion de parties eût peu d'effets. Après tout, le corps n'est-il pas un tout organique ? C'est ce qu'admettraient, en principe, la plupart des médecins et des biologistes. Mais, en pratique, la profession médicale est divisée en spécialités, chacune traitant une partie, ou système, du corps. D'un côté, le cœur est inextricable du tout, mais de l'autre, c'est une partie qu'on peut remplacer par une autre grâce à la transplantation. Bohm insiste sur le fait que la science, même si elle admet que les choses sont sans doute étroitement interconnectées — comme le cœur l'est avec le sang, le foie, la moelle osseuse et les muscles — est profondément imprégnée du sentiment et de l'expérience qu'elles sont néanmoins fondamentalement séparées et analysables *.

* La quatrième partie expose une théorie du miroir qui suppose que les transplantations sont possibles en raison précisément de la nature holistique du corps, et non parce que ce dernier est un assemblage de parties interchangeables.

Et il ne s'agit pas seulement de la science. Un instant de réflexion suffit à se rendre compte que virtuellement tous les aspects de la pensée humaine reposent sur la notion de parties, et à prendre conscience de l'ampleur et de la pénétration de cette hypothèse subtile, tyrannique, et apparemment inéluctable.

Brèches non séparables dans les fragments

De l'avis de Bohm, cependant, cette hypothèse se trouve maintenant sérieusement remise en question par la recherche humaine qui a adopté la démarche atomiste la plus systématique — la science occidentale elle-même. Cette démarche a abouti par inadvertance, ou peut-être inévitablement, à une révélation indéniable. Bien que la plupart des scientifiques continuent à pratiquer leur profession comme si le paradigme mécaniste et atomiste prédominant depuis deux millénaires était encore en plein essor, Bohm estime qu'il tremble déjà sur ses fondations. Les raisons mêmes de son effondrement sont enfouies dans certaines implications très profondes, mais généralement ignorées, de la théorie quantique et de la relativité.

La théorie quantique a montré que le concept de particule atomique séparée (l'ultime « partie ») était logiquement insoutenable. Au niveau quantique, deux entités situées loin l'une de l'autre s'affectent mutuellement, d'une façon qui indique qu'elles sont liées par une relation non locale et non causale. Dans un contexte comme celui de l'expérience de la double fente, une particule perd sa définition dans l'espace et dans le temps. Elle se répand comme un nuage mal défini dont la forme dépend de l'environnement tout entier, y compris de l'instrument qui l'observe. Bohr avait dit que ce nuage mal défini lui-même n'était pas une entité séparée ; la situation expérimentale dans son ensemble est un tout indivisible. Cette découverte quantique signifie que la vision du monde où un observateur et ce qu'il observe sont des « parties » distinctes de l'univers n'est pas non plus logiquement soutenable. On s'aperçoit que l'observateur et l'observé se fondent en quelque sorte l'un dans l'autre.

Pour sa « part », la relativité met en évidence les diverses contractions subies par les objets se déplaçant les uns par rapport aux autres. En raison de ces contractions et de la nécessité de les expliquer, les physiciens sont obligés d'abandonner la notion de corps rigide. Sans corps rigide, la notion de particules séparées perd son sens. A leur place apparaissent les « tubes-mondes », dont chacun représente le processus continu, infiniment complexe et non analysable, d'une structure animée d'un mouvement fluide — comme un tourbillon dans un courant. Il n'existe bien sûr aucune division nette entre un tourbillon (tube-monde) et le courant. Par sa théorie de la relativité généralisée et par sa recherche d'une théorie de champ unitaire, Einstein exprimait l'idée relativiste que l'univers est un tout sans discontinuité — une totalité insécable.

Comme nous l'avons observé, les physiciens ont fait des efforts considérables pour essayer de concilier théorie quantique et relativité. Bohm affirme que cette conciliation n'est possible qu'à condition d'abandonner certains aspects de chacune d'elles. Bien que les deux théories admettent que l'univers est un tout, chacune recèle des éléments qui contredisent la prémisse holistique. Ce sont précisément ces éléments fragmentaires, selon Bohm, qui ont empêché l'union de deux théories.

La relativité, par exemple, maintient la fragmentation par l'importance attribuée au « signal ». La relativité restreinte suppose qu'il est possible d'envoyer un signal, à la vitesse fixe de la lumière, d'un tube-monde à un autre. Ce signal pourrait être une émission hertzienne envoyée du tube-monde de la Terre au tube-monde d'un vaisseau spatial se déplaçant à une vitesse proche de celle de la lumière. La notion d'un signal reliant des tubes-mondes occupe une place si importante dans la théorie que certains traités sur la relativité fondent la plus grande partie de leur raisonnement sur l'échange de signaux. Les treillis spatio-temporels sont censés être construits au moyen d'horloges et de signaux lumineux précis.

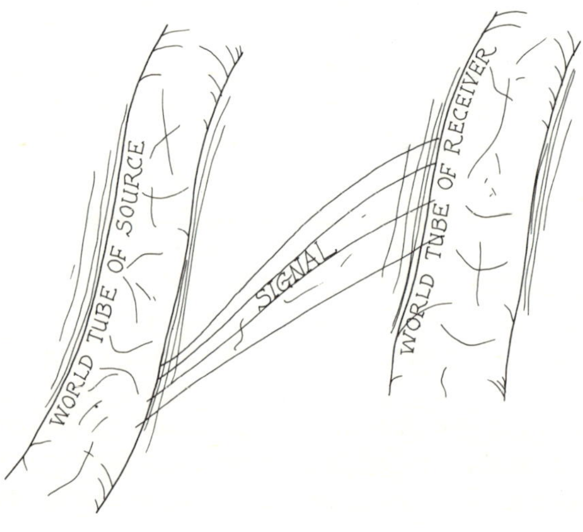

Mais l'idée de signal implique qu'une « chose » séparée — énergie lumineuse ou émission radio — soit transmise d'une partie indépendante d'un système à un autre. La notion de régions autonomes de l'espace connectées par un signal transportant une information séparée devient par trop confuse dans un contexte soutenant la non-séparabilité.

En mécanique quantique, le serpent fragmentaire du jardin holistique est la fonction d'onde, que les physiciens appellent « l'état quantique du système ». Certains physiciens la considèrent comme objective. C'est pour cette raison qu'Everett a pu faire accepter de façon aussi surprenante par les scientifiques sa théorie des univers multiples dans lesquels tous les chats possibles de Schrödinger existent réellement. Selon Bohm, cela signifie que quand des physiciens se réfèrent à « l'état quantique du système », ils considèrent en fait ce dernier comme une entité séparée malgré le sous-entendu de la théorie quantique d'après lequel parler d'entités séparées n'a aucun sens. La même critique s'applique à la notion d'interaction des « champs ». Dans la théorie de la grande unification, on conçoit les champs quantiques comme indépendamment définis en chaque point de l'espace et du temps.

L'analyse de Bohm concernant les aspects fragmentaires cachés de la théorie quantique et de la relativité soulève, bien sûr, une question particulièrement embarrassante : s'il n'y a pas dans l'univers de parties séparées et indépendantes, comment les scientifiques (ou quiconque) peuvent-ils parler de quoi que ce soit sans tomber inéluctablement dans des contradictions ? Le langage, même mathématique, procède par analyse, séparant les choses entre cause et effet. Nous devons abstraire certains éléments afin d'élaborer des cartes. Sans cartes, nous ne saurons pas où nous sommes ni comment aller où que ce soit. Bohm est terriblement conscient de ce problème. Nous avons besoin de cartes, et nous avons besoin de parler, il le reconnaît. Mais il nous invite à garder à l'esprit le fait que nos cartes et nos paroles ne traduisent jamais des « choses » absolues. Au mieux, nous transmettons une perception intuitive, au pire, une illusion.

Ainsi, pour Bohm, comme pour Kuhn, la théorie scientifique est une perspective, un point de vue qui établit quelque mystérieux contact avec la nature. Ce contact existe d'une façon limitée, mais cesse de donner une image utile dès qu'on s'étend trop loin. La physique classique, par exemple, développée avant l'invention des instruments qui permettent de sonder l'atome, donne une vue de l'univers qui correspond à la plupart des expériences sensorielles courantes, du moins pour nos sens tels qu'ils sont normalement conditionnés. Dans cette dimension, elle s'applique parfaitement. Quand les physiciens ont prolongé notre appareil sensoriel au moyen de la spectrographie et des accélérateurs de particules, nous sommes entrés dans une autre dimension, ou à un niveau plus profond que celui auquel nous nous trouvions. Là, la carte classique est devenue confuse et les hommes de science, après avoir lutté un moment, durent considérer le point de vue classique comme une simple approximation. Mais, comme l'a montré Kuhn, de nouvelles approximations, de nouvelles théories ne nous rapprocheront pas de la vérité absolue. Bohm estime que, chaque fois que nous atteignons un point où notre vieille théorie cesse de fournir des réponses sensées, nous découvrons en fait que l'univers est un tout indivisible, qu'il s'étend toujours plus loin (ou plus profond) que n'importe quelle carte, équation, définition ou théorie.

Le philosophe Martin Heidegger proposa un jour une analogie pour décrire la non-séparabilité de la vérité. Il la compara à un verre : quand vous tournez le verre pour l'observer sous un certain angle, vous en masquez nécessairement un autre aspect. Vous ne pouvez jamais le voir dans son ensemble bien qu'il soit là tout entier sous n'importe lequel des aspects que vous en percevez.

Pour Bohm, une image importante de la non-séparabilité est le tourbillon dans une rivière. A une certaine distance, on distingue clairement l'eau agitée du tourbillon par rapport au courant plus calme de la rivière. Ils apparaissent comme deux « choses » séparées. Mais en approchant, il devient impossible de dire où finit le tourbillon et où commence la rivière — l'analyse en parties distinctes et séparées cafouille. Le tourbillon n'est pas réellement une chose séparée, mais un aspect du tout.

En insistant sur la non-séparabilité, Bohm ne propose pas, cependant, d'éliminer distinctions et différences. Il nous met en garde contre la tentation de transformer l'univers en une sorte de pâté mystique géant et indifférencié, un « monstre de Bohm ». Il affirme au contraire que, à moins de comprendre les subtilités de la non-séparabilité, non seulement nous diviserons ce qui ne peut pas être divisé, mais *nous essaierons d'unir ce qui ne peut pas être uni.* Les différences et les similitudes réelles se mêleront inextricablement. Il est parfaitement raisonnable de dire que deux tourbillons d'une rivière sont des aspects de la rivière dans son ensemble, mais il est tout à fait *irraisonnable* de dire qu'ils sont tous deux le même tourbillon. A moins de comprendre la non-séparabilité, nous confondrons irrémédiablement les relations entre tout et parties. Bohm expose cette confusion comme suit :

> Ceci apparaît clairement quand on observe les groupements d'individus (politiques, économiques, religieux, etc.) au sein d'une société. L'acte même consistant à former un tel groupe tend à créer un sentiment de division et de séparation de ses membres par rapport au reste du monde mais, ceux-ci étant de fait liés à la totalité, ce retranchement ne peut aboutir. Chaque individu a un lien un peu différent, qui se manifestera tôt ou tard par un désaccord avec les autres membres du groupe. Chaque fois que des hommes se séparent de l'ensemble de la société et tentent de s'unir par identification au sein d'un groupe, il est clair que ce groupe finira par connaître des dissensions internes qui aboutiront à une rupture de son unité... La véritable unité... entre l'homme et la nature, de même qu'entre l'homme et l'homme, ne peut apparaître que dans une forme d'action qui ne tente pas de fragmenter l'ensemble de la réalité [7].

La définition d'un arbre comme une chose ou partie de la nature composée de racines, d'un tronc, de branches et de feuilles exerçant des échanges avec l'environnement est utile quand nous voulons couper des arbres ou les planter. Dans un contexte plus large, cependant, le concept peut être préjudiciable. L'arbre n'est pas une partie. Il est impossible de dire à quel point exactement une molécule de gaz carbonique traversant la membrane d'une cellule de feuille cesse d'être air pour devenir arbre. L'arbre s'insinue dans tout l'environnement et finalement dans tout l'univers. Si on néglige ce fait et qu'on abatte des forêts entières, les conséquences affecteront l'écologie dans son ensemble. La méconnaissance humaine des parties et du tout peut être non seulement déroutante, mais dangereuse.

Pour Bohm, ce genre de confusion tout/partie apparaît dès que des hommes de science se persuadent qu'une théorie qui explique un fait est réellement séparée du fait qu'elle étudie. Bohm pense, comme Kuhn, que les faits ne sont pas des réalités en soi ; il sont « fabriqués » par les théories. Les faits sont l'abstraction de certains aspects hors du courant continu. Les théories des scientifiques et leurs instruments (qui sont des extensions mécaniques des théories) donnent à ces aspects leur « forme ». Les physiciens quantiques savent par exemple qu'un certain dispositif expérimental produira des quanta sous forme de particules, et qu'un autre les produira sous forme d'ondes.

Dans un sens plus large, les faits sont déterminés par la façon dont une théorie ordonne l'univers. En physique classique, les faits étaient définis par l'ordre théorique du mouvement planétaire mesuré par la position et le temps. Dans la théorie quantique, les faits sont définis par un ordre qui inclut les niveaux d'énergie, les nombres quantiques, les groupes de symétrie, les mesures de répartition, de sections transverses, de charges et de masses de particules. Durant les changements de paradigme, les modifications de l'ordre théorique entraînent de nouvelles façons de mener les expériences, et la création de nouveaux faits.

Bohm estime donc que la plupart des physiciens quantiques contemporains se laissent illusionner. A un certain niveau, l'interprétation de Copenhague les oblige à reconnaître que les faits qu'ils découvrent — photons, mésons et autres particules — ne sont que abstractions liées d'une certaines façon à leurs dispositifs expérimentaux. A un autre niveau, cependant, ils traitent ces faits à tous les égards comme s'ils existaient indépendamment des dispositifs et des théories. Bohm n'est pas surpris que les scientifiques aient découvert tant de particules, que celles-ci se fondent souvent les unes dans les autres, ou qu'une ultime particule mère soit demeurée insaisissable.

Cela n'a rien de mystique. Bien que la non-séparabilité soit une idée traditionnellement mystique, Bohm lui-même est un réaliste rigoureux. Quiconque le lit ou l'écoute se rend compte immédiatement que c'est un homme dédié à l'élaboration de solutions sensées aux problèmes de sa profession. Il estime simplement que ces problèmes exigent maintenant un nouvel ordre de perception intuitive de la nature qui fasse clairement apparaître sa non-séparabilité. Obtenir cette vision et décrire un tel ordre représente manifestement une gageure colossale. Pour qu'un ordre de non-séparabilité ait une chance d'être pris au sérieux par la science, il devra (1) aller bien au-delà de l'affirmation « Tout est un » et donner à la non-séparabilité une forme compréhensible et en quelque sorte concrète, ce que Bohr et Einstein n'ont réussi ni l'un ni l'autre, et (2) donner une bonne explication de la raison pour laquelle le monde de notre expérience quotidienne semble si catégoriquement composé de parties. Sur ces deux points, Bohm parvient à décrire son nouvel ordre, du moins conceptuellement.

Avant de voir comment il le fait, il nous faut éclaircir ce que nous entendons exactement par « ordre ».

Description de l'ordre de l'ordre

Il y a toutes sortes d'ordres. Il y a l'ordre des nombres en mathématiques : 1, 2, 3, 4..., où chaque nombre est considéré comme étant à une « distance » égale du suivant, à la manière des graduations d'une règle. Il y a des ordres plus compliqués, comme les « puissances » : 2^2, 2^3, 2^4, etc., qui impliquent des relations plus complexes. Il y a aussi l'ordre d'une cantate de Bach et l'ordre mis en jeu dans la transformation du gland en chêne. Bohm estime qu'une manière générale de percevoir ce qu'on entend par ordre (il ne s'agit pas d'une définition) est de dire que l'ordre signifie « prêter attention à des différences similaires et à des similitudes différentes ». Supposons par exemple que nous tracions une « courbe » faite de lignes droites orientées dans différentes directions :

Les points de la ligne ABCD sont manifestement similaires et nous en percevons l'ordre immédiatement. EFG est un autre ordre, et HIJ un troisième. Nous avons donc trois degrés de similitude. Mais les lignes ABCD, EFG et HIJ sont également différentes l'une de l'autre,

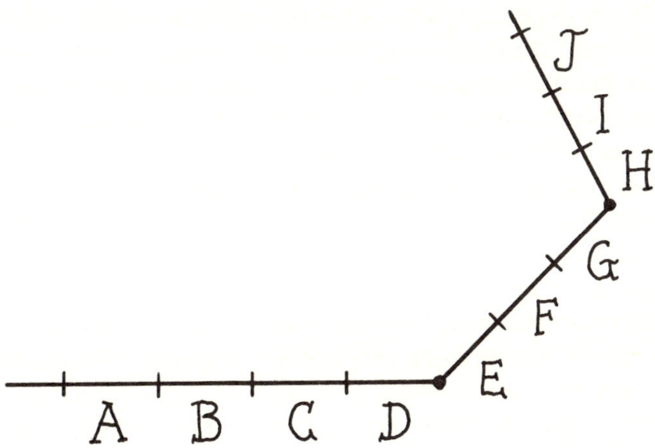

de sorte que nous voyons d'abord les différences de leurs similitudes avant de voir la similitude de leurs différences. Si vous avez saisi cela, vous pourrez comprendre qu'il est possible, en principe, de décrire des degrés d'ordre incroyablement complexe en prêtant attention aux agencements de similitudes et de différences.

L'opposé de l'ordre est communément considéré comme étant le désordre ou le hasard. Le mouvement des grains de poussière dansant dans un rayon de soleil (mouvement brownien) pourrait être qualifié de désordonné ou d'aléatoire parce que les scientifiques ne peuvent en décrire les similitudes et les différences en un nombre fini d'étapes — il y en a trop. Bohm affirme cependant qu'il serait inexact de dire du mouvement brownien qu'il est désordonné, et qu'il convient de le considérer comme un type d'ordre très particulier — un ordre de

« degré indéfiniment élevé ». En fait, l'un des changements majeurs introduits par Bohm en passant des canards des parties aux lapins de la non-séparabilité consiste à remplacer l'idée d'ordre « aléatoire » par celle d'une hiérarchie d'ordres. Intuitivement, on peut comprendre ses raisons. Rappelez-vous l'expérience de la double fente. Quand les expérimenteurs lançaient des particules une à une vers les fentes, ils ne pouvaient dire par quelle fente passerait un électron particulier ni où il aboutirait. En ce qui les concernait, le mouvement de l'électron était aléatoire. Néanmoins, une fois l'expérience achevée, les électrons ne laissaient pas une tache aléatoire sur l'écran de détection. Expérience après expérience, les particules formaient des franges ordonnées et parfaitement prévisibles sur la plaque photographique. Leur caractère « aléatoire » recelait d'une certaine façon un degré d'ordre très élevé. Ainsi pour Bohm n'y a-t-il pas de hasard, mais seulement divers degrés d'ordre. La logique également l'oblige à adopter cette position : si on présume que l'univers est un tout sans discontinuité, il serait absurde de dire que certaines de ses parties sont ordonnées et d'autres aléatoires, car une telle idée contredirait la prémisse de Bohm en laissant entendre que l'univers comporte des « parties » ordonnées et des « parties » désordonnées.

En physique classique, le concept d'ordre était la grille cartésienne, avec le temps sur un axe et la distance, ou l'espace, sur l'autre. Un événement pouvait être situé (son ordre révélé) en trouvant la distance qu'il avait franchie en un certain temps. Cet ordre cartésien a imprégné toute la physique et survécu à toutes les révolutions des paradigmes scientifiques. L'ordre cartésien est essentiellement fragmentaire. Une ligne est constituée de points, une surface de lignes. L'espace est linéaire, continu, et infiniment divisible. Le temps est lui aussi linéaire. L'équivalent du point dans l'espace continu est l'« instant » dans le temps continu.

Toutes les qualités intéressant le physicien moderne sont exprimées par des fonctions faisant appel à des coordonnées cartésiennes. Bien que l'ordre spatio-temporel de la relativité ne soit pas absolu, sa description cartésienne a été maintenue. Dans la théorie quantique, l'idée de trajectoire doit être abandonnée ; on ne peut même pas parler de l'existence d'une particule quand elle saute d'un état à un autre. On n'en trouve pas moins, enracinées dans les mathématiques quantiques, des coordonnées avec leur notion de continuité, de trajectoires, et de divisibilité infinie.

Bohm estime que l'ordre cartésien n'est plus applicable à la physique du XXe siècle. Un nouvel ordre de description s'avère nécessaire.

La relativité, pour son ordre, s'appuie en partie sur la notion de signal, et la théorie quantique sur la notion d'« état quantique du système » ou fonction d'onde. Pour accéder à un nouvel ordre, Bohm propose d'abandonner le rôle fondamental du signal et celui de l'état quantique comme autant de vieilles notions fragmentaires liées au système cartésien. Cela permettrait à la théorie quantique et à la relativité de s'harmoniser. Bien que la mesure paraisse assez simple, ce n'est pas, comme il le dit, « une mince affaire » que de renoncer à ces particularités, car elles constituent les soubassements d'une conception analytique de la réalité qui a régné pendant des milliers d'années. C'est un passage des canards aux lapins qui exige un type d'ordre radicalement différent — un ordre qui ne se divise qu'au moment où on le distribue.

6.

LE DÉVIDAGE DES FILS DE LA RÉALITÉ

Pour illustrer ce qu'il appelle son « nouvel ordre de fait », Bohm propose trois analogies, ou modèles, qui fournissent trois entrées miroirs dans la nouvelle science de la totalité indivisible.

Modèle A : l'hologramme

La première analogie concerne la photographie.

Bohm considère la lentille de l'objectif d'un appareil photographique comme un bon modèle de l'étroite relation qui existe entre les instruments et la théorie. Cette lentille forme une image de la chose à photographier. Prenons pour exemple une famille réunie autour d'un barbecue. Quand les instantanés reviennent du développement, chaque point de la petite carte brillante que vous tenez à la main correspond à une région de la scène qui se déroulait au moment où l'obturateur a été déclenché. La photo n'est en fait qu'une abstraction, le relevé de certains aspects de la réalité tridimensionnelle sous une forme bidimensionnelle. Des anthropologues ont rapporté que les aborigènes auxquels on montrait des photographies d'eux-mêmes n'y voyaient habituellement rien qu'un tourbillon de couleurs et de formes abstraites. Ils ne savent pas lire ce genre de carte.

Quoi qu'il en soit, cette faculté d'abstraire certaines caractéristiques de façon qu'une région de la lentille corresponde à une région de la scène fait de la lentille un modèle efficace de l'analyse en parties distinctes. Selon Bohm, la lentille a permis aux hommes de science d'observer les objets avec une telle finesse de détails qu'ils ont été encouragés à penser que, s'ils trouvaient des lentilles assez puissantes, ils pourraient distinguer les parties de toute chose jusqu'au niveau de l'électron. Comme nous l'avons vu, Heisenberg a mis fin à cette croyance.

Bohm demande : y a-t-il un instrument qui pourrait nous aider à obtenir une perception intuitive de la non-séparabilité, de la même façon que la lentille a encouragé l'analyse et la perception des parties ? Sa réponse est : l'hologramme.

Dans la cinquième partie, quand nous aborderons la théorie holographique de la conscience selon Karl Pribram, nous discuterons plus en détail des hologrammes. Pour l'instant, nous pouvons nous contenter d'en considérer seulement certains aspects. Un hologramme est une sorte de photographie généralement obtenue en pro-

La plaque holographique enregistre, codée dans ses configurations d'interférence de cercles concentriques, une image tridimensionnelle du lapin. Les interférences ont été produites par les réflexions de la lumière sur les différents traits de l'objet, et les configurations recèlent le codage de ces traits. En projetant un faisceau laser à travers la plaque, on peut révéler cette information codée de sorte que le lapin semble apparaître dans l'espace. On obtiendrait le même résultat en projetant le faisceau à travers un morceau détaché de la plaque !

jetant une lumière laser sur une glace sans tain. Une partie de la lumière est réfléchie par le miroir sur l'objet ou la scène à photographier, puis renvoyée vers une plaque photographique. Le reste de la lumière traverse directement le miroir vers la plaque. Quand les deux faisceaux se réunissent sur cette dernière, ils interfèrent entre eux pour produire une certaine configuration. Cette configuration ne ressemble en rien à la scène enregistrée. Elle évoque plutôt une mare dans laquelle quelqu'un aurait jeté une poignée de cailloux qui produiraient un grand nombre de rides concentriques s'intersectant mutuellement.

La plupart des gens qui ont vu une image holographique — laquelle s'obtient en projetant un faisceau laser à travers la plaque sur laquelle la scène a été enregistrée — ont eu l'étrange impression de regarder un objet réel en trois dimensions. On peut se déplacer autour de la projection holographique et l'observer sous des angles différents, tout comme un objet réel. Ce n'est qu'en tendant la main qu'on s'aperçoit qu'il n'y a rien. Un puissant microscope placé sur l'image holographique d'une goutte d'eau fait apparaître les micro-organismes qui se trouvaient dans la goutte originale (figés, bien sûr). Mais l'image holographique possède une caractéristique encore plus curieuse.

Si un photographe déchirait un morceau du négatif de notre cliché du barbecue et en tirait une épreuve, celle-ci ne contiendrait manifestement qu'une partie de l'image originale, par exemple le bras de papa tournant la manivelle de la rôtissoire. Si on déchire un morceau d'un négatif holographique pour le mettre sous un projecteur laser, on n'obtiendra pas une « partie » de l'image, mais l'image *entière* (bien que manquant un peu de netteté). Ceci montre qu'il n'existe pas de correspondance univoque entre les régions (ou parties) de la scène originale et les régions de la plaque holographique, comme c'était le cas pour le négatif produit par une lentille. La scène tout entière a été enregistrée partout sur la plaque holographique, de sorte que chacune des « parties » de la plaque en reflète la totalité. Pour Bohm, l'hologramme est une analogie frappante de l'ordre global et indivisible de l'univers.

Que se passe-t-il sur la plaque holographique pour produire cet effet par lequel chaque « part » contient la totalité ? Selon Bohm, il s'agit seulement d'une version instantanée, pétrifiée, de ce qui se passe à une échelle infiniment plus vaste dans chaque région de l'espace à travers tout l'univers.

La lumière et les autres ondes d'énergie électromagnétique voyagent indéfiniment, interférant constamment les unes avec les autres en se réfléchissant sur la matière. Les figures d'interférences sont des « codages » en perpétuelle évolution de ces réflexions sur la matière. Ainsi les configurations fluctuantes qui voyagent à travers l'espace contiennent-elles d'incalculables quantités d'informations à propos des objets qu'elles ont rencontrés, et en particulier à propos des divers ordres contenus dans les objets — ordres concernant des caractéristiques telles que les formes géométriques de l'objet, la relation entre son intérieur et son extérieur, ses intersections et ses séparations. L'hologramme — qui fait appel à une forme d'énergie particulièrement « simple » pour créer les figures d'interférences — met en évidence le potentiel de codage de ces configurations en général.

Et maintenant, un autre tour de vis. Rappelez-vous que la matière, c'est aussi des ondes. *La matière des objets est donc elle-même composée de configurations d'interférences qui interfèrent avec les configurations d'énergie.* L'image qui en ressort est celle d'une configuration encodante de matière et d'énergie se propageant sans cesse à travers tout l'univers. Chaque région de l'espace, aussi petite soit-elle (en descendant jusqu'au simple photon, qui est aussi une onde, ou un « paquet d'ondes »), contient — comme chaque région de la plaque holographique — la configuration de l'ensemble, y compris tout le passé et des implications pour tout le futur. Cette région retiendra ce codage de l'ensemble d'une façon quelque peu différente, tout comme les différentes « parties » d'une plaque holographique rendront chacune l'image globale, mais avec des limitations légèrement différentes dans le nombre de perspectives sous lesquelles on peut la voir.

C'est une vision à couper le souffle, un univers holographique infini où chaque région, bien qu'étant une perspective distincte, contient le tout.

Mais de peur que cela ne semble trop éloigné de notre expérience quotidienne, Bohm ajoute, se souvenant peut-être de sa vision de jeunesse sur la colline qui dominait sa ville :

> Considérez comment, en observant par exemple le ciel nocturne, nous pouvons discerner des structures couvrant d'immenses étendues d'espace et de temps, lesquelles sont en un sens contenues dans les mouvements de lumière du minuscule espace intérieur de l'œil (et aussi comment des instruments tels que les télescopes optiques et les radiotélescopes peuvent discerner une proportion de plus en plus grande de cette totalité, contenue dans chaque région de l'espace) [7].

Avec l'analogie de l'holographie, nous aboutissons au premier principe d'un univers sans discontinuité, holistiquement ordonné : *Tout reflète tout le reste ; l'univers est un miroir.* La tasse de café que vous tenez à la main, votre main elle-même, la tache de lumière sur le mur de la cuisine, toutes les caractéristiques que nous identifions comme des parties, portent la totalité enfouie dans leurs figures d'interférence. La vision de Bohm rappelle les vers célèbres de William Blake :

Voir un Monde dans un grain de Sable,
Et les Cieux dans une Fleur Sauvage,
Tenir l'infini au creux de sa main,
Et l'Éternité en une heure toute.

Modèle B :
La goutte de teinture implicite

Le second modèle utilisé par Bohm pour décrire les propriétés de son ordre implicite est celui qu'il préfère ; il recèle le deuxième principe du miroir : *La non-séparabilité est un mouvement fluide* (un écoulement).

On dépose une goutte de teinture dans un liquide visqueux tel que de la glycérine, contenue entre deux cylindres de verre placés l'un à l'intérieur de l'autre, puis on fait tourner lentement le cylindre extérieur. Ce faisant, la goutte de teinture s'étire dans le liquide. Après un certain nombre de tours du cylindre, elle semble avoir totalement disparu. En termes conventionnels, on dirait que la distribution de la teinture est aléatoire, et qu'on est passé d'un état initialement ordonné (la goutte située clairement, explicitement, en un endroit précis du liquide) à un état de plus grande entropie (désordre) — une partie de l'information a été perdue et l'ordre explicite détruit.

Bohm surprend toujours ses auditeurs en leur demandant ce qui se passerait si on faisait tourner le cylindre dans l'autre sens du même nombre de tours. Étonnamment, la goutte se reconstituerait ! Nous découvririons que l'état apparemment aléatoire n'était pas du tout un état de désordre, mais d'ordre caché ou « implicite ». Bohm affirme que c'est l'état qui règne dans tout l'univers. Quand il évolue vers une forme visible (comme la goutte de teinture), il devient « explicite ». Les ordres implicite et explicite sont différentes expressions du même ordre — les deux faces d'une pièce.

Dans l'expérience de la glycérine et de la teinture, si nous ne savions pas à l'avance que la goutte de teinture a été dispersée, il semblerait qu'elle apparaît simplement de nulle part au milieu de la glycérine. Pourtant elle était là, répandue dans le fluide. Imaginons maintenant

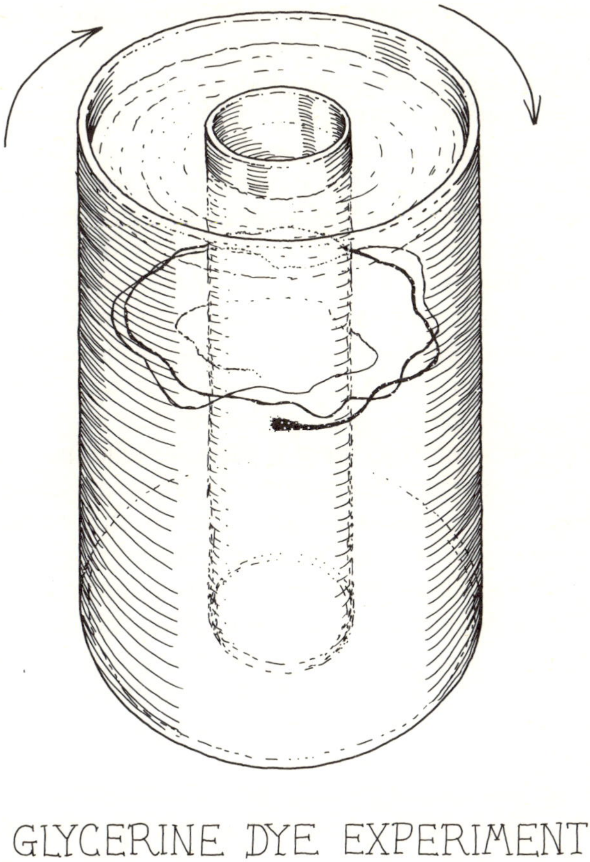

L'expérience de la goutte de teinture plongée dans la glycérine.

que nous ayons inséré deux gouttes en différents endroits de la glycérine avant de faire tourner le cylindre. Dans cet ordre implicite, des filets de la première goutte se trouveraient maintenant tout contre des filets de la seconde. Mais ces filets auraient une « destinée » différente dans l'ordre explicite. Si nous continuons à faire tourner le cylindre, les gouttes apparues séparément dans l'explicite s'enrouleront de nouveau dans la glycérine, formant un nouvel ordre implicite.

Cette expérience permet également d'exécuter d'autres tours. Supposons que nous placions une goutte dans le liquide et fassions tourner le cylindre de quelques tours, puis que nous posions une autre goutte près de la première, donnions quelques tours, ajoutions une autre goutte, et ainsi de suite. Si nous faisons tourner le cylindre en arrière assez vite, la dernière goutte apparaîtra, puis l'avant-dernière, et on aura l'impression d'une goutte unique se mouvant dans l'espace. Nous pourrions aussi insérer une goutte, tourner le cylindre, en insérer une autre au même endroit, tourner, et continuer ainsi en insérant chaque fois une goutte au même endroit exactement. En tournant le cylindre à l'envers, cette fois, nous aurions l'apparence d'une seule goutte immobile dans l'espace. Mais ce que nous verrions, en fait, serait la manifestation explicite de plusieurs ordres implicites sous-jacents et « différents ».

A ce point, il faut noter que le mouvement de la teinture dans la glycérine s'explique en faisant appel au concept classique des molécules ou « parties » qui composent la goutte. Bohm ne se sert du dispositif à cylindre que comme analogie, ou modèle. Dans l'univers subatomique et supergalactique dont il parle, de telles parties n'existent pas. On voit seulement des « parties » apparentes sous forme de tubes-mondes dans lesquels on peut aller de plus en plus profond, comme on peut aller plus profond dans l'ordre implicite du ciel en faisant appel à des télescopes de plus en plus puissants. Dans le passé, les physiciens se sont souciés d'expliquer les particules apparemment séparées et leurs trajectoires à travers l'espace, rapportées à des coordonnées cartésiennes. Bohm se sert de l'expérience de la glycérine pour démontrer qu'on peut mettre en évidence un type d'ordre tout à fait différent. Il propose de se pencher maintenant sur des ordres implicites qui ne sont pas faits de parties, mais sont des ordres dans lesquels les « choses » s'enveloppent (s'enfouissent) mutuellement. Ces ordres implicites fournissent une base (pas nécessairement, comme nous le verrons, la base ultime) pour les ordres explicites que nous appelons particules et planètes.

Bohm appelle cette physique du miroir la physique de l'« holomouvement ». Une onde hertzienne peut « transporter », enfouis dans son mouvement, divers ordres qui peuvent être ensuite « *dés*enfouis » par le circuit électronique d'un poste de télévision en une image bidimensionnelle mouvante. Dans l'holographie, le mouvement des figures d'interférence d'une lumière cohérente (laser) enveloppe une gamme beaucoup plus subtile de structures et d'ordres. Quand ceux-ci sont enregistrés sur une plaque et mis en évidence par un faisceau laser, le spectateur peut voir une scène tridimensionnelle sous de nombreux angles différents. D'une manière similaire, mais incroyablement plus vaste, le mouvement global ou « holomouvement » de l'univers porte l'ordre implicite et nous permet de voir et de ressentir notre monde spatio-temporel en quatre dimensions.

L'esprit peut appréhender les principes du mouvement par lequel la glycérine transporte la goutte de teinture, ou de celui qui transporte l'ordre d'une onde de télévision. Il peut même appréhender les mouvements de la lumière laser transportant les ordres complexes d'un hologramme. Mais quelle sorte de *mouvement* est-il, celui qui porte l'ordre implicite de l'univers ?

Le concept de mouvement n'est pas aisé à appréhender. Le philosophe grec Zénon d'Élée avait montré les sérieux problèmes qu'il posait en proposant ses célèbres paradoxes. Il avait démontré que le type de mouvement apparemment continu dont nous faisons quotidiennement l'expérience est impossible. Il expliquait que pour qu'un objet aille de A à B, il fallait d'abord qu'il franchisse la moitié de la distance AB, puis la moitié de cette moitié, puis la moitié de la dernière distance franchie et ainsi de suite. Il faut se représenter le voyage comme une ligne qu'on peut diviser à l'infini en distances de plus en plus courtes entre deux points. Aussi petites qu'on fasse les divisions, il reste toujours à savoir comment aller d'un point au suivant sans faire de saut discontinu (que les théoriciens appelleraient par la suite saut quantique).

Un siècle plus tard, Aristote offrit une solution aux paradoxes de Zénon. En fait, il considérait que les points se chevauchaient. Avec l'ordre cartésien des fonctions continues et l'invention par Newton et Leibniz du calcul intégral, les mathématiciens découvrirent un moyen d'additionner un nombre infini d'étapes sans obtenir une réponse infinie, de sorte que les paradoxes de Zénon parurent insignifiants. Pourtant, avec l'avènement de la théorie quantique, la notion de trajectoire unie et continue disparut, redonnant vie aux paradoxes de Zénon. Comment les choses vont-elles d'un point à un autre ?

Bohm affirme que les notions de continuité et de discontinuité du mouvement recèlent toutes deux une erreur fondamentale. Elles considèrent le mouvement d'une façon abstraite, et ne se conforment pas à la manière dont il est effectivement ressenti. Les études traditionnelles du mouvement considèrent ce dernier comme se déroulant dans le temps. Par exemple, une personne se rend d'un côté à l'autre de la salle. Ceci prend un certain temps. Chaque pas est comme un battement de l'horloge ou un point sur une ligne. Le mouvement est envisagé conceptuellement comme si tout le voyage était présent en même temps. Il est décrit à la fois comme son origine et son aboutissement. Si on demande à la personne quel déplacement elle a effectué, elle répondra : « Je suis allé d'ici à là », d'un point de la salle à un

Selon Zénon, le canard ne parviendra jamais à la mare parce que la distance entre deux points peut toujours être divisée, de sorte qu'il restera toujours un pas à franchir. Le lapin quantique résout le problème en sautant par bonds discontinus d'un point au suivant. Mais personne ne sait comment il le fait.

autre. Mais fut-ce réellement son *expérience* du mouvement alors qu'elle se déplaçait ?

Il ne fait aucun doute que l'expérience réellement vécue par la personne qui traverse la pièce est celle du mouvement présent, les moments passés et futurs du mouvement étant non existants. Essayer de considérer les moments passés et le moment présent du mouvement comme s'ils se produisaient en même temps, ainsi que l'a fait Aristote avec ses points superposés, n'est pas conforme à l'expérience. Que signifie en réalité le fait de mettre dans le même temps le passé et le présent ? L'idée semble profondément déconcertante. Les représentations d'un mouvement faisant appel au concept de points sur une ligne sont utiles pour la résolution de certains problèmes, dit Bohm, mais elles demeurent au fond excessivement abstraites. Et elles ne nous sont d'aucune utilité quand on en vient aux mouvements du monde quantique.

En termes d'ordre implicite, le mouvement est plus proche de la perception intuitive que nous en avons. Considérons la série de gouttes de teinture enfouies les unes à côté des autres de sorte qu'en se déroulant rapidement elles apparaissent comme une même particule se déplaçant dans la glycérine. Sous sa forme implicite, nous reconnaissons que cette « particule » de teinture n'était pas en fait un « objet », mais une série d'éléments (ou filets) s'interpénétrant à dif-

férents niveaux d'enfouissement. Du point de vue implicite, nous apprenons que le mouvement de la « particule » n'était pas celui d'un objet se déplaçant d'un point à un autre à travers l'espace et le temps ; il consistait en différents degrés d'enfouissement tous présents *en même temps.* Au lieu de décrire le mouvement comme un point lié à un autre, l'ordre implicite le fait apparaître comme *une forme de présent (un certain degré d'enfouissement) liée à une autre forme de présent (un degré différent d'enfouissement). Tous ces différents « présents » se désenfouissent ensemble à n'importe quel moment.* Il n'y a aucune ligne abstraite, aristotélicienne ou zénonienne, pleine de points figurant le passé et le futur. La démarche de Bohm a manifestement un impact tout aussi important sur le concept du temps, que nous allons aborder plus loin.

Adoptant une autre perspective, Bohm fait observer que la relativité d'Einstein a décrit le mouvement comme un signal qui ne peut dépasser la vitesse de la lumière. Mais Einstein lui-même a décrit un autre type de mouvement impliquant des vitesses supraluminiques : le mouvement brownien. Les physiciens affirment que, dans le mouvement brownien, les particules bousculées par les atomes et les molécules atteignent des « vitesses instantanées ». Le mouvement brownien, cependant, ne peut transporter de signal. Un signal requiert une modulation ordonnée comme celle qui se produit dans une onde hertzienne. Une modulation ordonnée ne perd ni ne mélange l'information d'une manière qui empêcherait celle-ci d'être débrouillée à l'arrivée, par exemple dans un poste de télévision. Le mouvement brownien (discontinu) est généralement considéré comme aléatoire, mais Bohm affirme qu'il n'est pas réellement désordonné ; il s'agit seulement d'un « degré d'ordre très élevé ». Cet ordre est la relation de différents « ensembles » d'ordre se désenfouissant ensemble en même temps, un peu comme les filets d'une énorme quantité de gouttes de teinture s'affectant mutuellement dans l'espace implicite d'un cylindre plein de glycérine. L'ordre du mouvement brownien est si élevé que, pour une application pratique, toute information particulière transportée par ce moyen serait altérée dans sa transmission — un ensemble d'informations serait inextricablement mêlé à d'autres ensembles.

Bohm propose d'utiliser le mouvement brownien pour « réécrire » la théorie de la relativité. Il entend par là que les lois de la relativité s'appliquent et sont appropriées quand la vitesse « moyenne » du mouvement brownien ne dépasse pas la vitesse de la lumière. Dans ce cas, nous voyons un ordre explicite, dans le cadre duquel nous pouvons parler de « choses » telles que des signaux. Au-delà de cet ordre explicite existent des ordres plus profonds — des mouvements browniens de degrés très, très élevés. Ces ordres plus élevés sont des ordres implicites, enfouis et en cours de désenfouissement, qui apparaissent à nos sens comme aléatoires et discontinus. En déclarant que les lois de la relativité sont les lois d'une « moyenne », et non des lois absolues, Bohm harmonise la relativité avec la théorie quantique, qui est elle-même une loi de moyennes (de probabilités). Au-dessous des événements décrits par la théorie quantique et la relativité, dit Bohm, il existe des mouvements et des ordres plus profonds qui doivent être décrits par des lois plus profondes — les lois de l'ordre implicite.

Se référant aux observations du psychologue Jean Piaget, Bohm estime que notre première expérience du monde est implicite — c'est un mouvement brownien fluide, le mouvement d'un « présent » enfoui se désenfouissant de manière continue. Ce n'est qu'en apprenant que nous faisons l'acquisition des cartes communes du monde incluant la ligne temporelle cartésienne divisée en points et la notion de choses et de parties séparées ayant une continuité stable. Ces cartes constituent et décrivent ce que Bohm appelle l'ordre explicite. Le langage est une carte explicite extrêmement perfectionnée, car il décrit le monde en tant que fragments et parties stables et séparés, organisés en savoir. Sous sa forme écrite, cette carte peut être conservée sans changement et transmise à des individus futurs. La civilisation est ainsi assimilée à des degrés d'explication de plus en plus élevés. Pour cette raison, peut-être, les cultures qui ne connaissent pas l'écriture semblent plus proches d'une perception implicite des choses se fondant les unes dans les autres que les cultures hautement « civilisées » comme la nôtre.

A ce point, nous pourrions être tentés de nous demander : si tout n'est en fait qu'un mouvement fluide, comment avons-nous pu élaborer ces cartes qui, après tout, nous permettent d'accomplir avec la réalité des exploits aussi remarquables qu'aller sur la Lune et libérer de vastes quantités d'énergie atomique ? Parties et fragments ne peuvent certainement pas n'être qu'une illusion.

Nous pouvons illustrer la réponse de Bohm par une autre analogie. Les scientifiques qui étudient les océans ont découvert que ceux-ci ne sont pas seulement une masse bouillonnante de liquide soumise à l'attraction de la gravité lunaire. La plupart des gens connaissent l'existence des courants comme le Gulf Stream ou le courant de Humboldt. Il existe également plusieurs couches de courants « séparés » situés à des centaines ou des milliers de mètres de profondeur et circulant tout autour du globe. On s'est aperçu que ces courants étaient stables, conservant des températures et des directions différentes de celles d'autres courants situés au-dessus ou au-dessous d'eux. Ainsi, bien qu'on ne puisse considérer l'océan comme étant constitué de choses ou de parties ni établir une réelle distinction entre une couche d'eau et une autre, ces dernières sont néanmoins relativement séparées ou, pour reprendre l'expression de Bohm, elles disposent d'une « autonomie relative ». Il est aisé de voir que cette autonomie relative découle du mouvement global de l'eau et que, à son tour, toute vague, houle, ou tourbillon sous-marin se produisant n'importe où dans l'océan « implique » cette totalité.

Afin de décrire des « courants » tels que les pierres et les particules qui apparaissent dans notre réalité explicite quotidienne, Bohm fait appel à une expression dont la sonorité a quelque chose d'impressionnant. Il appelle ces choses des « subtotalités relativement autonomes ». Bien qu'elle semble bizarre, l'expression est précise. Elle indique que des choses, comme les pierres, les particules et les courants sous-marins, peuvent être considérées comme séparées, mais seulement d'une manière relative, et qu'elles forment un tout en elles-mêmes mais que ce tout dérive d'un tout plus vaste (bien que l'idée de « touts » plus ou moins grands ne soit en fait qu'une abstraction). Afin de rendre la lecture plus aisée, nous abrégerons désormais parfois l'expression « subtotalités relativement autonomes » par « subtotalités ». N'oubliez pas que ce simple mot recouvre l'idée subtile de Bohm dans son ensemble.

Bohm veut nous faire prendre conscience du fait que ce qui rend les subtotalités stables n'est pas leur séparation, mais le mouvement de l'ensemble. Au lieu de parler de choses séparées (telles que des particules) interagissant les unes sur les autres, Bohm parle de mouvements relativement autonomes limités et rendus stables par d'autres mouvements relativement autonomes, de la même façon que le Gulf Stream est limité par les mouvements d'autres courants dans l'Atlantique Nord. Les lois qui s'appliquent à une subtotalité quelconque (comme celles qui décrivent le mouvement des boules de billard et des planètes dans la physique classique, ou celles qui décrivent les particules et les champs en physique quantique) sont toujours limitées et rendues stables par une loi plus vaste de la totalité. Bohm appelle cette loi « holonomie ».

Du point de vue de l'holonomie, les éléments qui vont apparaître ensemble sous une forme explicite (comme les filaments de la goutte de teinture avant que cette goutte elle-même devienne visible) constituent un ensemble, une subtotalité dont la cohésion est assurée par « la force de la nécessité globale ».

Les notions d'holonomie, d'ensembles et de subtotalités ont conduit Bohm à proposer une nouvelle approche de la physique. Pendant des milliers d'années, la science s'est concentrée exclusivement sur les ordres explicites de l'univers. Il veut que les scientifiques se rendent compte que sous chaque ordre explicite existent des ordres implicites, comme les filaments de la goutte de teinture sur fond de glycérine se dissimulent derrière la goutte elle-même, ou comme les phénomènes de la physique quantique se dissimulent sous ceux de la physique classique. Les physiciens peuvent maintenant se lancer dans l'étude des relations entre les subtotalités explicites et les ensembles implicites qui leur donnent naissance. L'objectif de cette étude sera de formuler les lois de nécessité qui font apparaître sous une forme explicite un groupe particulier d'ensembles enchevêtrés. En même temps, les physiciens devront reconnaître publiquement qu'il ne pourra jamais y avoir une loi fondamentale globale de la totalité, une holonomie définie de façon permanente. Il ne peut y avoir de théorie finale et absolue pour l'ensemble de la physique. Au contraire, la physique devrait être considérée comme un processus lié à la nature. A mesure que chaque subtotalité implicite sera explorée, elle deviendra de plus en plus explicite pour notre entendement ; nous avons vu par exemple comment les phénomènes de la physique quantique ont constitué d'abord une couche implicite totalement mystérieuse au-dessous de la physique classique, puis sont devenus de plus en plus explicites à mesure que Bohr, Heisenberg, Schrödinger et d'autres les ont étudiés. A un certain point, après que des « explications » suffisantes auront été données, les hommes de science découvriront inévitablement que sous leur nouvelle couche explicite s'étendent d'autres couches implicites mystérieuses et que ce qui était précédemment explicite (ou du moins une partie) deviendra maintenant implicite, comme la goutte de teinture enroulée de nouveau dans le fluide. Des mouvements qui semblent aléatoires dans une couche se révéleront dans une autre avoir un ordre complexe désenfoui. L'univers ne sera jamais expliqué, mais les hommes de science auront le plaisir d'y serpenter sans fin en tous sens.

Peut-être devrions-nous revenir dans des eaux plus claires. Au niveau explicite où la plupart des physiciens contemporains continuent à se démener, nous sommes confrontés aux agaçants phénomènes de la mécanique quantique. Que peut nous en dire le modèle implicite de Bohm ?

La théorie de Bohm permet de voir l'électron et les autres particules sous une perspective entièrement nouvelle. Dans la physique mécaniste courante, l'électron est considéré comme une particule séparée qui n'existe à chaque instant que dans une petite région de l'espace, et qui change de position avec le temps. Dans le modèle de Bohm, l'électron est un groupe complet d'ensembles enfouis dans toute l'étendue de la totalité, non localisé en un point particulier de l'espace. A n'importe quel moment, l'un de ces ensembles peut se *dés*enfouir et émettre un déclic ou laisser une trace sur un détecteur, mais à l'instant suivant l'ensemble peut s'*en*fouir (s'enrouler de nouveau) pour être remplacé par l'ensemble qui suit, comme les gouttes successives qui auraient été enroulées au même endroit dans le cylindre plein de glycérine. La particule unique apparaissant à nos sens par l'intermédiaire de nos instruments est une abstraction d'un processus sous-jacent de mouvement indivisé. L'image de Bohm est déroutante. Dans un certain sens, la particule n'est pas un objet unique ; elle est une série de désenfouissements successifs. Mais dans un autre sens, puisque tout est enfoui dans tout le reste, la particule est toujours la même !

L'ordre implicite de Bohm rend compte adroitement d'un univers qui paraît à la fois continu et discontinu. Tout dépend de la façon dont les ensembles se désenfouissent. S'ils le font l'un après l'autre et très près l'un de l'autre, ils ont l'apparence d'une seule particule se déplaçant de façon continue à travers l'espace. S'ils se désenfouissent avec un écart apparent plus important, ils apparaîtront comme une particule sautant de façon discontinue d'un endroit à un autre, ou même comme une particule se divisant en plusieurs autres particules puis réapparaissant de nouveau sous sa forme première.

L'hypothèse de Bohm explique également la dualité onde-particule qui a tant troublé les premiers physiciens quantiques. Si des obstacles sont placés sur le passage d'un ensemble lorsqu'il se désenfouit, cet ensemble manifestera un ordre explicite différent. C'est comme si on plaçait un fil très fin sur le passage de la goutte de teinture en train de se dérouler. Dans la situation expérimentale, le fil est le dispositif d'observation. En changeant de dispositif, l'homme de science peut déterminer si l'électron apparaîtra sous forme de particule ou sous forme d'onde.

Et maintenant, un autre aperçu ahurissant : dans l'univers implicite de Bohm, *le dispositif d'observation et l'observateur lui-même sont aussi des ensembles en train de se désenfouir.* Le déclic d'un détecteur, les figures d'interférence sur une plaque photographique ou la trace dans une chambre à bulles doivent donc être considérés comme une sorte d'intersection fluide entre (A) l'ensemble implicite en cours de désenfouissement qui constitue l'observateur et son appareillage (et les théories qu'ils impliquent) et (B) l'ensemble en cours de désenfouissement appelé onde ou particule. A et B sont semblables à deux tourbillons. Les « faits » ou les « observations » apparaissent, pour ainsi dire, à la « lisière » de ces tourbillons là où ils se rencontrent.

Modèle C :
Un aquarium d'un ordre dimensionnel supérieur

La troisième analogie (ou modèle) de Bohm élargit encore le concept de son ordre implicite. Elle présente également le troisième principe de la non-séparabilité du miroir. L'univers n'existe pas seulement dans nos trois dimensions familières ni dans les quatre d'Einstein. *C'est un univers aux innombrables dimensions qui incarnent sa totalité indivisible.*

Dans le contexte quantique, cette troisième analogie fournit un bon moyen de comprendre l'étrange effet de causation non locale mis en évidence par l'expérience imaginaire EPR et par les expériences réelles conduites ultérieurement sur l'hypothèse de Bell (p. 90).

Imaginez deux caméras de télévision installées à angle droit l'une par rapport à l'autre, et braquées toutes deux sur un aquarium. Les images qu'elles captent sont transmises à deux écrans A et B. Un poisson qui passe se tient face à la caméra A. L'écran A montre le poisson vu de face, et l'écran B le montre vu de côté. Imaginons maintenant que vous ne sachiez rien des caméras de télévision ni de

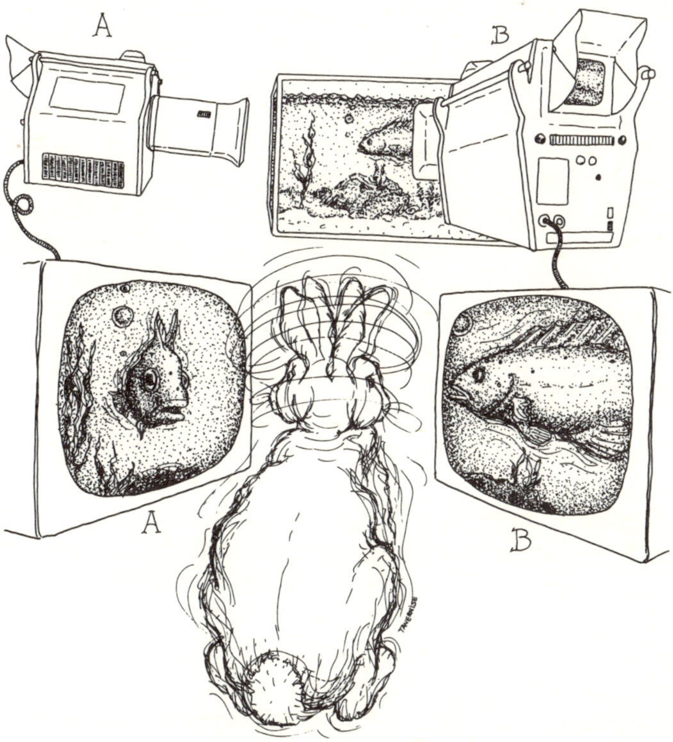

Le lapin pense que les poissons bidimensionnels A et B sont des objets séparés que lie une certaine corrélation. Il ne se rend pas compte que ce sont en fait des projections d'un monde tridimensionnel dans lequel A et B ne sont qu'un.

l'aquarium et que vous considériez les poissons comme des particules élémentaires. Que penseriez-vous de la relation entre les images des deux écrans ? Vous concluriez probablement qu'il s'agit de deux poissons-particules liés d'une certaine façon par une interaction. Vous remarqueriez, par exemple, que quand le poisson-particule A tourne à angle droit, le poisson-particule B tourne dans l'autre sens. Peut-être s'agit-il là d'une corrélation du spin des poissons-particules ?

Un homme de science astucieux pourrait sans doute élaborer une théorie qui décrive et prédise avec exactitude une relation entre les deux poissons-particules, malgré le fait qu'elle serait fondée sur une illusion. Il n'y a pas deux poissons liés par une relation de causalité. Le problème vient de ce que l'observateur ne voit le poisson qu'en deux dimensions (les écrans de télévision bidimensionnels), alors que la réalité de laquelle émanent ces projections est une « réalité d'ordre dimensionnel supérieur ». C'est une réalité à trois dimensions, dans laquelle il n'y a qu'un poisson, une actualité unique. Ce champ tridimensionnel contient en lui les projections bidimensionnelles apparemment corrélées, mais il est une réalité essentiellement *différente.*

Bohm compare cette situation à l'expérience EPR. Elles se différencient par le nombre de dimensions impliquées. Dans l'EPR, chacune des particules jumelles a trois dimensions spatiales. Ensemble, elles en ont six. Quand ces particules sont à une certaine distance l'une de l'autre, elles semblent toujours — dans notre réalité tridimensionnelle — être corrélées, de la même façon que les poissons-particules. Nous constatons la corrélation, mais nous ne pouvons en trouver la relation causale. *Comment* l'une affecte-t-elle l'autre à une telle distance ? La réponse, dit Bohm, réside dans une dimension supérieure — la sixième dimension, pour être précis. Dans cette réalité d'un ordre dimensionnel supérieur, nous nous rendrions compte que ces deux choses séparées sont une même unité, comme les poissons-particules sont une même unité dans la dimension supérieure de l'aquarium. Parfois, dit Bohm, les atomes (ou ce que les scientifiques appellent les atomes) se comportent comme des entités relativement indépendantes, et il est commode de les traiter comme s'ils étaient tels et interagissaient dans l'espace tridimensionnel. A d'autres moments, on est confronté au fait que les atomes sont des projections de réalités d'ordre dimensionnel plus élevé, c'est-à-dire l'expression d'ordres implicites. A très basse température, par exemple, les électrons cessent de se comporter comme s'ils étaient indépendants et manifestent une nouvelle propriété appelée supraconductivité. Dans l'état supraconducteur, le courant passe sans résistance. Les électrons contournent les obstacles coopérativement sans être dispersés ni diffusés. Un phénomène similaire se produit dans la superfluidité et dans la lumière laser.

Le nombre de réalités d'ordre dimensionnel supérieur est théoriquement infini. Un objet contenant 10^{24} particules atomiques, par exemple, possède 3×10^{24} dimensions spatiales. Ce modèle fournit manifestement à Bohm une autre façon, scientifiquement plus percutante, de visualiser son ordre implicite-explicite : c'est le processus d'enfouissement et de désenfouissement de dimensions implicites plus élevées dans notre ordre explicite familier de l'espace tridimensionnel.

L'hologramme, construit par un champ électromagnétique, obéit aux lois de la mécanique quantique, dont les mathématiques reposent sur le concept d'une réalité multidimensionnelle. Bohm montre comment ce système mathématique, que les physiciens traitent habituellement comme une simple formulation abstraite, donne une vision intuitive de quelque chose de « réel ». Il peut ainsi fournir une sorte d'image de la réalité subatomique qui fait défaut à la mécanique quantique, encore que Bohm ferait sans doute observer que même ce concept d'une réalité multidimensionnelle devrait en fin de compte être traité comme une abstraction — une abstraction d'une dimension supérieure.

Pour Bohm, la réalité multidimensionnelle est un tout ininterrompu s'étendant à tout l'univers et incluant tout ce que les scientifiques appellent champs et particules. L'holomouvement s'enfouit et se désenfouit dans un ordre multidimensionnel, duquel on peut parfois abstraire des subtotalités pour les étudier.

Bohm traite également le temps comme une projection d'une réalité de dimension supérieure. La mécanique classique et la relativité considèrent le temps comme une dimension première. Dans la relativité, un aspect du temps, la vitesse de la lumière, est pris comme constante. Dans la mécanique classique, le temps est une dimension absolue, l'un des axes de la grille cartésienne. L'une des innovations de Bohm est d'attribuer au temps une place secondaire. Pour lui, le temps comme l'espace sont des projections d'une réalité d'ordre dimensionnel supérieur. En d'autres termes, l'espace et le temps sont des subtotalités qui se désenfouissent de la même façon que les « particules » des gouttes de teinture.

Nous avons tous eu une expérience directe de ce que Bohm entend par là. Il vous est arrivé de rencontrer quelqu'un que vous n'aviez pas vu depuis longtemps (selon l'horloge), mais il vous a semblé pourtant que le temps n'avait pas passé. Comme si le temps que vous aviez partagé avec votre ami avait suivi un rythme différent, s'était développé différemment depuis l'époque où vous travailliez par exemple dans le même bureau. Certaines activités sont si absorbantes que nous avons l'impression qu'il ne s'est écoulé que peu de temps quand nous levons les yeux vers l'horloge, pour constater en fait que nous y avons passé plusieurs heures. Si nous nous ennuyons, le temps semble se dérouler avec une lenteur exaspérante. Bohm affirme que ces différents ordres de temps sont aussi « réels » que ceux qu'égrènent notre montre-bracelet ou l'horloge de la salle de classe.

Les ordres de temps des systèmes physiques se développent également à différents rythmes. Dans la désintégration d'un atome radioactif, un noyau précédemment inerte va soudain émettre une particule au bout d'une seconde, d'une heure, ou de plusieurs années. Un physicien peut prédire avec une probabilité de 50 pour 100 que l'atome se désintégrera dans un temps d'horloge donné, mais l'événement individuel est discret et totalement imprévisible. Il est clair qu'un temps d'horloge linéaire n'est pas approprié à la description de cet événement qui se déroule « dans son temps propre ».

La physique et au-delà

La description de Bohm concernant la « réalité » des ordres du temps psychologique et sa préoccupation pour l'expérience immédiate du mouvement montrent que la théorie de l'ordre implicite de la totalité, par sa nature même, dépasse ce qu'on considère habituellement comme le domaine de la physique. Par exemple :

Les théories de la biologie mécaniste couramment admises par la plupart des scientifiques présument que la vie est apparue à la suite de la rencontre fortuite de molécules inertes. Selon une hypothèse, la vie leur a été insufflée par un orage électrique. Dans l'univers holistique de Bohm, ce genre d'événement aléatoire n'existe pas. La vie, dit-il, est implicite dans ce que nous appelons la matière inanimée. Pour en saisir le sens le plus évident et le plus immédiat, considérez une fleur ou une herbe. C'est une manifestation explicite de l'ensemble de tous les atomes de l'environnement qui se sont réunis (comme les filaments de la goutte de teinture) pour former la graine, l'air, et la nourriture minérale qui a fait jaillir la graine. A un certain point de désenfouissement, toutes ces choses se sont rassemblées dans la plante.

Dans un sens plus large et peut-être moins évident, Bohm dit que l'holomouvement lui-même doit inclure le principe de la vie. La vie n'a pas été un accident. La vie dans son ensemble est une subtotalité, comme l'est la matière inanimée. Mais ces deux subtotalités ne sont que relativement séparées. En fait, la vie et la non-vie s'entremêlent et s'enrichissent mutuellement en permanence. Quand l'herbe mourra, elle pourrira et accroîtra les réserves de matière inanimée, laquelle, à son tour, se désenfouira pour donner naissance à la prochaine forme de vie. Nous verrons une image particulièrement frappante de cet enchevêtrement de subtotalités dans le chapitre suivant, avec la théorie de la « structure dissipative » d'Ilya Prigogine.

De l'avis de Bohm, les distinctions entre animé et inanimé ne sont que des abstractions, utiles dans certains contextes, mais finalement inexactes. S'il devait choisir, il dirait que l'affirmation « Tout dans l'univers est vivant » est une description de la réalité plus utile que celle qui prévaut généralement dans le domaine scientifique. Les théories mécanistes actuelles considèrent l'univers comme fondamentalement gouverné par la matière aveugle et inerte, et par les collisions aléatoires de particules. Pour Bohm, les substances chimiques du sol sont elles-mêmes vivantes.

Il applique essentiellement le même argument à la conscience : la conscience est également implicite dans l'holomouvement, donc implicite dans toute matière et, dans ce sens, « contenue » dans toute matière. Dans la cinquième partie, nous examinerons les preuves propositionnelles et expérimentales détaillées offertes par le psychologue Karl Pribram pour établir que la conscience revêt dans le cerveau une forme holographique. La théorie de Pribram fait de la relation entre conscience et univers un phénomène analogue à celui d'un hologramme regardant un hologramme — les deux ensembles créant un hologramme plus vaste. Mais nous devons d'abord examiner la vision qu'a Bohm de la conscience depuis son point de vue singulier sur l'univers implicite dans son ensemble.

Comme Einstein nous avait apporté le continuum espace-temps, considérant l'espace et le temps comme un même processus inextricablement lié, Bohm nous apporte le continuum matière-esprit, dans lequel la conscience et la matière sont liées tout aussi inextricablement. La question soulevée ici par Bohm est ancienne. Comme nous l'avons vu, Descartes l'avait décrite très clairement quand il avait observé que la matière et la conscience semblaient être deux ordres très différents. Il appelait la matière « substance étendue » pour indiquer qu'elle est constituée de « choses » existant séparément dans l'espace, ce que Bohm appelle l'ordre explicite. Descartes appelait la conscience la « substance pensante ». La conscience n'est pas réellement étendue ni séparée dans l'espace, ce qui la rapproche de ce que Bohm appelle l'ordre implicite. Comment ces deux ordres très différents peuvent-ils avoir une relation quelconque ? Celle-ci paraît aussi invraisemblable qu'un mariage entre un cheval et un papillon.

Descartes avait résolu le problème grâce à Dieu, qui se tenait en dehors de la matière comme de la conscience et les avait créées l'une et l'autre — le mariage avait eu lieu dans les cieux. La science ayant abandonné l'idée de Dieu, le problème resurgit. Comment ces deux ordres très différents peuvent-ils s'accorder ?

Les concepts courants concernant cette relation sont auto-contradictoires. D'une part, les hommes de science tiennent l'ordre de la conscience pour essentiellement séparé de l'ordre de la matière. Ceci est évident dans le concept de l'expérience scientifique, où on présume que l'observateur peut être distingué de l'observé. La découverte de la non-séparabilité quantique n'a pas modifié sensiblement la croyance de la plupart des scientifiques en l'objectivité, du moins au niveau macroscopique (le chat). D'autre part, les hommes de science croient également que la conscience n'est rien de plus que la matière — un phénomène électrochimique. La théorie de Bohm résout ingénieusement ce paradoxe.

D'abord, comme le montre le modèle holographique, la lumière, l'électromagnétisme, le son, toutes les énergies, contiennent enfouis en eux, dans chaque région de l'espace, des informations concernant l'univers tout entier. Ainsi, quand ces énergies pénètrent dans la conscience par les organes des sens, la conscience est-elle confrontée à chaque instant au tout. Elle *est* (ainsi que la perception) le tout. En outre, comme le posera l'hypothèse de Pribram, ces énergies sont traduites par l'appareillage sensoriel et enregistrées dans le cerveau de manière holographique.

Ensuite, le cerveau et le mécanisme sensoriel étant eux-mêmes composés de matière, laquelle est aussi des ondes, le matériau et les processus mêmes du cerveau sont une empreinte holographique du tout. L'ordre de la conscience et l'ordre de la matière, l'observateur et l'observé, sont donc l'un comme l'autre des projections et des expressions de l'ordre implicite dans lequel tous deux ne font qu'un. Chacun est un miroir se reflétant lui-même. L'esprit est une forme subtile de la matière, la matière est une forme plus grossière de l'esprit.

La question suivante est : pourquoi l'ordre explicite de choses apparemment séparées est-il ce dont nous faisons l'expérience par la conscience ? La réponse immédiate est que ce n'est pas toujours le cas. Les enfants, les membres de cultures « primitives », les artistes, les mystiques, et virtuellement tout un chacun, vivent à un moment ou un autre l'expérience de l'ordre implicite. Dans le cas des artistes, ces derniers trouvent des moyens de donner à l'implicite, qu'ils appellent généralement « intuition » ou inspiration, une forme explicite. Les enfants, quant à eux, finissent par grandir. Alors la question se ramène à : pourquoi parfois, ou la plupart du temps, percevons-nous l'ordre explicite comme la seule réalité ?

L'explicite est composé de subtotalités, de formes relativement stables qui sont des expressions de l'ordre implicite sous-jacent. Il nous faut ici garder à l'esprit le fait que l'implicite et l'explicite ne sont pas réellement différents. Ce sont deux formes de la même chose. Ce que nous appelons l'explicite (les choses) est simplement relativement plus stable que ce qui ne constitue pas une chose : le Gulf Stream n'est qu'une forme relativement plus stable dans le mouvement général des eaux de l'Atlantique Nord. Considérons maintenant une autre subtotalité : la trace laissée par un dinosaure. L'érosion la transformera, mais très lentement. Elle demeurera relativement stable pendant très longtemps. La trace est une sorte de souvenir inscrit dans la matière. Les souvenirs de la conscience sont également des formes relativement stables dans la matière, tout comme les empreintes du dinosaure, bien que certainement moins stables que ces dernières. Les cellules et les énergies du cerveau sont infiniment plus plastiques que la pierre, et se transforment plus rapidement. Une personne peut avoir à seize ans un souvenir de son troisième anniversaire différent de celui qu'elle en aura à soixante ans mais, d'une manière générale, des formes relativement stables apparaîtront. En fait, comme l'a montré Piaget, la mémoire est entraînée durant l'enfance à former ces images stables. Pour prendre un exemple simple, un enfant apprend que le mot « chaise » recouvre une large gamme de formes qui ont en commun certains éléments relativement invariables. C'est le processus d'abstraction décrit plus haut sous le nom de « cartographie ». L'enfant finit par apprendre à « voir » une chaise en tant que chaise et à la reconnaître dans de nombreux contextes différents. (Vous vous rappelez l'exemple de Kuhn où Johnny apprend à reconnaître les cygnes ?) Cette « vision » est une information sensorielle passée au crible des formes relativement stables de la mémoire. Il y a donc une tendance à « voir » les formes relativement stables (subtotalités) de l'apport sensoriel qui s'accordent aux subtotalités de la mémoire.

Ce processus, bien sûr, n'est que « relativement » stable ; il est dans un état de fluidité et de transformation constantes, ce qui nous permet d'apprendre des choses nouvelles.

Les formes stables enregistrées dans la mémoire comme cribles et guides de la vision diffèrent selon le lieu, la culture et l'époque. Une certaine culture élabore un crible mémoriel qui abstrait du flux de la nature des stabilités telles que les différentes longueurs d'onde de l'énergie, une autre culture dispose d'un crible permettant d'abstraire trente-trois sortes de neiges.

La conscience ordinaire réagit donc à l'explicite parce qu'elle a été entraînée par acculturation à se considérer comme un ordre explicite, à filtrer et éliminer de vastes dimensions de sa propre nature implicite. L'une des formes d'ordre explicite adoptées par la conscience est le sentiment de l'identité personnelle, du moi. Les humains finissent par considérer le moi individuel comme une « chose » fondamentalement séparée qui persiste malgré l'immensité des changements qui se produisent dans la vie.

Devenir un ordre explicite qui reflète les ordres explicites de l'univers présente de grands avantages pour la conscience. Cette faculté de l'esprit nous permet littéralement d'aller sur la Lune. Mais elle signifie également que nous apprenons à ignorer les aspects subtils et transitoires de l'existence, les nuances et les différences des choses que la mémoire n'a pas été entraînée à considérer comme stables, y compris les nuances et les subtilités de notre identité. En conséquence, les aspects relativement stables du tout ininterrompu en viennent à être considérés comme des parties vraiment séparées, comme des réalités définitives et absolues. Parmi ces aspects se trouve notre moi.

Bohm estime qu'un grave paralogisme se dissimule sous le concept de la conscience individuelle. Dans l'ordre implicite, la conscience dans son ensemble — la conscience totale de l'humanité — a une réalité primordiale. Plus profondément encore, toute la conscience est enfouie dans la matière, et la matière est le désenfouissement de la conscience. Ainsi, la conscience individuelle, comme l'électron individuel, est une abstraction — parfois utile, parfois destructrice et déroutante.

La démarche de Bohm et de l'ordre implicite résout certains problèmes scientifiques ardus concernant le concept de la conscience.

L'un d'eux est la dichotomie cerveau-esprit, ou esprit-corps. Les hommes de science débattent depuis longtemps la question de savoir si l'esprit est limité au cerveau. Les mécanistes affirment qu'il l'est. La preuve : quand le cerveau meurt, l'esprit meurt. D'autres, appelés « vitalistes », ont avancé que le cerveau est une expression de l'esprit, lequel s'étend au-delà. Preuve : des parties du cerveau peuvent être détruites et l'esprit demeurer intact. Là encore, Pribram fournira une perspective susceptible d'éclairer cette question. Mais la démarche de Bohm est un prélude et une vue d'ensemble ; elle montre le cerveau et l'esprit, l'esprit et le corps, s'enfouissant mutuellement. Ils ne sont ni séparés ni la même chose. Comme deux images d'un seul poisson, ils sont des projections d'une réalité d'ordre dimensionnel supérieur. Des mécanistes comme le célèbre psychologue du comportement B.F. Skinner ont affirmé que l'esprit n'est rien de plus qu'un dispositif de réaction aux stimuli, doté d'un diagramme de câblage complexe. Bohm rétorque : « La physique a montré que l'ordre mécaniste ne correspond pas à l'expérience ; or, s'il y a un domaine auquel il devrait pouvoir s'appliquer, c'est bien la physique. Et il fonctionne encore moins dans le domaine de l'esprit. A cet égard, il n'a que certaines applications limitées, comme d'enseigner aux pigeons à becqueter selon une certaine séquence [3]. »

L'un des autres problèmes ainsi résolus est une question familière, pierre d'achoppement de la physique quantique : quelle est la relation entre observateur et observé ?

En physique classique, l'observateur était séparé de l'observé. L'un et l'autre étaient des parties distinctes de l'univers. Avec la mécanique quantique, Heisenberg a d'abord exclu l'observateur de certains aspects de ce qu'il observait, puis le problème du chat de Schrödinger a incité quelques théoriciens à poser que l'observateur affectait en fait ce qu'il observait en provoquant l'effondrement de la fonction d'onde. Ces deux points de vue retiennent subtilement l'idée classique selon laquelle l'observateur est séparé, bien que dans le second cas il « interagisse » avec ce qu'il observe. Pour Bohm, de telles idées déforment totalement le rôle de l'observateur en l'exagérant, et engendrent la confusion par leur caractère fragmentaire. A son sens, l'observateur et l'observé émanent du même processus sous-jacent indivisible et s'écoulent l'un à travers l'autre comme le courant à travers les tourbillons. La division entre observateur et observé est une abstraction parfois commode qui permet d'effectuer des observations plus profondes. Remarquez que le mot « observation », dans cette phrase, ne met pas en cause qui ou quoi accomplit l'acte d'observer. L'observateur ne cause pas l'observé. En un sens, ils se provoquent mutuellement et sont provoqués par le mouvement d'ensemble sous-jacent. En s'exprimant de cette façon, on voit que Bohm a changé toute l'idée de causalité ; au lieu d'une chaîne d'événements, cette dernière devient une image complexe où les effets et les causes s'entremêlent. Le dilemme du chat de Schrödinger se dissout dans une lumière totalement nouvelle où les atomes en cours de désintégration, les observateurs, les fonctions d'onde et les chats sont des ordres enchevêtrés, tous présents à différents degrés d'enfouissement.

Dans cette jonction de la conscience avec la matière, la théorie de Bohm se révèle d'une admirable cohérence. Quand il parle de la conscience ayant une « perception intuitive » de l'ordre implicite ou de n'importe quel autre ordre — la vision qu'a eue Heisenberg du monde quantique dans l'île d'Heligoland, celle d'Einstein concernant la relativité — l'expression « perception intuitive » évoque un bond au niveau implicite. La perception intuitive peut prendre très vite une forme explicite (poème, théorie, soupir), mais Bohm veut nous montrer que les expressions explicites (qu'elles soient théories scientifiques, poèmes, ou soupirs) n'éliminent pas l'implicite. Il est toujours là, derrière tout, échappant régulièrement à toute tentative pour l'expliciter de manière fixe, comme le sable fuyant sous les pieds dans le ressac. D'où vient la perception intuitive ? Bohm dirait qu'elle vient de l'holomouvement, et peut-être même d'au-delà (l'holomouvement n'étant après tout que le concept explicite d'un processus implicite). Une perception intuitive n'est pas la perception intuitive de Bohm, ni celle de Heisenberg ou de Léonard de Vinci. C'est le mouvement du tout s'exprimant sous des formes explicites.

Un film cosmologique en N dimensions

Nous conclurons ce bref tour d'horizon de l'univers de Bohm par une série de zooms sur ce que les physiciens appellent la cosmologie. Comme le suggère son nom, la cosmologie est une image à grande échelle. Et celle-ci est plus vaste encore, car c'est la cosmologie de l'ordre implicite.

Quand les physiciens ont appliqué la théorie quantique à l'espace vide, ils ont découvert qu'il existe une quantité minimum d'énergie dans toute région de l'espace. Le calcul de ce minimum d'énergie fait apparaître deux faits étonnants : 1) l'espace, et donc le temps, à ce niveau d'énergie minimum, deviennent totalement indéfinissables ; 2) *la quantité d'énergie que recèle un centimètre cube d'espace vide est beaucoup plus grande que la somme totale d'énergie de toute la matière de l'univers connu !*

L'espace vide n'est donc pas vide du tout ; il est plein, comme un immense océan d'énergie au sommet duquel la matière telle que nous la connaissons n'est qu'une « petite excitation quantifiée de type ondulatoire... un peu comme une ride minuscule [7] ».

Il faut dire que certains physiciens tiennent cette mer infinie d'énergie pour une illusion, une erreur dans les fondations mathématiques de la théorie quantique. Bohm, quant à lui, la prend au sérieux. Il estime que, d'une manière générale, les physiciens contemporains ne tiennent pas compte de cet immense fond d'énergie parce qu'ils s'intéressent avant tout à la matière. C'est comme si on se concentrait tellement sur une craquelure dans un mur uni qu'on finisse par oublier l'existence du mur ; la vaste mer d'énergie est soustraite aux équations des physiciens.

Mais, de l'avis de Bohm, la relation entre cette mer et la matière est cruciale. Il l'évoque au moyen d'une analogie : au zéro absolu, un cristal laisse passer les électrons sans les disperser. Ils le traversent comme si c'était un espace vide. Mais si on augmente la température, des imperfections apparaissent dans le cristal et dispersent les électrons. Du point de vue de l'électron, ce qui apparaît comme « matière » est constitué par les imperfections du cristal ; le reste lui apparaît comme de l'espace vide. Il semblerait que ces imperfections existent indépendamment et que le corps principal du cristal n'est que du néant. L'univers que nous habitons est comme le cristal. Ses « imperfections » sont la matière des galaxies, des planètes, de nous-mêmes. Le néant et la matière sont aussi inséparables que le tourbillon et le courant. Cette mer de cristal du néant énergétique est l'ordre implicite multidimensionnel. Ainsi :

> L'univers entier de matière tel que nous l'observons doit être traité comme une configuration d'excitation comparativement petite (sur la mer d'énergie). Cette configuration est relativement autonome et donne naissance à des projections approximativement récurrentes, stables et séparées dans un ordre tridimensionnel explicite de manifestation, plus ou moins équivalent à celui de l'espace tel que nous le percevons couramment [7].

Bohm considère donc le big bang censé avoir donné naissance à notre univers comme une « petite ride » sur la mer d'énergie. Il le compare à ce qui se passe au milieu de l'océan quand une myriade de petites vagues se combinent de sorte que l'arrangement de leurs relations de phase produise une très haute vague qui semble apparaître de nulle part. Quand cette vague explose, elle se brise en rides plus petites qui constituent un univers en expansion. Cet univers contiendrait son propre espace replié en lui-même *.

Bohm estime que la volonté des physiciens contemporains de traiter l'univers comme s'il existait indépendamment de la mer implicite d'énergie sur laquelle il est formé conduira en fin de compte à des confusions. Déjà, la notion de trous noirs évoque une connexion avec cette arrière-plan plus profond d'énergie cosmique.

---

* Les physiciens ont déterminé que, bien que l'univers soit en expansion, il n'existe en fait aucun centre à partir duquel se produit cette expansion ou, plus exactement, le centre est partout. L'univers, en chacun de ses points, se dilate dans toutes les directions.

Mais l'énergie de l'arrière-plan cosmique n'est pas la fin en elle-même. Les calculs laissent supposer qu'il peut exister au-delà de cette mer un domaine ou un ensemble de domaines plus vastes, présentement inimaginables. Ils pourraient être des extensions de l'ordre implicite, ou ils pourraient relever de notions d'ordre jusqu'à présent insoupçonnées.

La caméra commence donc par capter un léger frémissement fugitif, à peine un scintillement, sur quelque surface fluide. Ce faible frémissement est la conscience. La caméra recule, et nous constatons que le miroitement de la conscience était enveloppé dans un mouvement légèrement plus grand, mais encore relativement petit — la matière. Mais où est la matière ? A mesure que la caméra s'éloigne, nous la percevons comme une ride dans un vaste océan d'énergie lui-même porté par un mouvement plus vaste, encore obscurément perçu, qui s'étend peut-être plus loin dans des dimensions insoupçonnées.

Nous nous rendons compte que le voyage imaginaire de notre caméra n'a pas été seulement immense, il a été plus qu'étrange ; car dans chacun de ses mouvements, l'objectif a scruté le miroir. Partout où il a plongé, dans tout ce qu'il a exploré, tout le reste était reflété.

7.

LANGAGES DE LA NON-SÉPARABILITÉ

Dans ses écrits et ses conférences, Niels Bohr a toujours mis l'accent sur les profondes et subtiles relations qui existent entre les langages formel et informel de la science. Un physicien, par exemple, peut passer sa journée à manipuler des formules mathématiques abstraites mais, durant la pause-café, il parlera à ses collègues de ses intuitions, de ses conclusions et de ses idées dans le langage de tous les jours. La science est une activité sociale qui implique à la fois la recherche individuelle et la communication parmi l'ensemble de la communauté scientifique. Le développement d'idées et de concepts scientifiques nouveaux suppose donc des interactions complexes au niveau des mathématiques, de la logique et du langage ordinaire.

La plupart des scientifiques manipulent leurs formules mathématiques avec un soin extrême, mais peu d'entre eux se soucieraient autant du langage qu'ils emploient durant leurs discussions devant le tableau noir ou leurs conférences scientifiques. Bohr a dénoncé à maintes reprises les confusions et les paradoxes qui surviennent quand le langage de tous les jours est assigné à la tâche consistant à élaborer des concepts dans le monde quantique. Notre langage a évolué pour traiter du monde macroscopique d'objets relativement autonomes — de « choses » telles que pierres, chaises et maisons — et il n'est pas adapté aux électrons, aux transitions, ni aux processus quantiques.

David Bohm s'inquiète pareillement des relations qui existent entre les langages formel et informel de la science et de la difficulté de communiquer les concepts scientifiques. En étudiant par exemple les conversations et les échanges qui ont eu lieu entre Bohr et Einstein, il a conclu que les deux hommes utilisaient des mots comme « interaction », « objet », et « signal » dans des sens différents, ce qui les a empêchés d'aboutir à toute entente au cours de leurs entretiens. L'expression mathématique et l'expression ordinaire, de l'avis de Bohm, sont liées et inséparables. Tous les niveaux du discours concernant la science, ou toute autre chose, doivent être en harmonie sous peine d'aboutir à la confusion. L'important, à son sens, est de prêter une attention soutenue à tout le processus d'élaboration d'une théorie : la nature de la théorie elle-même, la nature des expériences, la nature de la forme mathématique, et la nature du langage informel utilisé pour l'exprimer.

Le rhéomode

Dans le domaine du discours « informel », Bohm est allé jusqu'à inventer son propre langage pour exprimer l'ordre implicite. Il l'appelle le « rhéomode », du grec *rheô,* qui signifie « couler ». Avec le rhéomode, Bohm tente de surmonter la fragmentation sujet-verbe-objet de la plupart des langues. Prenons un exemple simple de cette fragmentation : un chat et une souris passent à côté de vous, lancés dans une course précipitée. Nous dirions : « Le chat poursuit la souris. » Toute une vision du monde se trouve enveloppée dans cette simple phrase. Elle commence par les noms « chat » et « souris » — des objets séparés de l'univers — des existences passives, autonomes. Le verbe « poursuit » est une action séparée de ces objets, impliquant, entre autres, que l'action est accomplie par le chat sur la souris. Pourtant, l'action tout entière est plus complexe. C'est une danse de vie et de mort à laquelle le chat et la souris sont voués inéluctablement. Bohm tente de vaincre ces séparations artificielles en faisant de tous les mots de son langage des variations du verbe. Il utilise par exemple (en anglais) le verbe « *to levate* », signifiant : porter quelque chose à l'attention de manière à y inclure la question de savoir si la remarque a un rapport pertinent avec le contexte, tout en attirant l'attention sur le fait qu'on attire l'attention sur quelque chose — que, d'une certaine manière, on sépare cette chose de l'ensemble au moyen des pinces du langage. Le verbe « *re-levate* » signifie faire tout cela de nouveau, y compris tout le processus consistant à savoir si ce qu'on dit est pertinent « cette fois-ci ». D'autres verbes et leurs variations attirent de même l'attention sur le processus du langage, évitant ainsi, Bohm l'espère, la fragmentation que provoque souvent ce dernier et simulant au contraire par le langage une sensation de mouvement fluide.

Bohm a même persuadé certains de ses élèves préparant le doctorat de parler en rhéomode, bien que sur le ton de la plaisanterie. Mais s'il est loin d'avoir reçu un accueil enthousiaste, le rhéomode démontre au moins à quel point Bohm cherche à établir l'harmonie à tous les niveaux.

Des cartes anti-cartésiennes, s'il vous plaît

Beaucoup plus d'efforts et de temps ont été consacrés au développement d'une nouvelle approche mathématique de l'holomouvement. Là, les enjeux sont plus élevés. Pour que la théorie de Bohm s'implante dans la communauté scientifique, il faudra qu'elle attire les briseurs d'énigmes de la science normale par un formalisme qui leur permette d'effectuer des expériences et d'explorer l'ordre implicite en détail. En d'autres termes, la théorie de l'ordre implicite va devoir parler éloquemment dans le langage mathématique de la science, ou persuader les scientifiques de parler son langage.

Jusqu'ici, nous avons parlé de la métaphysique de Bohm, de sa vision globale de la science du XXe siècle. Mais en même temps que sa perspective se développait et que son expression se cristallisait, Bohm était également engagé dans la recherche active. Il n'a peut-être pas autant publié que d'autres scientifiques cités dans ce livre, mais la portée et l'influence de tant de ses idées font que, même si ces dernières semblent parfois extravagantes, Bohm a gagné le respect de ses pairs en tant que physicien.

Il y a plus de vingt ans, il s'est rendu compte que l'ordre cartésien était demeuré une partie essentielle de la science depuis deux siècles. Selon Descartes, les points de l'espace peuvent être représentés par des nombres. Des lignes, ou des trajectoires dans l'espace, sont représentées par des ensembles infinis de points ou par des équations algébriques. Cette perception intuitive d'une unité essentielle entre algèbre et géométrie était puissante et précieuse. La géométrie, qui décrit les relations entre des objets et des formes de l'espace, était équivalente à, ou pouvait être représentée par, l'ordonnance algébrique des nombres et les relations entre les fonctions.

Cet ordre cartésien a permis à Newton et Leibniz d'inventer le calcul différentiel, et il semble impossible aujourd'hui d'imaginer une science qui ne reposerait pas sur les intégrales, les équations différentielles et les fonctions de variables spatio-temporelles. Certains physiciens, cependant, ont remis en cause l'utilisation de variables spatio-temporelles continues dans une théorie par ailleurs vouée aux discontinuités et aux sauts quantiques. Aux premiers temps de la théorie quantique, quelques physiciens ont conjecturé à propos de choses telles qu'un temps ou un espace quantifiés sous forme d'un lacis discontinu. Plus récemment, nous l'avons dit, John Wheeler a supposé que, pour de très petites dimensions, l'espace-temps se résolvait en une structure mousse et que ses propriétés courantes devaient dériver de quelque chose de plus primitif — une « prégéométrie ».

Bohm souligne avec une vigueur particulière que la description cartésienne est incompatible avec la perception intuitive de la théorie quantique. Il juge nécessaire une nouvelle description qui reflète l'holomouvement et l'ordre implicite, mais puisse se réduire à l'espace-temps de la physique relativiste à un niveau approprié.

Alors qu'il était à l'université de Bristol à la fin des années 50, Bohm a étudié divers concepts topologiques pour voir s'ils étaient applicables aux systèmes quantiques. La topologie est une forme primitive de géométrie qui fait appel à des relations telles que « intérieur », « extérieur », « contenu dans », « intersecté par », et ainsi de suite. On pourrait considérer la topologie comme une géométrie prenant place sur une feuille de caoutchouc constamment étirée dans différentes directions. A mesure que la feuille se déforme, un carré peut se transformer en cercle, puis en ellipse, et en triangle. Les formes géométriques familières se fondent les unes dans les autres et se déforment mais, à condition que la feuille ne se déchire pas, certaines relations sont conservées. Deux cercles qui s'intersectent continueront à s'intersecter, même s'ils sont transformés en carrés. Aussi fortement qu'on puisse l'étirer, une ligne reste une ligne et ne peut pas devenir une figure fermée telle qu'un triangle. Si une figure en contient une autre, elle continuera à la contenir quelles que soient les déformations de l'espace sous-jacent.

Mathématiquement, ces notions peuvent bien sûr être étendues de figures inscrites sur une feuille bidimensionnelle à des formes plus générales dans un espace abstrait à n'importe quel nombre de dimensions. Bohm avance que ces relations topologiques constituent peut-être une base mathématique plus naturelle pour la physique quantique que l'ordre cartésien de l'espace-temps. L'ordre topologique, en effet, est plus proche de la façon dont nous interprétons l'espace et le temps dans lesquels nous vivons que ne le sont des coordonnées continues. Piaget a montré, par exemple, que les jeunes enfants peuvent distinguer les figures qui s'intersectent de celles qui ne s'intersectent pas, longtemps avant de pouvoir distinguer les triangles des carrés ou des cercles.

Dans les années 60, lorsque Bohm se fut installé au Birkbeck College de l'université de Londres et eut commencé à élaborer le concept d'holomouvement, il fut aidé dans le développement formel de sa recherche par Basil Hiley, un physicien qu'il avait eu pour collègue depuis vingt ans. La collaboration s'est révélée hautement efficace. Dans une lettre personnelle aux auteurs, Hiley écrit : « Ma principale motivation est le désir de comprendre le processus physique et de concevoir la meilleure façon d'exprimer nos perceptions intuitives sous forme de structure mathématique. » Hiley est un homme tranquille qui suit ses propres voies, ce qui n'empêche pas les deux chercheurs de partager une perception commune au niveau le plus profond de leurs travaux dans le domaine de la physique.

La force de Hiley réside dans son aptitude à traduire les idées et les intuitions physiques sous forme mathématique, et il estime que les mathématiques sont le langage universel de communication entre physiciens. Bohm, par contre, se montre souvent impatient sur ce qui touche aux mathématiques et aux preuves. On l'a entendu dire : « Pourquoi les gens passent-ils tant de temps à prouver ce qui est évident ? » Bohm voit souvent directement au cœur d'une idée et en conçoit la forme des expressions mathématiques finales, mais répugne à entrer dans les détails d'une discussion mathématique et à vérifier toutes les étapes visant à établir la démarche la plus élégante possible. Il fait partie des rares physiciens capables d'esquisser l'ébauche rapide d'une preuve ou d'une déduction mathématique à partir d'une intuition physique. Examiné de plus près, le raisonnement mathématique peut révéler des erreurs mineures ou des fautes d'inattention, mais le résultat final en sera parfaitement correct. Lors d'un colloque, de telles facultés peuvent être déconcertantes. Supposons qu'un conférencier en visite commence son exposé et pose certaines équations qu'il entend développer au cours de l'heure suivante. Un homme de science comme Bohm risque de réagir en disant : « Ça ne marchera pas », parce qu'il a vu immédiatement les implications des arguments qui ne manqueront pas de suivre.

Durant les années 60, Bohm et Hiley ont exploré les possibilités mathématiques de l'application de la topologie à la théorie quantique. A la fin de la décennie, ils avaient conclu que la cohomologie constituait la meilleure démarche. Il s'agit d'une forme de topologie qui élimine la structure spatio-temporelle sous-jacente, comme si on abandonnait la feuille de caoutchouc sur laquelle sont dessinées les différentes figures géométriques, tout en conservant les relations mathématiques abstraites. Ils étaient d'avis qu'il serait possible d'exprimer les lois fondamentales de la physique à l'aide de ces seules relations.

Au XIXe siècle, Michael Faraday avait tenté d'exprimer ses découvertes concernant les phénomènes de l'électricité et du magnétisme sous une forme mathématique qui semble aujourd'hui très proche de la cohomologie. Faraday parlait de « lignes de force » — des lignes courant d'un pôle magnétique à l'autre. Toute ligne quittant un pôle doit compléter le circuit et rentrer par le pôle opposé. Plus puissant est l'aimant, plus nombreuses sont les lignes qui complètent le circuit. Un courant électrique est une autre forme de circuit ; le courant quitte un pôle de la batterie et parcourt les connexions pour revenir au pôle opposé. Ce courant électrique est accompagné d'un champ magnétique représenté par d'autres lignes de force qui intersectent le circuit. Les phénomènes électriques et magnétiques sont donc représentés en termes de circuits ou de lignes fermées, dont certains intersectent les autres. Dans ce système, on représente les quantités physiques en comptant le nombre de lignes ou en déterminant si certaines lignes sont à l'intérieur des circuits définis par d'autres.

Même si Faraday n'en avait pas conscience, ces concepts sont essentiellement des relations topologiques et montrent que les lois de l'électromagnétisme peuvent s'exprimer par les mathématiques cohomologiques. La démarche formelle est totalement différente de celle de Maxwell, qui traitait l'électromagnétisme en termes de champs définis dans un espace-temps continu. La théorie de Maxwell fait appel à des équations différentielles et à des quantités continues qui sont définies en chaque point spatio-temporel.

Bohm et Hiley ont montré que les principaux domaines de la physique — l'électromagnétisme, la thermodynamique, la théorie quantique et ainsi de suite — pouvaient s'exprimer en termes cohomologiques, c'est-à-dire par de simples relations logiques de topologie ne nécessitant aucun espace-temps sous-jacent. En un sens, cette démarche remonte à Leibniz, contemporain de Newton, qui critiquait les notions de temps et d'espace absolus et avançait que ces ordres n'étaient rien d'autre que les relations existant entre les corps matériels.

Les travaux effectués au Birkbeck College ne constituaient cependant pas une « nouvelle théorie de la physique », mais montraient simplement que les théories existantes pouvaient assumer une forme totalement différente. La motivation profonde de Bohm venait de sa conviction que l'ordre cartésien est incompatible avec l'expression de la théorie quantique, et qu'en définissant les lois de la physique dans le cadre d'une mathématique topologique, leur structure profonde en serait plus clairement révélée. Cette expression en termes de cohomologie est une étape intermédiaire, car elle traite d'une physique qui ne se réfère pas à un espace-temps sous-jacent continu. Peut-être, à un niveau encore plus primitif de « prégéométrie », ces notions topologiques se révéleront-elles être elles-mêmes des dérivées.

Depuis une dizaine d'années, Bohm s'est consacré surtout au développement et à la divulgation de ses idées sur la science, la conscience et l'ordre implicite. Parmi ses écrits formels figure une extension de sa première proposition sur les variables cachées, incluant cette fois des suggestions détaillées d'expériences susceptibles de détecter effectivement des effets subquantiques (implicites) dans des situations quantiques faisant intervenir de très hautes énergies et de très courtes distances.

Avec certains de ses élèves et collègues, il a également entrepris de réexaminer une idée remontant aux premiers temps de la théorie quantique. A une conférence tenue en 1927, Louis de Broglie avait avancé que les électrons individuels et localisés existaient effectivement et qu'ils étaient « guidés » ou dirigés par quelque « potentiel » global. C'était cette « onde-guide » potentielle, et *non* les ondes de probabilité, qui constituait la solution de l'équation de Schrödinger.

La théorie de De Broglie fut sévèrement critiquée, et il l'abandonna jusqu'au moment où, en 1953, Bohm émit à peu près la même idée. Par la suite, Bohm et de Broglie publièrent ensemble un mémoire concernant la théorie de « l'onde-pilote », mais aucun progrès réel ne fut accompli jusqu'au début des années 80.

L'onde-guide est considérée comme une expression de l'ensemble de l'agencement expérimental. Chaque élément du dispositif contribue de quelque manière complexe à la configuration globale de l'onde, laquelle guide chaque électron de la même façon qu'un signal radar guide un avion.

Bohm souligne que cette démarche n'est qu'un point de vue provisoire ouvrant de nouvelles perspectives au sein des raisonnements mathématiques proposés par Schrödinger. D'une part, l'électron apparaît comme une particule définie, point de vue qui aurait sans doute offensé Bohr. D'autre part, la « non-séparabilité » de la situation expérimentale, constamment soulignée par Bohr, apparaît désormais comme une conséquence nécessaire du raisonnement mathématique.

La théorie de l'onde-pilote a été appliquée à l'expérience de la double fente. Dans ce cas, le potentiel quantique conduit les trajectoires des particules à se grouper en franchissant les fentes, ce qui explique les franges d'interférence. L'onde-guide agit de façon non locale pour organiser l'arrangement de chaque particule. Il est ainsi possible pour un système d'évoluer en « parties » séparées. Les mesures quantiques, de ce point de vue, sont parfaitement objectives et ne requièrent ni l'observateur ni sa conscience. L'expérience du chat de Schrödinger a une issue définie avant que soit ouvert le couvercle de la boîte, car l'ensemble du système quantique, y compris l'observateur, a déjà été organisé par le potentiel de l'onde-guide.

Algèbres de la pensée

Bohm a également mené une recherche soutenue visant à élaborer une expression mathématique formelle de l'holomouvement. Les concepts de cohomologie et de topologie ont apporté certaines clartés mais, avec du recul, se sont révélés insuffisants. Depuis deux ou trois ans est apparue une nouvelle démarche, fondée sur les travaux d'un mathématicien du XIXe siècle, H.G. Grassmann.

Basil Hiley avait été invité à donner une conférence dans une série de colloques ayant pour sujet « L'espace et le temps ». Au cours du débat qui suivit la conférence, un étudiant américain lui demanda s'il avait lu l'ouvrage de Grassmann intitulé *La Théorie de l'extension linéaire, une nouvelle branche des mathématiques.* Hiley en entreprit l'étude, et se rendit compte qu'il avait une portée capitale pour l'expression de l'holomouvement.

Herman Gunther Grassmann, né en 1809 à Szczecin, maintenant située en Pologne, était un mathématicien qui s'intéressait également à la linguistique, à la botanique, à la physique et au folklore. Son œuvre principale visait à développer certaines idées de Leibniz concernant une algèbre des relations géométriques. C'était une tentative pour échapper au carcan de la géométrie tridimensionnelle et de l'ordre cartésien. Son contemporain de Dublin, l'excentrique W.R. Hamilton, travaillait selon des lignes similaires.

Les mathématiques, de l'avis de Grassmann et de Hamilton, ne concernent pas tant les ordres du monde matériel que les processus de la pensée. Les objets mathématiques sont des constructions abstraites de l'esprit humain ; la véritable tâche des mathématiciens consiste à étudier leurs relations et leur agencement. Si une branche particulière des mathématiques se trouve avoir plus tard une application dans la physique ou l'ingénierie, c'est purement fortuit — ce qu'Eugene Wigner a appelé « l'efficacité déraisonnable des mathématiques ». Bohm, bien sûr, aurait considéré un tel reflet de la conscience et de la matière comme une expression de l'holomouvement — un effet de miroir.

Grassmann avait porté son attention sur le mouvement de la pensée et la façon dont une pensée découle d'une autre. Pour lui, cela n'avait rien à voir avec la relation ordonnée de points sur une ligne ni avec les points successifs de l'espace occupés par un objet mouvant. Les pensées sont inséparables ; l'une découle de l'autre, chacune implique l'autre. Les pensées sont pareilles aux pôles d'une relation mouvante. Poursuivant cette vision intuitive, Grassmann commença à développer une « algèbre du devenir » — une expression mathématique qui a beaucoup de points communs avec l'holomouvement de Bohm.

Sa nouvelle algèbre n'ayant pas été très bien accueillie par ses contemporains, Grassmann se tourna vers l'étude du sanscrit alors qu'il avait une cinquantaine d'années et publia un dictionnaire du *Rig Veda*. C'est au mathématicien anglais William Kingdon Clifford, né à Exeter en 1845, qu'il revint de développer les idées de Grassmann et de Hamilton. Aujourd'hui, l'œuvre de Clifford, Grassmann et Hamilton est considérée comme importante pour les mathématiques, mais seuls certains aspects de leurs travaux ont connu la notoriété. Les aspects « statiques » retiennent l'attention, alors que le traitement du « devenir » a été oublié. Pour Basil Hiley, cependant, c'est l'intuition originale de Grassmann qui présente le plus de valeur et d'intérêt.

Depuis le début des années 80, Bohm et Hiley explorent les applications des algèbres de Clifford et Grassmann à la recherche d'une prégéométrie qui exprime les aperçus de l'ordre implicite et se réduise, dans des limites appropriées, aux résultats établis de la théorie quantique. Cette recherche n'en est qu'à ses débuts. En supprimant la dépendance à l'égard de l'ordre cartésien et d'une structure sous-jacente de l'espace-temps, il sera peut-être possible de dériver une théorie qui englobe en tant que sous-ensembles à la fois la relativité et la théorie quantique. L'expression définitive d'une telle théorie, cependant, appartient encore au futur.

Deux autres voies de la recherche mathématique ont également été explorées. L'une est liée à l'intérêt actuellement manifesté pour ce qu'on appelle les « solitons ». Les solitons sont une interprétation mathématique de phénomènes tels que les tourbillons et les ondes, qui permet de les décrire d'une façon semi-indépendante — de les abstraire mathématiquement, pour ainsi dire, du courant ambiant.

Le cadrage de la réalité

L'autre voie concerne la remise en vigueur, sous une forme nouvelle, des idées de Lorentz relatives aux référentiels matériels (voir p. 58). Pour Lorentz, la cohésion des systèmes de référence matériels — tels que celui de la planète Terre — est assurée par les forces électromagnétiques. Ils définissent la distance et le temps. Du point de vue de Lorentz, ces référentiels étaient enchâssés dans un temps et un espace absolus. Bohm les envisage en termes relatifs et pense qu'ils peuvent rendre compte de la structure explicite de l'espace-temps lui-même.

Pour illustrer le fonctionnement d'un référentiel, considérons une collection d'horloges. Dans la boutique d'un bijoutier, les horloges et les montres tictaquent chacune pour soi et affichent des heures légèrement différentes. Mais supposons qu'il s'agisse d'horloges électriques toutes connectées les unes aux autres. Elles vont s'accorder, et s'influencer mutuellement. Si l'une d'elles va un peu plus vite, les autres la ralentiront jusqu'à ce qu'elles tictaquent toutes exactement au même rythme et affichent la même heure. Les systèmes mécaniques peuvent faire apparaître des phénomènes similaires ; quand ils ne sont pas connectés, leurs oscillations peuvent varier, mais s'ils sont associés ils se mettent à battre à l'unisson et adoptent un rythme commun.

Bohm estime qu'à un certain niveau, les systèmes subatomiques s'accordent pour engendrer un ordre commun *.

Supposons que des particules élémentaires possèdent toutes leur propre prégéométrie primitive — en un sens, leur propre espace-temps primitif. A ce niveau, l'espace et le temps deviennent un « multiplex » de dimensions colossales. Mais si les différentes particules s'accordent, elles peuvent produire un ordre commun que nous reconnaîtrons pour notre espace-temps familier.

En mécanique classique, la notion de corps matériels peut égale-

* Il faut préciser que Bohm établit sa proposition d'un point de vue conventionnel dans lequel les systèmes sont considérés comme des fragments. L'illustration n'est donc pas fondée sur l'holomouvement en son état actuel.

ment se représenter d'une façon abstraite en termes d'ondes — techniquement, les ondes de Hamilton-Jacobi. Conventionnellement, on ne considère pas ces ondes comme ayant une existence réelle, mais comme un simple outil de calcul. Bohm, quant à lui, estime que cette approche évoque une réalité dans laquelle les ondes s'accordent pour produire des battements qui définissent une ordonnance du temps pour le système.

Dans la relativité conventionnelle, des observateurs qui se meuvent à différentes vitesses perçoivent différentes ordonnances d'espace-temps. Selon Bohm, ces différentes ordonnances pourraient être le résultat de différents accords des ondes de matière. Des systèmes de référence matériels ayant différentes ordonnances sont alors interprétés comme ayant différents mouvements les uns par rapport aux autres. Ces idées ne sont pour l'instant que des indices d'une image plus vaste. Elles laissent entendre que les concepts d'inertie, de mouvement rectiligne, de vitesse, d'accélération et d'espace-temps peuvent tous être dérivés de quelque ordonnance fondamentale d'ondes de matière associées.

Bohm est un homme capable d'émettre des multitudes d'idées. Selon les paroles d'un physicien : « Certaines sont brillantes, beaucoup sont obscures, et d'autres sont de pures inepties. » Le concept des référentiels matériels pourrait bien se révéler important dans l'avenir, car il semble contenir en germe une perception intuitive précieuse de ce que Bohm appelle les lois de la nécessité absolue, qui lient les uns aux autres différents ensembles désenfouis de l'ordre implicite. D'un autre côté, quand toutes ses implications auront été mathématiquement établies, il peut se révéler inexact, ou d'une utilité limitée.

En s'efforçant de développer ces langages de la non-séparabilité, Bohm et ses collègues ont ouvert des perspectives riches et variées, mais il leur reste manifestement un long, peut-être démesurément long, chemin à parcourir.

8.

UN REGARD EN ARRIÈRE DEPUIS L'AUTRE CÔTÉ

Vers 500 av. J.-C., le philosophe pré-socratique Héraclite disait : « Tout s'écoule. » Mais à part quelques commentaires obscurs et alléchants à propos de l'unité des contraires, seuls nous sont parvenus des fragments de son explication (s'il en a jamais exprimé une) de la *façon* dont les choses s'écoulaient (fluaient). David Bohm a entrepris la tâche ardue et délicate de donner une forme scientifique détaillée à cette affirmation ancienne.

Il semble relever d'une ironie amère qu'Einstein ait exprimé l'idée que Bohm serait peut-être celui qui résoudrait un jour le problème de la théorie du champ unitaire, dont la solution lui avait échappé jusqu'aux dernières années de sa vie. On pourrait dire que Bohm a effectivement résolu ce problème, quoique d'une façon qui aurait sans doute choqué la formation classique de son mentor.

Aux débuts de la révolution quantique, Niels Bohr avait demandé : pourquoi la matière est-elle stable ? Pour répondre à cette question, il fut obligé de conclure que les électrons ne tombent pas dans le noyau atomique parce qu'ils ne peuvent occuper que certaines orbites discrètes. Ensuite, les choses se compliquèrent, et la question de Bohr continua de résonner à l'arrière-plan durant toute la plongée de la physique dans le domaine sans image du quantum. La véritable réponse, s'il y en a une, demeurait obscure. Comme nous l'avons vu, David Bohm a une réponse, mais elle est ahurissante. La matière n'est *pas* stable, dit-il. Elle n'est que *relativement* stable et séparée, relativement aux sens holographiques fluants d'observateurs qui ne sont que relativement stables et séparés. Pour Bohm, notre univers est empli de rien (*ren non :* « nulle chose ») ou de « non-choses » — c'est un vaste néant fluide dans lequel tout existe.

En découvrant cet univers, Bohm a également découvert une surprenante relation entre carte et terrain. Pour le miroir, il ne peut y avoir de carte définitive, car nos cartes *sont* le miroir. Notre cartographie change le terrain même, et le terrain à son tour change notre carte. Cartes, cartographes et terrains tournoient l'un autour de l'autre comme le tourbillon dans une rivière qui exprime le tout.

Les hommes de science et l'histoire (fluante) décideront s'il convient ou non de retenir les étranges visions intuitives du miroir exprimées par Bohm.

Paradoxes globaux

Pour l'instant, cependant, nous pouvons prendre un peu de recul et observer que l'ordre implicite de Bohm résout un nombre étonnant de paradoxes et de dualités qui ont affligé la science moderne et la philosophie ancienne. Comme dans l'analogie de l'aquarium, des contraires apparemment séparés mais corrélés sont rapprochés ici par l'accès à une dimension supérieure, à une autre réalité, depuis laquelle l'observateur peut regarder en arrière et voir que ce qui semblait être deux choses n'en était en fait qu'une seule depuis le départ. Voici un bref résumé incomplet de ce formidable accomplissement :

Onde/particule. La dualité et le paradoxe qui ont déclenché la révolution quantique ne sont plus, dans le monde bohmien, qu'une manifestation de l'observateur et de ses instruments intersectant de différentes façons des ensembles implicites désenfouis.

Continuité/discontinuité. Un problème qui remonte à Zénon et se transforma en crise avec l'introduction de la réalité quantique discontinue. Dans l'ordre implicite de Bohm, certains ensembles (rappelez-vous la goutte de teinture) se désenfouissent dans l'explicite en donnant l'apparence de la continuité ; d'autres se désenfouissent différemment et semblent discontinus. Le désenfouissement lui-même est en même temps continu et discontinu.

Causalité/non-causalité. Bohm résout ce paradoxe apparent en poussant la causalité à l'extrême. Tout est cause de tout le reste. Ce qui se passe n'importe où affecte ce qui se passe partout. Dans notre dimension plus étroite de l'espace-temps, les objets et les événements (tels que l'apparition de la malaria chez les êtres humains) peuvent parfois être abstraits et connectés par de petites chaînes causales, utiles pour la réalisation d'objectifs pratiques (la création d'un vaccin).

Localité/non-localité. Tout causant tout le reste, un événement local dans l'ordre explicite a sa racine non locale dans l'holomouvement implicite.

Ordre/hasard. Cette dualité cesse dans un univers où ce qui paraît aléatoire à un certain niveau se révèle ordonné à un niveau supérieur. Le dilemme suivant est de même nature.

Déterminé/indéterminé. Bohm fournit une solution brillante à ce conflit. L'univers bohmien est à la fois déterminé et indéterminé. Tout est ordonné et déterminé dans l'holomouvement. Les aspects indéterminés de la mécanique quantique recèlent des variables cachées qui gouvernent l'issue d'expériences apparemment probabilistes. Mais ces variables cachées recèlent à leur tour des variables cachées ; cette succession de couches n'a en principe pas de fin et ne peut jamais être définitivement déterminée car il ne s'agit pas en fait de couches, mais d'holomouvement. Ainsi, bien que l'univers soit en un sens déterminé, il est, en un autre sens plus important, multidimensionnel, créatif et indéterminé, désenfouissant constamment de nouvelles « formes » ou subtotalités qui sont l'expression du tout.

Connu/inconnu. Pareillement, le connu et l'inconnu sont un même mouvement, le savoir se désenfouit depuis l'inconnu avant de s'enfouir de nouveau. Considérez, par exemple, le nombre de réalités inconnues et de questions sans réponse créées par notre savoir scientifique, et combien de choses tenues pour certaines dans le passé sont maintenant remises en doute.

Créativité/stabilité. C'est également une vieille question, qui a deux tranchants. L'un concerne le fait surprenant que les formes de l'univers demeurent stables pendant de si longues périodes. Les galaxies et les systèmes solaires durent des millions d'années, les espèces se reproduisent selon la même forme génération après génération. Comment est-ce possible ? L'autre est : comment peut-il se créer quelque chose de réellement nouveau ? La réalité ne devrait-elle pas consister seulement en répétitions et en cycles se succédant selon les lois fixes de la nature ? Bohm confronte cet univers à double tranchant à une théorie dans laquelle il n'y a pas de lois fixes, seulement des lois de stabilité relative. Les lois de la nature elles-mêmes évoluent. Ainsi, le mouvement du tout est la gaine qui enferme les deux tranchants du paradoxe. Comme l'océan de courants mouvants, c'est l'holomouvement qui maintient la stabilité des choses. C'est aussi l'holomouvement qui, de temps à autre, crée de nouvelles formes.

Être/devenir. La science de Bohm est une science du devenir. Dans l'holomouvement, être *est* devenir. Tout en demeurant pareilles à elles-mêmes, les choses se désenfouissent continuellement.

Micro/macro. La mécanique quantique a provoqué une faille dans les lois gouvernant les mondes microscopiques et macroscopiques. Cette faille est exprimée par le problème du chat de Schrödinger (différents états du chat peuvent exister simultanément dans le monde quantique, mais pas dans la réalité humaine macroscopique). Dans l'ordre implicite, les différentes lois décrivant les événements micro et macroscopiques ne sont en réalité que différentes abstractions théoriques du même monde : l'ordre implicite-explicite, enfoui et désenfoui.

Apparence/réalité. Encore une paire sœur de la précédente. La physique newtonienne dit que le monde est tel qu'il paraît. La mécanique quantique dit que le monde est en profondeur différent de ce qu'il paraît. Bohm dit les deux. La résolution de ce paradoxe est la même que la précédente.

Partie/tout. Un vieil adage dit : le tout peut être plus grand que la somme de ses parties. Dans les milieux scientifiques, ceci a toujours posé un problème. Toute la tendance de la science, en fait, a été d'expliquer le tout comme la *somme* de ses parties, et rien de plus. Dans le passé, il était supposé que si on découvrait quelque principe holistique, il pourrait simplement s'ajouter aux parties déjà connues, en tant qu'organisateur. En d'autres termes, le principe holistique serait une sorte d'administrateur dirigeant une bureaucratie. La démarche de Bohm renverse tout cela. Pour lui, ce que nous appelons la partie est enveloppée (enfouie) dans le tout et enveloppe ce dernier ; les parties ne sont que des parties relatives. Elles sont, en fait, nos abstractions (qui sont également enfouies dans le tout).

Image/absence d'image. Rappelez-vous que l'un des reproches faits à la mécanique quantique était qu'elle n'offrait aucune image de l'apparence des phénomènes ou de la façon dont ils se produisaient au niveau quantique. Par ses trois modèles, Bohm fournit une image de ces processus, et plus encore. Mais ces analogies sont très limitées. L'holomouvement lui-même n'est pas visualisable. Ce qu'a proposé Bohm est une image « intuitive », un peu dans le sens où la métaphore « Apporte-moi mon arc d'or brûlant » donne une image intuitive de la passion de celui qui parle.

Observateur/observé. Une très ancienne dichotomie, qui réside aux fondations de la science expérimentale. En présumant l'objectivité, les hommes de science et leurs collègues techniciens sont parvenus à remodeler le monde. La mécanique quantique a donc provoqué un choc, et Bohm en produit un encore plus grand. Il dit que l'observateur peut faire des expériences avec l'observé, mais qu'il *est* également ces expériences. Il est aussi l'observé, le visage dans le miroir. Il peut faire des abstractions à propos de la nature, mais il est lui aussi une abstraction. En tant qu'observateurs, nous sommes impliqués dans tout, oiseaux, plantes, particules ; nous sommes tissés dans l'écologie et les uns dans les autres ; endommager ou affecter quoi que ce soit revient à nous affecter nous-mêmes. L'ordre implicite et explicite est un même mouvement.

Cerveau/esprit, esprit/corps. La matière et l'esprit s'enveloppent mutuellement. Le cerveau n'est pas séparé de l'esprit ; d'un autre côté, l'esprit n'est pas limité au cerveau. Tous deux sont enracinés dans l'ordre implicite, qui est partout. « Ce qui se passe dans notre conscience n'est pas fondamentalement différent par sa forme de ce qui se passe dans la nature. La pensée et la matière présentent donc une grande similitude d'ordre [22]. »

Temporel/intemporel. Le temps est enveloppé dans le tout. Le temps, ou divers ordres de temps, sont donc des aspects de l'holomouvement intemporel.

Outre ces dilemmes, l'ordre implicite harmonise la relativité et la mécanique quantique en sautant à une dimension supérieure, d'où l'on peut regarder en arrière et voir ces théories comme des descriptions limitées d'une réalité qui s'étend au-delà. La théorie de Bohm offre une issue aux problèmes du mesurage et de la non-localité, deux sujets délicats étroitement liés susceptibles de fomenter une crise de la mécanique quantique.

Bohm a également apporté une réponse aux observations et aux préoccupations qui ont conduit à des conjectures délirantes et apparemment absurdes telles que les univers multiples d'Everett et les effets de la conscience collective sur la matière. Il a résolu ces questions d'une manière logique et cohérente qui répond aussi à des multitudes d'autres questions.

Querelle de paradigme

Mais il y a d'autres questions que ne résout pas sa théorie de la totalité. La démarche de la grande unification visant à trouver une équation commune pour la gravitation et les trois autres forces (nucléaire forte, nucléaire faible, et électromagnétique) ne présente pas un intérêt immédiat pour Bohm, qui maintient que ce genre de recherche est fondé sur l'illusion des parties. D'autres physiciens rétorquent que la théorie de Bohm relève plus de la métaphysique que de la physique, est dépourvue de preuves expérimentales, et demeure scientifiquement vague. Bohm affirme que la prise en compte de l'ordre implicite conduira à de nouvelles expériences et à la découverte de nouvelles données (comme cela s'est produit pour les poids atomiques prédits par Dalton).

Cette dispute rappelle la description faite par Kuhn de ce qui se passe durant une révolution scientifique. Le nouveau paradigme déclare non pertinentes certaines lignes de recherche antérieures, et les défenseurs de paradigmes opposés parlent sans s'entendre parce qu'ils observent des mondes différents.

Dans le monde de Bohm, des questions métaphysiques telles que l'éthique, la moralité et la vérité sont aussi importantes pour la science que les preuves. S'il ne se soucie pas de ces valeurs, l'homme de science risque de se laisser abuser par ses propres illusions.

Même quand les hommes de science prétendent n'avoir aucune philosophie scientifique au-delà de la libre investigation, dit Bohm, ils s'illusionnent, car toute leur démarche est fondée sur des assertions indiscutées concernant la manière de mener une recherche scientifique, et sur des préjugés reçus concernant le fonctionnement du monde. Au cours du siècle dernier, par exemple, les scientifiques affirmaient d'une manière générale qu'il était égocentrique et puéril de croire que l'univers était plus que les collisions aléatoires des forces indifférentes de la nature. Cette attitude recèle un danger. Les hommes de science pensent qu'ils peuvent découvrir et domestiquer les forces naturelles indifférentes en déterminant les lois de la nature. Ceci entraîne les chercheurs à se dissimuler le fait que l'intervention même de la science dans la formulation de ces lois peut les changer et, plus important encore, qu'il ne peut y avoir de lois fixes et définitives pour la nature, car celle-ci est créative.

Divers philosophes ont souligné — ou, dans le langage rhéomodal de Bohm, « re-levated » — différents aspects des progrès de la science. Bacon et Mach ont attiré l'attention sur son appel aux données empiriques, Descartes et Popper sur la construction logique de ses théories, Kuhn sur le fait que la plupart des scientifiques ont tendance à adopter des attitudes ou des paradigmes communs à l'égard du savoir et manœuvrent au sein de ces limites jusqu'à ce que survienne une révolution. Bohm, conformément à son univers créatif, veut souligner l'aspect créatif et artistique de la science. Beaucoup de gens pensent que la physique est exacte et que tous ses énoncés ont une signification exacte. De l'avis de Bohm, au contraire, la science est une réalité plus proche de l'art en ce qu'elle traite de choses ambiguës. Il qualifie les théories scientifiques de « formes d'art » construites pour s'adapter à l'expérience générale, mais incapables de nous assurer jamais une totale sécurité du savoir.

Il raconte parfois à propos de Bohr et d'Einstein une histoire qui illustre sa crainte profonde de voir les hommes de science et le commun des mortels oublier que nos idées (y compris celle de l'ordre implicite) sont limitées.

Nous avons dit qu'Einstein avait éprouvé une très grande affection pour Bohr. On dit que plus tard, lorsque les deux hommes se furent brouillés, certains étudiants avaient ressenti la tristesse de cette rupture et, espérant les réconcilier, les avaient invités tous deux à leur insu à une même réception. Malgré cet effort, les deux savants refusèrent de se parler et passèrent leur soirée aux deux extrémités opposées de la salle. Pour Bohm, cette tragédie humaine a ses racines dans l'identification abusive de chacun avec ses idées. Les deux hommes s'étaient rigidifiés dans leurs théories. En d'autres occasions, Bohm raconte comment il fut lui-même témoin de la douleur qu'éprouvait Einstein d'avoir prêté son nom et son prestige (mais jamais sa compétence scientifique) à une requête, adressée au président Roosevelt, qui fut à l'origine de la construction de la bombe atomique. De telles anecdotes ne manquent pas d'intérêt. Elles donnent un aperçu des raisons pour lesquelles Bohm soutient que la science de l'ordre implicite doit être considérée comme une activité adéquate au tout. L'homme de science ne peut pas se cacher derrière la bannière de l'objectivité et de la recherche dépourvue de valeurs. L'observateur est l'observé, l'homme de science est le miroir. Mais Bohm ne préconise manifestement aucune solution facile, telle que le refus de travailler à des projets militaires. Il réclame un changement complet de la façon dont les scientifiques considèrent l'univers, et leurs travaux en tant qu'expression de l'univers.

Il pourrait être tentant de rejeter ces aspects de la thèse de Bohm pour se concentrer sur des recherches qui valideraient l'ordre implicite et en feraient usage. Newton a fini par abandonner la physique pour une quête religieuse parce qu'il trouvait la science trop étroite. Dans la façon dont il a formulé sa théorie, Bohm s'est efforcé d'en rendre plus difficile l'élimination des aspects spirituel, moral et humain comme s'ils étaient des domaines séparés. Mais il sait que l'habitude de la fragmentation est profondément ancrée en nous.

Quand les auditeurs de Bohm établissent des parallèles entre ses idées et celles de philosophes comme Platon, Leibniz, Hegel, ou, comme cela se produit plus fréquemment, entre son point de vue et celui de la métaphysique orientale, Bohm répond que ces parallèles sont peut-être valables, mais qu'il préfère considérer les questions d'un œil neuf depuis le commencement, de façon à faire un tout de chaque processus de pensée. Il est aisé de laisser échapper l'importance de cet argument. Premièrement, Bohm se conforme à sa propre théorie de l'holomouvement. Établir des parallèles, comparer un système de pensée à un autre, est une démarche fragmentaire et entrave la perception d'ensemble accessible par le dévidement minutieux d'un fil unique.

Deuxièmement, c'est une manière courante qu'ont les êtres humains d'éviter le choc et le danger apparent de tout mystère. Nous essayons de rendre l'inconnu familier en le comparant à de vieilles idées pour voir ce qui arrivera. Il semble que nous soyons effrayés, ce faisant, de tomber à travers le miroir. Nous essayons donc de regarder l'image d'un seul côté. Trop tard, dit Bohm, car, que nous le voulions ou non, que nous le reconnaissions ou non, et de quelque côté que nous nous trouvions, nous sommes tombés à travers.

Dans ce chapitre, nous n'avons fait qu'esquisser la perspective scientifique de Bohm, avec la forme artistique de sa théorie. Mais il y a d'autres Bohm — « complémentaires », comme le dirait Bohr. Il y a ses considérations sur la nature de la vérité et de la réalité, de la pensée et des états modifiés de la conscience, de la religion, du mysticisme, de l'ordre social et de la mort. Chacune de ces considérations est subtile en elle-même et apporte une profondeur et une richesse additionnelles à l'image de l'ordre implicite. Il est à coup sûr impossible de jamais résumer toutes les réflexions profondes de n'importe quel être humain sur le mystère de la vie. C'est le cas en particulier d'un homme comme Bohm, dont les réflexions sur les grandes questions sont si intenses. Sa pensée est pleine de soudaines clartés et d'obscurités inexpliquées, lesquelles se rejoignent parfois en un tout qui le dépasse autant que ses auditeurs.

Bien que Bohm demeure plus ou moins en désaccord avec ses collègues dans le domaine de la physique, sa théorie a déjà donné une impulsion considérable à une certaine branche de la recherche : le paranormal. Les raisons en sont évidentes. Le concept d'un ordre implicite non local et non manifeste situé au-delà des choses, d'un ordre qu'on puisse explorer (rendre explicite), semble fait sur mesure pour l'étude des réalités psychiques et de la perception extrasensorielle *. Bohm lui-même a participé à quelques expériences avec le célèbre médium Uri Geller. Il affirme cependant que ce genre d'expérience court le même risque d'auto-illusion que la quête de la grande unification. Il est facile d'oublier que la théorie et les résultats sont des perceptions, et non des parties réelles séparées ni des vérités absolues. Les théories et les pratiques holistiques — depuis les soins médicaux holistiques jusqu'à l'holisme des religions orientales — requièrent la même circonspection, de même que le concept ancien et populaire d'« esprit » ou d'« âme ». Ces démarches ne reçoivent pas l'approbation de Bohm, car elles sont souvent mal élaborées et en fin de compte fragmentaires malgré leur prétention à la totalité.

Que l'univers de Bohm soit « vrai », ou qu'il finisse ou non par être accepté comme tel, il constitue un exploit remarquable de fusion entre perception intuitive, imagination et logique. On ne peut s'empêcher d'être étonné du point auquel Bohm a réussi à s'évader des moules étroits du conditionnement scientifique et à se singulariser par une idée entièrement nouvelle et littéralement immense, qui possède à la fois une cohérence interne et le pouvoir logique d'expliquer des phénomènes extrêmement divergents de l'expérience physique sous une perspective totalement inattendue. En même temps, la théorie demeure provocante, créative, et ouverte — elle se prolonge dans des brumes et des profondeurs qu'il reste à explorer. Elle est si intuitivement satisfaisante que beaucoup de gens ont eu le sentiment que, si l'univers n'était pas tel que le décrit Bohm, il devrait l'être. La nature, bien sûr, a une certaine manière de demeurer insensible aux grandes idées.

Bien que de nombreux théoriciens rejettent pour l'instant la théorie de Bohm, leur respect pour ses qualités de penseur est évident ; il s'est produit un glissement sensible vers les concepts de totalité non sécable, qui doit être imputable, du moins en partie, à son effort de toute une vie pour se faire le porte-parole de la non-séparabilité.

Dans les trois parties suivantes, nous étudierons trois théories issues de différentes disciplines scientifiques, qui offrent également une voix à la non-séparabilité, ou différentes voix — peut-être les premiers sons d'un chœur. Comme celle de Bohm, elles fournissent des cartes pour le miroir (mais non pas *du* miroir).

---

* Voir Appendice des expéditions connexes, p. 298.

3

LE TOURBILLON SUBIT D'ILYA PRIGOGINE

Vous ne savez pas vous y prendre avec les gâteaux du Miroir. Il faut d'abord servir, et couper ensuite...

9.

L'ENTROPIE ET LE PARADOXE DE LA VIE

La seconde incursion de l'autre côté du miroir a pour point de départ une discipline différente de la physique des solides et des particules d'où était parti Bohm. Elle nous entraînera par les territoires de la chimie et de la biologie. Dans ce nouveau voyage, nous retrouverons les principes du miroir introduits par Bohm — l'observateur est l'observé, tout affecte tout le reste, la totalité en tant que mouvement de flux, la vie du monde inanimé, la réalité multidimensionnelle, et la variabilité des lois de la nature. Mais nous les rencontrerons sous une perspective différente, dans un langage différent, et ils nous paraîtront de nouveau étranges. Leur étrangeté peut nous permettre d'approfondir la façon dont l'ordre implicite de Bohm devient explicite — comment et pourquoi, dans une rivière au courant tranquille, un tourbillon apparaît soudain.

Wolfgang von Goethe, poète-philosophe-homme de science allemand du XIXe siècle, désapprouvait la révolution scientifique de son époque parce que, disait-il, elle n'expliquait pas le « devenir » dans la nature. La science était trop absorbée par l'explication des relations de cause et d'effet à la surface des choses, et laissait échapper la dynamique créative sous-jacente. Comme nous l'avons vu, Bohm aurait été de son avis. Le théoricien Ilya Prigogine, prix Nobel de chimie, aurait approuvé également. Comme Bohm, il a inventé une « science du devenir ».

La physique de la mort

Prigogine est un Belge né en Russie qui a passé sa vie à étudier l'une des plus grandes contributions du XIXe siècle à la science, la thermodynamique — une théorie qui intéresse à la fois la physique et la chimie, aussi majestueuse dans sa structure que la mécanique de Newton.

La plupart des lecteurs connaissent sans doute l'une des conclusions majeures de la thermodynamique, celle qui dérive de son concept de l'entropie — l'idée selon laquelle « l'univers s'épuise ».

Le concept d'entropie a pris naissance dans la science de la révolution industrielle. Depuis le milieu du XVIIIe siècle jusqu'à la fin du XIXe, les ingénieurs et les physiciens ont étudié les moteurs et les relations entre chaleur et travail. L'une des choses qu'ils ont apprises est que le travail et la chaleur sont interchangeables. Si vous appliquez un travail à deux baguettes en les frottant l'une contre l'autre, il se produira une friction (dégageant de la chaleur). Fournissez de la chaleur à la chaudière d'une machine à vapeur, et le piston se déplacera (travail). Les hommes de science finirent pas se rendre compte que toutes les formes d'énergie — mécanique, électrique, chimique, thermique — sont convertibles les unes en les autres. Mais il y avait une restriction importante. Quand on passait d'une forme d'énergie à une autre, toute l'énergie n'était pas convertie. Elle n'était pas perdue, car l'énergie totale d'un système demeure constante ; une partie demeurait sous une forme qu'on ne pouvait plus utiliser. Aussi ingénieusement qu'on pût concevoir un moteur, il était impossible de convertir toute la chaleur fournie en travail. Jamais le moteur ne fonctionnerait avec un rendement de 100 pour 100.

Les hommes de science découvrirent ainsi que cette entrave au libre échange de l'énergie était la clef expliquant pourquoi il est impossible de réaliser une machine à mouvement perpétuel. Supposons que le travail d'une machine soit utilisé pour produire de la chaleur et que cette chaleur soit à son tour utilisée pour actionner la machine. La nouvelle science de la thermodynamique montrait que, à chaque cycle, une partie de l'énergie serait convertie en une forme inutilisable et que, sans un apport extérieur, la machine s'arrêterait bientôt. Ce problème d'« essoufflement » de toutes les machines fut attribué à la « loi d'accroissement de l'entropie ».

Qu'est-ce que l'entropie ? Pour comprendre ce concept, il nous faut d'abord considérer la différence entre processus « réversibles » et processus « irréversibles ». Un processus réversible est celui par lequel un système subit une transformation et peut retourner, thermodynamiquement, au point exact d'où il était parti. L'étirement et le retour progressif d'un ressort, la très lente compression d'un gaz et sa détente dans un cylindre sont des exemples de processus presque réversibles.

Durant ces processus quasi réversibles, aucune quantité appréciable d'énergie ne se trouve figée sous une forme définitivement inutilisable. Thermodynamiquement, le système commence et termine son cycle presque exactement au même point, et il ne se produit aucun changement appréciable d'entropie.

Et les processus irréversibles ? Un exemple frappant en est le moteur à combustion interne. Quand le mélange d'air et d'essence est enflammé par la bougie, il explose violemment, produisant une onde de choc qui repousse le piston vers le bas. Bien que le piston revienne à sa position originale à la fin du cycle, le système lui-même se trouve dans un état thermodynamique très différent. Les gaz, par exemple, ont subi une violente réaction chimique pour se transformer en oxyde de carbone et en eau.

Dans cet exemple particulier, seule une petite proportion de l'énergie chimique disponible dans l'essence est convertie en travail utile ; le reste se perd en chaleur, vibrations mécaniques, énergie liée aux gaz d'échappement, et ainsi de suite. C'est un cas extrême où le système commence son cycle dans un certain état thermodynamique et le termine dans un état très différent comportant un important accroissement d'entropie. Même les processus très doux sont dans une certaine mesure irréversibles, parce qu'une partie de l'énergie disponible se perd dans la friction, les vibrations et l'échauffement.

Les processus réversibles idéaux sont totalement doux, dépourvus de chocs, de mouvements soudains, de frictions et de flux violents d'énergie. Les processus irréversibles sont exactement l'opposé. Leurs soudains changements, chocs, turbulences et explosions perturbent les corrélations existant entre chaque partie élémentaire du système. Ils sont donc toujours accompagnés d'un désordre croissant, et c'est précisément ce que les hommes de science entendent par entropie. A mesure que les corrélations et l'ordre d'un système sont rompus, l'entropie (ou désordre) de ce système s'accroît tandis que diminue l'énergie disponible pour un travail utile.

Les systèmes irréversibles sont pareils à *humpty-dumpty.* Ils se meuvent dans une certaine direction et, thermodynamiquement, ne peuvent plus être remis à leur place à cause de la loi d'accroissement de l'entropie. Les systèmes réversibles sont idéalisés mais, en réalité, les systèmes irréversibles sont la règle et l'accroissement d'entropie est partout. Ce n'est pas seulement l'essence du moteur qui réagit chimiquement et ne peut plus être reconstituée. Le piston lui-même est sujet à des chocs mécaniques et finit par s'user. Le métal perd sa force et se rouille ; le bois pourrit ; les planètes se rapprochent lentement du Soleil. Tous ces phénomènes sont sujets à l'accroissement d'entropie — l'augmentation de la quantité d'énergie qui devient inutilisable durant les conversions.

L'accroissement d'entropie donne une direction au temps. Le temps s'écoule du passé vers l'avenir, du jour où la voiture était neuve, ses pistons luisants, jusqu'au jour où on la remorque pour l'emporter à la casse. Un moteur peut être réparé, les cylindres réalésés, mais seulement au prix d'un accroissement d'entropie de l'outillage chargé d'effectuer les réparations — et tout cela ne fait que repousser l'inévitable. A notre façon, nous ne sommes pas différents de l'automobile. Nous nous usons également. Dans les dimensions de l'espace, il est parfaitement possible de se déplacer en exerçant une certaine force, mais aucune force ne peut changer notre mouvement dans le temps. Il est impossible de rajeunir. Le temps est une flèche à sens unique, et la thermodynamique nous montre comment définir sa direction. La flèche du temps pointe vers un accroissement de l'entropie.

La thermodynamique fut une surprise pour les physiciens newtoniens. On pourrait se demander pourquoi, car le fait que les choses se détériorent et perdent leur forme avec le temps semble tomber sous le sens. La raison en est que, dans la mécanique newtonienne, le temps est totalement *réversible* et n'a pas de flèche. En termes formels, les équations de la mécanique de Newton possèdent ce qu'on appelle la « symétrie de réversibilité temporelle ». A chaque solution correspond une solution également valable dans laquelle la direction du temps est inversée. Un exemple permet d'illustrer ce point :

Supposons qu'on filme la collision entre deux boules de billard. Cette collision paraîtra parfaitement naturelle, que le film soit projeté normalement ou « à reculons ». Les deux situations obéissent aux lois de Newton et, en ce qui concerne le mouvement de la matière élémentaire, le temps n'a pas de direction unique. Dans ce monde mécaniste et objectif de la matière, l'écoulement du temps paraît tout à fait différent de l'impression que nous en donne notre sens commun.

Il y a bien sûr dans la physique newtonienne des processus qui semblent se mouvoir dans une direction définie. Un boulet de canon tiré par une bouche à feu s'élève dans les airs, puis retombe en creusant un cratère. On ne voit pas normalement de boulets s'élever par eux-mêmes du sol, gagner de la vitesse et entrer dans la bouche d'un canon. C'est parce que cet exemple implique une série de phénomènes assez complexes : la résistance de l'air sur le boulet, l'effet de la gravité, la dissipation de la chaleur lors de l'impact sur le sol, et la distribution de la terre arrachée du cratère. Néanmoins, chacun de ces processus individuels est en lui-même parfaitement réversible ; s'ils pouvaient être tous individuellement coordonnés, rien n'empêcherait ces événements de se dérouler de cette façon. Il est seulement astronomiquement improbable que cette coordination se produise jamais.

Quand on jette une pierre dans une mare, la perturbation créée à la surface de l'eau se propage en ondulations jusqu'au rivage. Selon la thermodynamique, ceci est un exemple caractéristique de la façon dont l'entropie croît tandis que l'énergie se dissipe — montrant comment la flèche du temps se meut du passé vers le futur. Dans la physique newtonienne, cependant, tous les mouvements des molécules d'eau individuelles sont réversibles, et rien n'empêche des milliards et des milliards de minuscules perturbations se produisant au rivage de se coordonner de façon à former une ride qui se meuve vers l'intérieur pour se concentrer au centre de la mare. D'après les lois réversibles du mouvement selon Newton, un tel processus n'est pas impossible, il est seulement d'une improbabilité absurde.

La flèche du temps, si naturellement liée dans la thermodynamique à un accroissement d'entropie, est liée dans la mécanique newtonienne au concept de probabilité et de défaut croissant de corrélation au sein d'un système. L'écoulement du temps est-il donc lié à l'absence d'événements improbables et à l'évolution de ceux qui sont probables ?

La réponse fut apportée par Ludwig Eduard Boltzmann, l'un des géants intellectuels de la fin du XIXe siècle. Boltzmann était un physicien viennois qui affirmait que les résultats de la thermodynamique pouvaient être fondés sur la mécanique newtonienne à condition qu'on acceptât de présumer l'existence d'atomes et de molécules. Vers 1870, la théorie atomique de la matière était très controversée, mais Boltzmann insistait pour exprimer les lois et les équations fondamentales de la thermodynamique classique en termes de mouvements de milliards de molécules individuelles.

Il était bien sûr impossible de traiter les mouvements d'un si grand nombre de molécules prises individuellement, de sorte que Boltzmann adopta la tactique d'une compagnie d'assurances quand elle calcule l'espérance de vie et les risques d'accidents particuliers dans une population de millions d'individus. Boltzmann supposait que les molécules individuelles obéissaient aux lois newtoniennes réversibles concernant la matière, mais qu'il se produisait entre elles à chaque seconde une telle quantité de collisions que leurs trajectoires individuelles étaient essentiellement aléatoires. Il entreprit alors de calculer des valeurs moyennes en faisant appel à la théorie des probabilités. Sa démarche reçut le nom de mécanique statistique.

Boltzmann avait également démontré que la chaleur est un mouvement moléculaire. Dans un gaz chaud, les molécules individuelles sont animées d'un mouvement plus violent que dans un gaz froid. Quand une substance chaude est placée au contact d'une substance froide, les molécules animées du mouvement le plus rapide transmettent une partie de leur énergie aux plus lentes par voie de collisions — la chaleur se transmet alors du corps le plus chaud au corps le plus froid.

Outre la description moléculaire de la chaleur, Boltzmann put expliquer la nature de l'entropie, c'est-à-dire la raison pour laquelle une certaine quantité d'énergie devient indisponible durant les conversions, pourquoi cette énergie indisponible croît constamment, et ce que signifie exactement « indisponible ». Il affirmait que *l'entropie n'est rien d'autre que le chaos moléculaire* et que, quand on laisse les choses à elles-mêmes, la situation la plus chaotique finira par prévaloir.

L'exemple d'un paquet de cartes peut aider à comprendre cette affirmation. Le paquet est d'abord ordonné suivant la couleur et la valeur des cartes. Supposons maintenant qu'on batte le jeu. Chaque échange est parfaitement réversible, tout comme les mouvements de la mécanique newtonienne, et chaque disposition particulière est aussi probable que n'importe quelle autre. Un échange, par exemple, peut provoquer l'inversion de l'as de cœur avec le roi de pique. L'échange suivant peut invertir cette disposition et replacer le roi et l'as à leurs positions initiales. Mais tout aussi probable est l'interversion du roi avec le deux de trèfle ou la reine de carreau, ou n'importe quelle autre carte. Chaque échange, en fait, comporte un nombre de possibilités, et une seule d'entre elles restituera au paquet son ordre initial.

On peut ainsi partir d'une situation parfaitement ordonnée et, après avoir effectué un ensemble d'échanges aléatoires donc chacun est réversible, aboutir à une réduction graduelle de l'ordre initial. L'état ordonné est aussi probable que n'importe quel autre arrangement, mais la somme des dispositions désordonnées possibles est infiniment supérieure. Les échanges effectués dans le paquet de cartes aboutissent à un nombre astronomique de dispositions possibles, dont une seule est ordonnée par couleur et par valeur. Pour reprendre les termes de Boltzmann, l'entropie du paquet de cartes était nulle au commencement, puis s'est accrue jusqu'à sa valeur maximale : le chaos. Rudolf Clausius, prédécesseur de Boltzmann, avait pu résumer l'ensemble de la thermodynamique en une seule phrase : *« Die Energie der Welt ist Konstant ; die Entropie der Welt strebt einem Maximum zu »* — « L'énergie du monde est constante ; l'entropie du monde tend vers un maximum. » Selon la mécanique statistique de Boltzmann, l'ordre et la structure doivent toujours céder la place au désordre et au chaos. L'énergie devient indisponible parce que les corrélations individuelles au sein d'un système sont détruites ou désordonnées. Ceci a amené les physiciens à conclure que le destin ultime de l'univers est la « mort par la chaleur », par quoi les galaxies et les systèmes solaires deviendront une soupe homogène et indiffé-

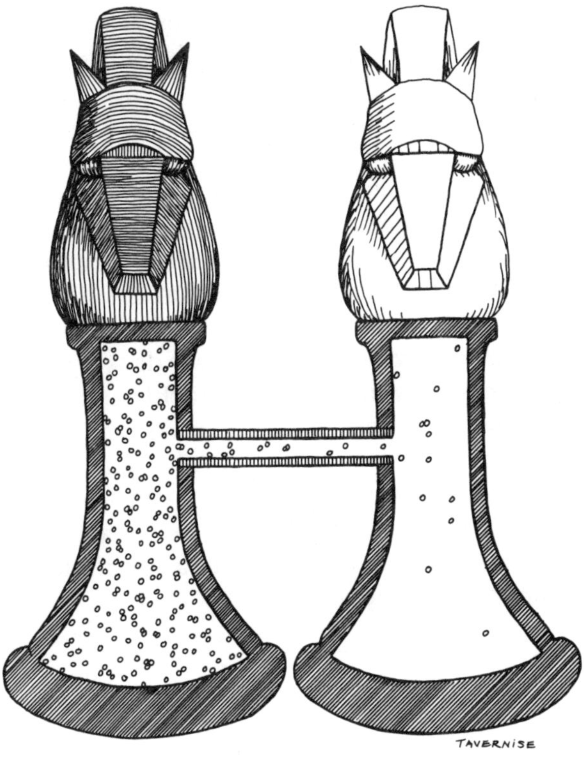

Imaginez que les molécules contenues dans le flacon-cheval de gauche soient celles d'un gaz chauffé. L'organisation excitée de cette chaleur se dissipera à mesure que les particules se mélangeront aux molécules contenues dans le flacon de droite, plus froid. Au bout d'un certain temps, un état d'équilibre sera atteint quand les molécules des deux flacons seront totalement mélangées et réparties au hasard.

renciée de particules et d'atomes. A mesure que les molécules s'agitent d'un mouvement de plus en plus aléatoire, l'énergie ordonnée utile se dégrade vers ce que les scientifiques appellent un « équilibre ». Il est important de comprendre le sens de ce terme pour les raisonnements qui vont suivre. *L'équilibre est l'état d'entropie maximum. Dans l'état d'équilibre, l'énergie utile s'est dissipée dans les bonds désordonnés du mouvement brownien.*

En sortant des perplexités de la théorie quantique et du vaste univers holistique de David Bohm, il peut sembler à ce point que nous soyons retombés dans un concept de l'ordre plus ancien et plus étroit. Dans la perspective de la théorie implicite de Bohm, par exemple, le concept thermodynamique d'entropie et l'idée d'un échange entre « chaleur » et « travail » seraient considérés comme des notions utiles mais limitées : de notre point de vue d'observateurs, les particules désordonnées de l'entropie ne sont pas disponibles pour le travail, pourrait dire Bohm, mais cela signifie-t-il qu'elles sont véritablement désordonnées ? Non, leur ordre, comme celui du mouvement brownien, est d'un niveau très élevé — et peut-être le « travail » de ces particules réside-t-il au-delà du niveau explicite courant.

Ilya Prigogine et Erich Jantsch (qui a appliqué la théorie de Prigogine à l'évolution) ont abouti, par une autre méthodologie, à des conclusions très semblables à celles de Bohm. En essayant de fusionner la théorie quantique avec la thermodynamique classique de Boltzmann, Prigogine a découvert un autre pasage dans le miroir. Peut-être cela ne devrait-il pas nous surprendre. Héraclite, qui avait dit : « Tout s'écoule », est également censé avoir dit : « Vous ne pouvez vous baigner deux fois dans la même rivière. » Peut-être ne peut-on pas voir non plus deux fois la rivière de la totalité exactement de la même façon. La voie par laquelle Prigogine est arrivé à cette vision de la rivière passe d'abord par un paradoxe qui a contribué à la naissance même de la thermodynamique.

Une physique de la vie ?

A l'époque où Boltzmann et Clausius élaboraient leur théorie de l'entropie universelle — la dégradation des formes à mesure qu'elles progressent vers le désordre et l'équilibre — Charles Darwin et Alfred Russel Wallace formulaient et proclamaient une théorie qui envisageait exactement l'opposé : l'émergence de la haute organisation des formes *vivantes.* La théorie de l'évolution décrit aujourd'hui un processus par lequel les atomes et les molécules individuels s'organisent en acides aminés et en protéines. Plus bizarrement encore, elle décrit le développement de cellules et d'organismes complexes qui, une fois formés, se réadaptent soigneusement pour préserver leur intégrité en vue d'une croissance future. Comment cela peut-il être ? Comment la vie peut-elle apparaître, se maintenir, et faire progresser son organisation face à la montée universelle de l'entropie ? La vie n'est-elle qu'un processus dû au hasard ? Ou l'univers croît-il et évolue-t-il d'une certaine façon malgré sa tendance apparente vers la désorganisation ? Les lois de la thermodynamique elles-mêmes doivent-elles s'élargir pour inclure l'émergence de systèmes nouveaux et originaux ? Tel était le type de questions posées par Erwin Schrödinger et Théophile de Donder à l'université libre de Bruxelles. Au début du siècle, ces hommes ont essayé d'élargir la démarche de Boltzmann pour y inclure les systèmes vivants.

Ce fut le successeur spirituel de Donder à Bruxelles, Ilya Prigogine, qui finit par trouver une réponse. Prigogine est un homme brusque, dont l'apparence évoque plus l'homme d'affaires que l'homme de science. A son attitude rigoriste se mêle une passion pour la collection d'œuvres d'art montrant des silhouettes qui émergent d'un arrière-plan flou et amorphe. Cette forme d'art reflète la théorie que propose Prigogine comme surprenante réponse au paradoxe de la vie.

Au XIXe siècle, la thermodynamique avait été dominée par la machine et le moteur, systèmes qu'il fallait pousser au maximum de leur rendement. En conséquence, les physiciens tendaient à mettre l'accent sur l'étude de systèmes fermés et de réactions presque réversibles dans lesquels l'accroissement de l'entropie serait réduit au minimum grâce à un fonctionnement relativement doux qui ne s'écarte jamais beaucoup de l'état d'équilibre. La vieille machine à vapeur en est un bon exemple, car son échange thermodynamique est plus progressif que celui du moteur à combustion interne ; à la fin de chaque cycle, le système revient à un état thermodynamique similaire. D'un côté, le moteur à vapeur est maintenau assez loin de l'équilibre de façon qu'il y ait toujours une différence de température suffisante entre les parties chaude (la vapeur) et froide (le condenseur). Si cette différence n'était pas maintenue (ce qui arriverait en cas de défaillance du condenseur), le rendement de la machine baisserait à mesure que ses parties chaude et froide tendraient vers un équilibre. De l'autre côté, le moteur ne doit pas s'écarter beaucoup de l'équilibre. Si cela arrivait — si, par exemple, le piston se déplaçait d'une manière saccadée ou explosive —, les processus irréversibles producteurs d'entropie domineraient, et le rendement baisserait également. Pour obtenir le meilleur rendement d'une machine à vapeur dans son ensemble, le système doit être maintenu sur une sorte de corde raide, proche de l'équilibre, mais pas trop.

La machine à vapeur est ce que les hommes de science appellent un « système fermé », dans lequel il se produit des échanges clairement définis entre sources de chaleur et travail — comme lorsqu'un piston se déplace sous la poussée de la vapeur chaude à l'intérieur d'un cylindre, et que cette vapeur est ensuite condensée pour retourner à la chaudière. Rien de nouveau n'entre ni ne sort d'un système fermé. Pour l'obtention d'un rendement maximal, ses parties doivent se mouvoir selon un régime fixe ; elles ne peuvent fonctionner qu'entre des limites très étroites. Une partie peut être remplacée, bien sûr, mais le système lui-même n'effectue pas ce genre de réparation. L'aide doit venir de l'extérieur — en général sous la forme d'un mécanicien. Un rocher ou un bol de soupe froide constituent d'autres types de systèmes fermés — ce sont des entités qui ont atteint un état d'équilibre. De tels systèmes impliquent toujours une situation d'équilibre ou de quasi-équilibre.

Il n'est pas surprenant qu'on ait laissé les systèmes vivants en dehors de ce tableau thermodynamique. Par opposition aux machines, les formes de vie sont des « systèmes ouverts » qui émergent et se développent dans une arène changeante très *éloignée* de l'équilibre. Les systèmes ouverts sont capables de s'adapter aux changements extérieurs ; ils absorbent de la nourriture, croissent, remplacent leurs propres pièces défectueuses, se reproduisent , et survivent même à la perte totale de certaines de leurs parties — tout cela sans l'aide d'un mécanicien.

Prigogine se rendit compte que l'un des facteurs primordiaux distinguant les systèmes vivants ouverts de systèmes fermés tels que les machines était le milieu hors d'équilibre — un milieu de haute énergie — et l'afflux de nouvelles substances chimiques. Cet environnement est « chaotique », mais pas de la même façon que la soupe indifférenciée de l'entropie et de l'équilibre. Il est chaotique, au contraire, de par la concurrence énergétique et les fluctations chimiques. Dans cet environnement apparaissent et évoluent les systèmes vivants.

Prigogine décida d'étudier la dynamique de l'état de non-équilibre pour voir s'il pourrait découvrir des indices de la façon dont la vie accomplit ce tour de magie. Il s'aperçut bientôt que les formes de vie n'étaient pas les seules à apparaître dans les situations hors d'équilibre. Celles-ci donnent naissance à toutes sortes d'ordres spontanés.

Ouvrez votre robinet, et vous aurez un exemple immédiat de la dynamique d'un système ouvert. Si vous l'entrouvrez légèrement, vous créerez une situation dans laquelle le jet d'eau paraîtra clair, arrondi et lisse. Dans ce cas, les molécules d'eau suivent une loi statique aléatoire. Si vous le tournez un peu plus pour accroître la pression de l'eau, celle-ci commencera par prendre un aspect turbulent. Cette turbulence, cependant, s'établit rapidement comme un *ordre* stable. Observez l'existence de fibres musculaires regroupant les molécules d'eau en de puissants courants qui ont pour effet de permettre le passage d'une plus grande quantité de liquide. Cette structure, ou ordre, n'est pas solide, bien sûr ; elle n'est pas constituée de composants statiques. C'est une structure de flux. Si vous ouvrez encore plus le robinet, une autre structure de flux stable se formera à son tour.

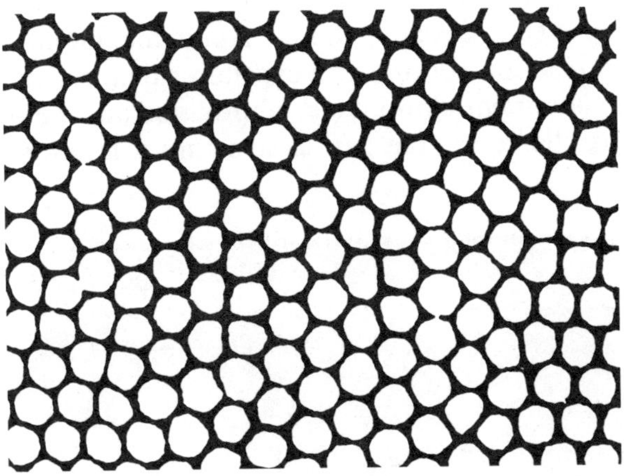

Quand on chauffe de l'eau à certaines températures critiques, il se forme des courants de convection qui s'organisent en une structure stable. Vus de dessus, ils prennent l'apparence d'une configuration de cellules hexagonales.

Dans tous les systèmes ouverts, des dunes de sable à la formation des étoiles et des galaxies, des structures de flux stables se forment à partir de courants d'énergie fluctuants. Les vibrations du plasma que Bohm avait étudiées et qu'il avait trouvées « vivantes » en sont un exemple au niveau subatomique. La supraconductivité en est un autre : dans de nombreux métaux, la résistance électrique indique que les électrons en mouvement se dispersent, au hasard, à partir de noyaux vibrant dans le réseau métallique. Pourtant, à partir d'une certaine température critique suffisamment basse, toute résistance disparaît ; les mouvements chaotiques laissent apparaître un ordre sous-jacent dans lequel les électrons adoptent un comportement collectif donnant naissance à l'état « supraconducteur ».

Sur le plan socio-biologique, une termitière peut être également considérée comme une structure hors d'équilibre. Les termites commencent par déposer de la matière de façon désordonnée. La fluctuation aléatoire d'un grand nombre d'entre eux finit cependant par s'accroître jusqu'à déclencher une phase d'activité hautement organisée qui donne naissance à la termitière.

En 1958, deux chercheurs russes ont découvert par hasard une structure hors d'équilibre prenant naissance dans un lieu chimique. Quand ils mélangeaient de l'acide malonique, du bromate et des ions de cérium dans un récipient peu profond contenant de l'acide sulfurique à certaines températures critiques, ce qu'on appelle désormais la réaction de Belousov-Zhabotinsky créait une structure de « cellules » concentriques et spiralées qui palpitaient et demeuraient stables alors même que la réaction continuait à engendrer d'autres cellules. Cette réaction est clairement chimique et n'implique aucune intervention d'ADN, mais elle ressemble par sa structure à la croissance d'une forme de vie !

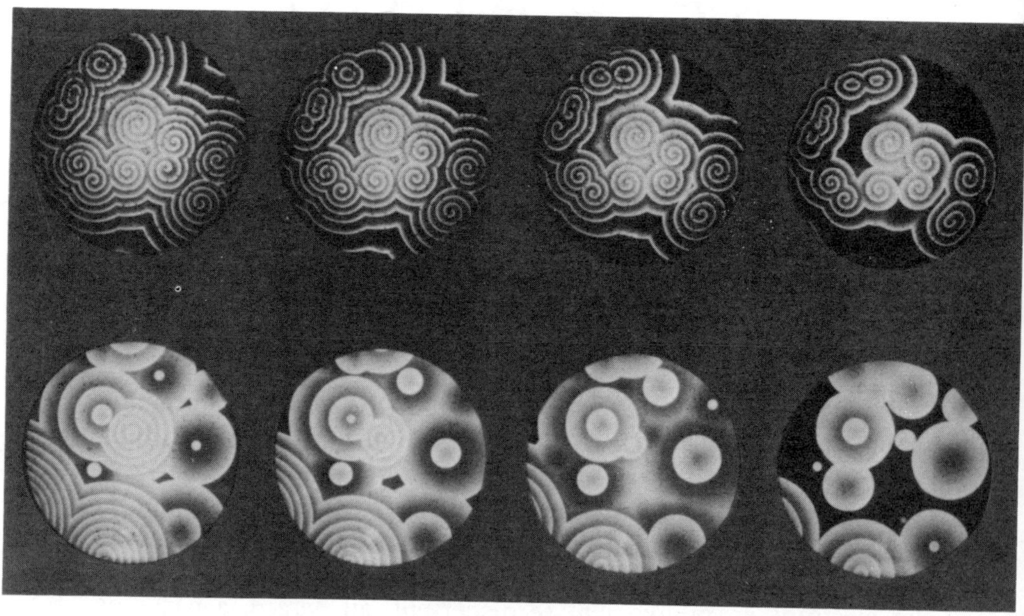

La réaction de Belousov-Zhabotinsky. Une réaction chimique sous l'apparence d'une forme de vie ?

La découverte de structures hors d'équilibre apparaissant dans des réactions chimiques offrait un nouvel aperçu de la dynamique de ces formes spontanées. Elles sont tout à fait différentes des réactions « normales ».

Quand on verse une cuillerée de café instantané dans une tasse d'eau chaude, le café se dissout et se répand de façon aléatoire jusqu'à être réparti uniformément dans l'eau. L'entropie totale du système s'accroît. L'introduction du café dans l'eau aboutit à un mélange où les molécules d'eau et de « café » se mêlent mais ne se lient pas. Dans des réactions chimiques simples (que nous appelons réactions « normales »), s'ajoute à ce processus la création de liaisons. Quant on met en présence deux corps, l'hydrogène et l'oxygène par exemple, les deux ensembles de molécules « réactives » subissent des collisions moléculaires aléatoires jusqu'à être assez rapprochées et assez char-

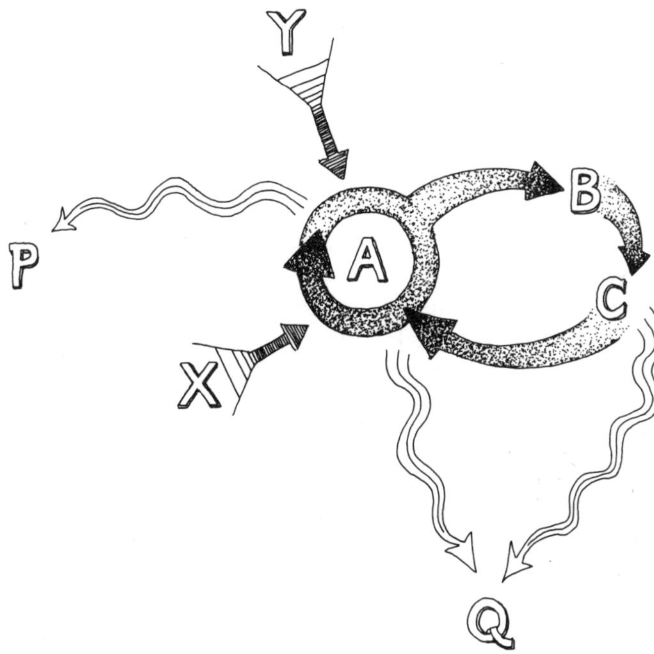

Diagramme de la réaction de Belousov-Zhabotinsky. La phase autocatalytique est le cercle marqué A. X et Y sont les substances de départ introduites dans le système. A réagit pour former B, qui à son tour forme C, lequel produit un supplément de A. P et Q sont les produits résultants de cette réaction. Le processus autocatalytique ABC se renouvelle de lui-même continuellement et agit comme un catalyseur pour transformer les substances X et Y en produits résultants P et Q. Ce processus est typique des réactions spontanées qui apparaissent dans des situations hors d'équilibre, y compris celles qui se produisent à l'intérieur des cellules vivantes.

gées d'énergie pour établir des liaisons entre elles et produire des molécules d'eau. L'établissement de ces liaisons obéit aux lois de la mécanique quantique qui gouvernent l'échange des électrons, mais la diffusion et les collisions qui les précèdent se produisent de façon aléatoire comme dans le mélange du café avec l'eau. A mesure que la réaction progresse, un nombre croissant de molécules réactives s'unissent et la concentration du nouveau « produit » augmente. Finalement, quand toutes les molécules réactives se sont converties, la réaction s'achève. Selon les conditions, la durée de ce processus peut varier de plusieurs heures à quelques secondes, et il peut même se produire explosivement.

Dans les réactions chimiques hors d'équilibre, ce qui se passe est très différent. Une certaine concentration d'un réactif particulier ou une haute température donnée déclenchent des oscillations géantes dans le système de réaction. L'un des corps réactifs, par exemple, voit sa concentration croître, puis s'affaiblir, puis croître de nouveau. Contrairement à la réaction chimique « régulière », dans laquelle les réactifs et les produits résultants sont distribués de façon aléatoire dans toute la solution, il se forme ici des inhomogénéités, ou différences. Une substance chimique particulière peut dominer la réaction dans une certaine région, alors que dans une autre sa concentration est épuisée. A partir de ce flux chaotique, la réaction commence alors à engendrer une structure stable dans l'espace et dans le temps.

L'un des traits dominants de ces structures chimiques est l'établissement de ce qu'on appelle l'« autocatalyse », par laquelle l'un des produits de la réaction s'engage dans un cycle qui l'aide à se reproduire ! La réaction tout entière tourne autour du cycle autocatalytique, lequel stabilise la structure et maintient la continuité de sa forme et de son « flux ».

Un catalyseur est un agent qui accélère par sa seule présence une réaction chimique, donc la production d'autres corps, sans être lui-même changé par le processus. Les cellules vivantes sont bien sûr des autocatalyseurs en ce sens qu'elles peuvent produire d'autres exemplaires d'elles-mêmes tout en se préservant dans un milieu changeant. Ainsi, l'activité « non vivante » qui se déroule souvent au sein des cellules (réactions chimiques hors d'équilibre) a-t-elle une structure similaire à celle de la cellule vivante elle-même. Une telle réaction ne fait pas simplement « partie » de la lutte pour la vie. Elle est sa propre vie. La cellule et la réaction, la vie et la non-vie, sont des miroirs l'une et l'autre.

David Bohm avait affirmé que l'apparition de la vie n'était pas une conjonction aléatoire de molécules, mais se désenfouissait inévitablement de l'ordre multidimensionnel de l'univers. Il souligne que les distinctions scientifiques habituelles entre vie et non-vie ne sont que des abstractions possédant une valeur limitée. En fait, la vie et la non-vie sont implicitement entremêlées l'une à l'autre. Poursuivant son expédition hors de l'équilibre, Ilya Prigogine fit une découverte similaire. La vie et la non-vie apparaissent toutes les deux dans des situations hors d'équilibre — et de telles situations existent partout. La thermodynamique du XIXe siècle avait dépeint un univers dans lequel l'entropie croissait et les structures se dégradaient inéluctablement. Prigogine a découvert une thermodynamique qui décrit comment des structures se forment inévitablement dans les situations hors d'équilibre. Il a baptisé la dynamique de ces structures « l'ordre par la fluctuation ».

Tout d'abord, hors d'équilibre, le mouvement fluctuant d'une molécule, d'un atome ou d'un termite individuels est imprévisible. Puis, lorsqu'est atteint un point critique, les mouvements aléatoires se changent en oscillations d'un plus grand nombre de molécules et ces oscillations, à leur tour, croissent en amplitude. Prigogine dit que les oscillations sont « amplifiées » jusqu'à ce qu'elles cessent de se compenser mutuellement. Le système (tel que le plasma d'électrons ou les substances chimiques de la réaction de Belousov-Zhabotinsky) se trouve en équilibre sur le fil d'un rasoir, à un point de « bifurcation ». Quand il approche du point critique, il ne suit aucune direction générale mais il a la possibilité d'en emprunter un certain nombre ; il est impossible de prévoir laquelle prévaudra et dirigera le système. Puis, quand l'une de ces directions s'est imposée, un nouvel ordre s'établit, extrêmement résistant à toute fluctuation ultérieure. Le nouvel ordre est fluide, mais stable, et ne peut être modifié que si le système est soumis à une autre oscillation très intense. A un certain point, si cette nouvelle oscillation ne peut pas être « amortie » par la structure, celle-ci perd sa forme (comme quand on augmente l'ouverture du robinet), une nouvelle phase de chaos apparaît, puis un ordre nouveau se développe, plus complexe et plus « élevé ». Plusieurs auteurs ont comparé cette évolution de la complexité à la façon dont les nouveaux ordres sociaux émergent des crises politiques, dont les nouvelles forces psychologiques naissent de la souffrance et du conflit, et dont les formes novatrices jaillissent de l'apparent chaos du processus créatif de l'artiste.

On peut également la comparer à la totalité de Bohm car l'une des images qu'a données ce dernier de la non-séparabilité, le tourbillon dans le courant d'une rivière, est une structure hors d'équilibre. Et dans cette image se fondent les visions intuitives des deux théories.

Les remous et les vaguelettes naissent et meurent au hasard dans la rivière tandis que le courant demeure globalement inchangé. Puis, dans une certaine région, l'eau devient turbulente et son comportement incertain ; le moindre changement des conditions extérieures (le jet d'une pierre en amont, ou un accroissement du volume d'eau) peut pousser ces fluctuations dans une direction ou dans une autre. Un tel système de flux est instable et imprévisible. Sans signe précurseur, une direction s'impose et il se forme un tourbillon — un système ordonné, simultanément autonome et inséparable de la rivière. Une fois formé, le tourbillon demeure remarquablement stable face à des fluctuations et des changements ultérieurs. Mais s'il est soumis à une perturbation beaucoup plus forte, il peut se désintégrer spontanément ou passer à une autre forme.

Découvrir la dynamique du tourbillon et d'autres structures hors d'équilibre fut un premier pas. Quand Prigogine commença à retracer les implications de sa découverte, il se trouva, comme Bohm, transporté spontanément dans un univers nouveau d'une portée considérable.

10.

FONDATION D'UNE SCIENCE DE L'ORDRE SPONTANÉ

Prigogine appelait les formes hors d'équilibre, comme le tourbillon, des « structures dissipatives ». Pour garder leur forme, ces structures doivent constamment dissiper l'entropie afin que celle-ci ne risque pas de s'accumuler à l'intérieur de l'entité et de la « tuer » par l'équilibre. Dissiper l'entropie requiert un apport constant d'énergie et de nouveaux matériaux, raison pour laquelle les structures dissipatives doivent se former dans des situations hors d'équilibre chargées d'énergie (un tourbillon ne se formerait pas dans une mare immobile).

Dans la thermodynamique classique, le rendement d'un processus se mesure entre autres choses à la faiblesse du taux de déperdition de chaleur ou de production d'entropie. L'efficacité d'une structure dissipative dépend exactement des raisons inverses. Par son importante production d'entropie et son ouverture constante à un apport d'énergie fluctuant, elle transcende littéralement la thermodynamique des systèmes clos. Cela fait également de la structure dissipative un paradoxe. Elle ne peut maintenir son existence qu'en restant ouverte à un échange mouvant de matière et d'énergie avec le milieu. En fait, la matière et l'énergie s'écoulent à travers elle et lui donnent sa forme, comme l'eau de la rivière traverse et forme le tourbillon. D'un autre côté, cette ouverture même rend d'une certaine façon la structure résistante à tout changement. Le milieu interne d'un animal à sang chaud, par exemple, maintient une température et une constitution chimique stables en dépit des importantes variations du milieu extérieur. Cela signifie que la résistance au changement doit être elle-même une sorte de flux. La structure est *stabilisée* par son propre courant. Elle n'est stable que relativement au flux d'énergie constant requis pour maintenir sa forme et, paradoxalement, sa stabilité même est aussi une *instabilité* à cause de sa totale dépendance du milieu ambiant. La structure dissipative est autonome (séparée), mais seulement de manière relative. C'est un flux au sein d'un flux. A ses « lisières » se produit un échange constant d'un flux à l'autre. Elle ressemble de plus en plus à une entité du monde de Bohm.

En explorant les implications de ces étranges phénomènes du monde miroir, Prigogine s'est trouvé confronté aux problèmes de la non-séparabilité. Dans le chapitre précédent, nous avons vu que si un système dissipatif soumis à une perturbation intense ne parvenait pas à amortir les chocs et les trépidations imposés à sa structure, il pouvait, selon les paroles mêmes de Prigogine, « s'échapper dans un ordre supérieur ». Mais il existe une autre possibilité (en fait, comme nous l'apprendrons dans le chapitre suivant, il s'agit de la même possibilité). Le système peut engendrer à l'intérieur de lui-même, à un « niveau inférieur », une structure dissipative qui compense le changement. Un exemple de cette compensation interne est la réaction chimique dissipative se produisant à l'intérieur de la cellule. Si nous l'observons de l'intérieur du milieu chimique de la cellule, cette forme dissipative soudaine ressemble à un cas d'ordre spontané surgissant de la fluctuation. Mais si nous nous tenons à l'extérieur, nous en avons une perspective toute différente. De là, la réaction semble être un mécanisme interne par lequel une structure dissipative établie (la cellule) maintient sa forme face à un changement du milieu extérieur (et par conséquent de son milieu intérieur). Le rapprochement spontané de ces deux perspectives soulève une question.

Doit-on dire que la cellule entretient la réaction chimique dissipative, ou que la réaction chimique entretient la cellule ? Cette question rappelle celle de l'œuf et de la poule, mais elle a des implications profondes.

La résolution du problème de l'œuf et de la poule

Traditionnellement, les hommes de science ont toujours cru qu'il existe une hiérarchie des explications de l'univers. Au niveau le plus fondamental de la physique, le mouvement des éléments les plus simples des particules. Puis la chimie, qui décrit la façon dont les atomes se combinent pour former des molécules. Ensuite vient la biologie moléculaire, depuis les simples groupes de macromolécules en montant par étapes jusqu'à la biologie et à l'organisme tenu pour le plus complexe : l'être humain. La hiérarchie aboutit enfin aux explications très complexes de la neurophysiologie (l'étude du cerveau et du système nerveux). Se référer à cette hiérarchie, selon Prigogine, est une erreur. Il affirme qu'il n'existe pas réellement de hiérarchie, pas de niveau fondamental de description au-dessus duquel s'empileraient d'autres niveaux. Il existe par contre des niveaux *différents,* chacun dépendant des autres de manière complexe. Pour décrire la réaction chimique dissipative de la cellule, nous pouvons la considérer soit au niveau des atomes et des molécules, soit au niveau de la cellule. Les niveaux « inférieurs » dépendent des niveaux « supérieurs » pour leur existence, tout autant que ces derniers dépendent pour la leur des niveaux inférieurs. Un niveau ne vient pas « avant » ou « après » un autre selon une hiérarchie. On ne peut pas décomposer l'univers en parties de plus en plus simples. Tout est lié par une interaction dynamique ; c'est un tissu fluide et sans coutures de structures de processus.

On perçoit ici de nombreuses similitudes avec l'ordre implicite de Bohm. Ce dernier souligne lui aussi qu'aucune description complète ou fondamentale de la nature n'est possible, et il s'accorderait à reconnaître que chaque niveau affecte les autres (dans l'holomouvement). Il nous invite à prendre conscience du fait que les « lois de la nature » ne peuvent être que les lois d'une subtotalité relativement autonome, c'est-à-dire d'un seul niveau ou domaine limité. Au-dessous, au-delà et au-dessus de chaque niveau s'étendront toujours d'autres niveaux dans la réalité multidimensionnelle. Et les lois limitées des niveaux sont elles-mêmes sujettes à l'évolution et au changement.

Pour Prigogine également, la réalité est multidimensionnelle. Chaque niveau de réalité obéit à des lois différentes de celles des autres niveaux. Les lois des atomes, celles des molécules, de la conscience, de la sociologie, sont toutes différentes. Aucun niveau n'est le niveau fondamental ou le massif de base à partir duquel les autres peuvent être hiérarchiquement ordonnés. Au fil de l'évolution apparaissent des structures dissipatives plus complexes (comme la société humaine), qui apportent avec elles de nouveaux niveaux et de nouvelles lois. Les lois de la nature évoluent donc à mesure qu'évoluent de nouvelles structures dissipatives. Prigogine estime qu'au lieu de classer les niveaux selon une hiérarchie (physique, chimie, biologie), nous devrions élaborer une dialectique, une sorte de discussion animée entre les différents niveaux pour créer, en fait, un réseau descriptif où les niveaux supérieurs renvoient des informations vers les niveaux inférieurs, qui les renverraient à de nouveaux niveaux supérieurs, et ainsi de suite — reflétant par nos théories le tissu de la réalité. De cette façon, nous verrons notre description des lois de la nature évoluer à mesure qu'évolueront de nouveaux niveaux de complexité, ce qui engendrera de nouveaux niveaux de complexité dans nos théories. L'image donnée par Prigogine de la réalité désenfouie a quelque chose d'insolite — non seulement par ses similitudes avec celle de Bohm, mais aussi par ses différences.

Sa démarche l'entraîne inéluctablement vers le centre du miroir :

Si l'univers n'est pas construit depuis le bas vers le haut mais constitue un tissu de niveaux et de lois diverses, où nous trouvons-nous en tant qu'observateurs de cet univers ? Manifestement pas dans une position extérieure objective, car nos propres processus sont enchevêtrés dans les fils de ce tissu. Là encore, les conclusions de Prigogine se rapprochent de celles de Bohm, vues sous une perspective totalement nouvelle. Voici sa logique :

Les êtres humains vivent une existence irréversible. Notre flèche temporelle pointe vers la mort. L'évolution de la structure dissipative que nous appelons conscience a apporté à l'histoire de l'univers un nouveau niveau de réalité et une nouvelle loi de la nature. Cette nouvelle loi concerne l'aptitude de l'observateur à apprécier la différence entre passé et futur. Quand l'observateur examine le monde microscopique de la matière et de l'énergie, il se rend compte qu'à ce niveau le passé et le futur (le temps) sont réversibles. Mais cette observation d'un univers microscopique réversible est faite par un être macroscopique qui est lui-même irréversible et qui le sait. L'univers réversible (observé) conditionne l'existence irréversible (de l'observateur). En retour, l'existence irréversible de l'observateur conditionne toute la signification de la réversibilité observée, car sans l'observateur il n'y aurait aucune idée de réversibilité. Le cercle est ainsi fermé : l'observateur est l'observé. Le réversible et l'irréversible sont des niveaux qui s'interpénètrent.

Telles sont les conceptions du miroir selon Prigogine. Comment les transpose-t-il dans le langage de la logique et de la science ? Il a choisi pour objectif principal de montrer que l'irréversibilité du monde macroscopique des chats et de la conscience est tout aussi fondamentale que le micro-monde réversible de la physique des particules. A un autre niveau, la réversibilité et l'irréversibilité sont des concepts qui concrétisent la fascination qu'éprouve Prigogine pour le *temps*.

Depuis l'époque de Boltzmann, l'irréversibilité a été acceptée comme un phénomène réel, ou objectif, au niveau biologique ou macroscopique. N'oubliez pas que la mécanique statistique de Boltzmann était fondée sur un modèle newtonien de molécules et d'atomes, considérés dans ce contexte comme des boules de billard temporellement réversibles zigzaguant sur une table. Boltzmann avait résolu le paradoxe irréversibilité/réversibilité en montrant comment les équations réversibles de la physique classique pouvaient s'adapter à l'univers irréversible de l'entropie. Toutes les structures situées au-dessus du niveau atomique, disait-il, finiront par se désagréger à mesure que les cartes atomiques sont battues et qu'on tend vers un équilibre. Avec l'avènement de la théorie quantique, une profonde confusion brouilla ce tableau, d'où émergea un nouveau paradoxe entre réversibilité et irréversibilité. Les équations de la fonction d'onde de Schrödinger sont également réversibles dans le temps, comme celles de la mécanique classique. Mais le processus du mesurage et « l'effondrement de la fonction d'onde » sont irréversibles. La physique quantique fait elle aussi appel aux probabilités, mais le caractère aléatoire des processus quantiques n'est *pas* comparable au brouillage d'un paquet de cartes. La probabilité quantique est *donnée.* On ne peut pas la résoudre en présumant, comme le faisait Boltzmann, que les choses pourraient être théoriquement inversées mais que cette inversion devient simplement de plus en plus improbable. Cette idée ne peut pas s'appliquer à la théorie quantique, où les équations réversibles et les mesurages irréversibles effectués par les observateurs se contrarient irrémédiablement. Ceci devient évident à l'instant où s'effondre la fonction d'onde. Un instant avant, les nombreuses solutions de l'équation de Schrödinger existent simultanément. Le temps est réversible ; la particule est répartie dans tout l'espace. Un instant plus tard se fait entendre un unique déclic sur un détecteur ; les observateurs voient la particule en un seul endroit, il y a une seule direction temporelle, le chat est vivant ou mort. Entre ces deux instants, la théorie quantique n'offre aucune explication.

Du fait que la théorie quantique est censée traiter du niveau le plus fin, des parties les plus élémentaires de la nature, ses formules mathématiques sont généralement considérées comme représentant la loi la plus fondamentale de la nature. Selon les scientifiques, ce que nous, observateurs, voyons à notre niveau doit dériver de cette loi.

Prigogine n'est pas d'accord. Il a tenté de résoudre le paradoxe du chat de Schrödinger en mettant le concept de l'irréversibilité sur un pied d'égalité avec la réversibilité en tant que loi de la nature. Il a essayé de démontrer d'une manière scientifique et convaincante que l'un n'est pas plus fondamental que l'autre, qu'il n'y a pas de hiérarchie, que tout affecte tout le reste, et que l'observateur est imbriqué dans l'observé. Pour défendre ses arguments, il a recouru, comme Bohm, à des techniques mathématiques qui dépassent les ordres antérieurement acceptés, et principalement à deux démarches : la première fait appel au concept d'« équations non linéaires », la seconde à la « rupture de symétrie ».

Jusqu'à l'apparition des ordinateurs et de l'analyse mathématique du XXe siècle, les équations différentielles non linéaires étaient particulièrement difficiles à résoudre, beaucoup plus que leurs cousines linéaires.

Les équations différentielles linéaires sont des cas particuliers ou simplifiés d'équations non linéaires plus générales. Au cours du XIXe siècle, les mathématiciens et les physiciens ont élaboré des démarches types pour la résolution de ces équations linéaires. La « forme » mathématique de l'équation fournissait une quantité importante d'informations concernant ses solutions, ce qui permettait de les classer. De telles équations ne recelaient aucune surprise, et quand une solution était déterminée les autres suivaient.

Supposons par exemple qu'une équation différentielle linéaire représente deux systèmes mécaniques interdépendants. La croissance ou la diminution de leur interaction entraînera un changement prévisible dans le comportement de chaque système. Si l'interaction croît très peu, le comportement du système changera de même très peu. Si l'interaction tend vers zéro, le comportement mécanique se rapprochera de celui de deux systèmes indépendants. Dans un système linéaire, donc, les petits changements produisent de petits effets, le déterminisme est partout évident, et en réduisant les interactions à de très petites valeurs on peut considérer le système comme étant composé de parties indépendantes :

Mais tous les systèmes ne sont pas linéaires — en fait, très peu de systèmes réels le sont. Les physiciens pouvaient néanmoins considérer, à condition qu'un système demeurât suffisamment proche de l'état d'équilibre, qu'une approximation linéaire était suffisante. Du fait qu'on avait une bonne compréhension des équations linéaires et que les systèmes linéaires se comportaient comme si on pouvait les dissocier en unités indépendantes, les savants du XIXe siècle acquirent une confiance croissante en un monde linéaire. Certains problèmes demeuraient bien sûr obstinément non linéaires mais, partout où c'était possible, les physiciens s'efforçaient de « linéariser » les systèmes et d'en traiter les parties non linéaires à l'aide de corrections.

Le traitement mathématique des équations différentielles non linéaires est beaucoup plus rebutant que celui des équations linéaires.

Leurs solutions ne sont pas toujours évidentes ni très nettes, et l'obtention d'une solution n'aide parfois pas beaucoup à trouver les autres. Le plus important, c'est la façon dont changent ces solutions quand on modifie les termes de l'interaction. Dans un système linéaire, une petite variation d'interaction entraîne une petite variation de la solution. Ce n'est pas le cas d'une équation différentielle non linéaire. La solution peut changer progressivement à mesure qu'on fait varier un paramètre de l'équation, puis se transformer brusquement en un type de solution totalement nouveau. Ce changement de comportement est soudain et imprévisible — pour toute une gamme de valeurs, le système peut se comporter d'une manière raisonnable et régulière, puis un changement additionnel infinitésimal du même paramètre peut plonger le système dans un état entièrement différent. On peut comparer cet effet à celui du dernier brin de paille qui brise les reins du chameau. Des bottes et des bottes de paille sont entassées sur le dos de ce dernier, qui s'affaisse un peu plus à chaque nouvelle botte. Quand on ajoute finalement une seule paille sur le tout, le chameau s'effondre avec son chargement. Une formalisation mathématique de pareils événements a été proposée dans les années 70 par le mathématicien français René Thom. Il a baptisé avec à-propos sa démarche « théorie des catastrophes ».

Le monde linéaire est un monde sans surprises. C'est un monde mécanique dans lequel on peut démonter les choses et les réassembler. Par contraste, le monde non linéaire décrit par Thom peut être violent et imprévisible. Le mathématicien ne peut pas se contenter de mettre son équation en marche et de la laisser se dérouler jusqu'à l'inéluctable solution ; dans un sens imagé, il doit y pénétrer, affecter, juger, évaluer la situation à mesure qu'elle se développe. L'observateur est toujours présent et ne peut pas s'abstraire du système. Prigogine affirme que le monde non linéaire contient la plus grande partie de ce qui importe dans la nature. C'est le monde de la structure dissipative. L'une de ses réussites majeures a été de trouver des moyens de traiter mathématiquement ces structures irréversibles dans leur désenfouissement.

Pour étayer sa thèse selon laquelle on doit mettre le temps irréversible sur un pied d'égalité avec le temps réversible en tant que loi de la nature, Prigogine introduit un autre concept mathématique.

Boltzmann avait montré que la marche apparemment irréversible de l'entropie était un effet d'« épaississement de texture », ou un nivellement statistique dû au brassage continuel des atomes. Le temps était une illusion engendrée par les statistiques de grands nombres de particules. Vu à une échelle suffisamment fine, le temps serait totalement réversible.

Prigogine, s'il pense que les lois du mouvement des molécules peuvent être réversibles, estime par contre que la véritable nature du temps est irréversible. Comment est-ce possible ? La réponse vient du concept de rupture de symétrie, qui a son origine dans l'aspect mathématique de la physique quantique. Les lois de la nature expriment les possibilités ou potentialités de la matière. Elles établissent des frontières pour son comportement et circonscrivent les événements possibles. Quand ces lois sont exprimées mathématiquement, les formules font apparaître certaines symétries, ce qui a conduit les physiciens à concevoir l'univers comme essentiellement symétrique.

De prime abord, voilà qui semble être un concept quelque peu idéalisé. Les physiciens imaginent que, sans la matière, l'univers est partout exactement le même ; tout lieu est aussi bon que n'importe quel autre. A condition qu'il n'y ait pas de matière à proximité, une expérience conduite en un certain point de l'espace produira les mêmes résultats qu'une autre effectuée en un lieu différent.

La réalité, bien sûr, est différente. Les étoiles et les planètes gauchissent la courbure de l'espace. Des nuages de particules se meuvent à la dérive à travers le vide. Un lieu donné n'est pas le même que n'importe quel autre.

D'après les physiciens, c'est parce que la symétrie de l'espace a été « rompue ». Imaginez le concept de la façon suivante : supposons que vous vous teniez sur une sphère géante parfaitement uniforme (avec des chaussures adhérentes pour ne pas tomber). Quel que soit le lieu où vous irez sur la sphère, il sera identique à n'importe quel autre. Il n'y a aucune direction, et la sphère est parfaitement symétrique. Imaginons maintenant que vous découvriez une minuscule craquelure sous vos pieds. Cette craquelure fournirait une direction. Elle romprait la symétrie. Aujourd'hui, les physiciens s'attendent à ce que toute symétrie soit rompue. Chaque fois que ce produit un événement ou qu'apparaît une structure, les symétries se détruisent.

Une autre façon de se représenter les symétries est d'imaginer une roulette de casino. La roulette forme un tout symétrique et contient un certain nombre (dans la nature, un nombre infini) d'alvéoles où la boule peut venir s'immobiliser. Chacune de ces alvéoles est une existence potentielle, et chacune a les mêmes chances de s'actualiser. Pourtant, la boule ne tombera que dans un seul trou. Le fait qu'une seule réalité puisse émerger d'une multitude de probabilités égales signifie que la symétrie doit toujours être rompue pour qu'un événement se produise.

Prigogine applique ce concept à la nature du temps. Alors que les équations de la nature sont temporellement symétriques, les processus réels ne le sont pas. Les structures dissipatives rompent la symétrie du temps de la même façon que l'apparition d'un électron rompt la symétrie de l'espace. Cette symétrie existe encore tandis que le système oscille sur le fil du rasoir au point de bifurcation — mais une fois que la structure dissipative s'est formée, elle ne suit qu'une seule direction. Puisque les structures dissipatives sont associées les unes aux autres (pensez à toutes celles qui sont associées dans votre corps), elles suivent une direction constante que nous, en tant qu'observateurs macroscopiques, appelons la direction du passé vers le futur. *

Ilya Prigogine

* Le lecteur peut comparer la notion d'association de structures dissipatives à la tentative faite par Bohm de recourir aux référentiels spatio-temporels de Lorentz (p. 58) pour montrer comment les événements s'associent pour créer un ordre explicite. Rappelez-vous l'exemple des horloges interconnectées.

Pour Prigogine, le temps irréversible n'est donc pas une illusion produite par l'épaississement de la texture de la matière, un effet de nivellement, pas plus qu'une particule n'est une illusion — ou bien tous deux le sont. Plus exactement, le temps irréversible résulte de la rupture de symétrie du temps réversible causée par les processus macroscopiques réels. Dans ses équations thermodynamiques, Prigogine introduit ce qu'il appelle un « opérateur de temps », T, qui correspond au « temps historique », c'est-à-dire au temps interne ou âge d'un système, exprimant l'écoulement unidirectionnel du temps. Il y a là une similitude intéressante avec le concept du temps selon Bohm.

Pour Bohm, il pourrait y avoir différents ordres de temps, chacun se désenfouissant à un rythme différent qui ne serait pas nécessairement le même que celui du temps dévidé par une horloge. Pour Prigogine, pareillement, chaque structure dissipative a son ordre de temps particulier, T. La durée de vie d'une mouche qui ne vit qu'un jour humain possède son temps propre. La comparer à la durée de vie humaine serait une erreur. Chacune est une durée de vie, chacune se déroule dans un temps différent, un T différent. Selon lui, le temps mesuré par une horloge est une sorte de T moyen établi par nous en tant qu'observateurs.

Prigogine traite ensuite du temps réversible, t, utilisé par les physiciens dans les équations de la physique classique et de la mécanique quantique comme un simple paramètre lié au mouvement des particules. En établissant une distinction entre T et t, il peut montrer que le problème du chat de Schrödinger qui a tant chagriné les physiciens résulte en fait d'une confusion entre le temps historique, notre temps (T), et le mouvement abstrait des possibilités (t). Le paramètre t des équations de la mécanique quantique décrit le mouvement de la fonction d'onde à mesure qu'elle « s'écoule » symétriquement hors du noyau. L'expérience effective qu'observent les scientifiques, cependant, a lieu dans la symétrie rompue du temps irréversible T. Pour Prigogine, il n'existe pas de chats multiples à divers degrés de vie ou de mort. Il affirme que l'état de vie ou de mort ne fait son apparition sur la scène que lorsqu'on introduit le temps T. Celui-ci apparaît avec une structure dissipative. Dans l'expérience du chat de Schrödinger, il y a deux structures dissipatives, le chat et l'expérimentateur qui ouvre la boîte. Chacune d'elles rompt la symétrie du temps. Jusqu'à ce point, les physiciens ne parlent pas d'événements réels, mais de symétries dans les lois de la nature. Dans les symétries rompues du monde réel, le chat doit être vivant ou mort.

Selon Prigogine, les lois de la structure dissipative sont aussi fondamentales que n'importe quelles lois de la nature. Ce sont les lois qui donnent forme non seulement à l'espace, mais au temps. Elles font passer l'univers « de l'être au devenir ». Nous pourrions aussi l'exprimer d'autres façons : pour la structure dissipative, être *est* devenir *. Une structure dissipative n'émerge pas dans le temps, elle *est* le temps.

Malgré les profondes et nombreuses similitudes entre les façons dont Bohm et Prigogine traitent le temps, l'univers de Prigogine donne au temps une importance primordiale. Les lois du temps sont la clef par laquelle il montre qu'aucun niveau de réalité ne peut être considéré comme plus fondamental qu'un autre, qu'aucune hiérarchie ne peut exister. En attribuant à Prigogine le prix Nobel de chimie en 1977, le comité lui a rendu hommage pour avoir créé des théories qui comblaient le fossé entre diverses sciences — c'est-à-dire entre divers niveaux et réalités de la nature.

Autres éclosions

Au début des années 70, un théoricien biologiste chilien, Humberto Maturana, a élaboré un concept qu'il appelle « autopoïèse » (du grec signifiant « autoproduction ») pour décrire les systèmes vivants. Deux de ses compatriotes, Francisco Valera et Ricardo Uribe, ont approfondi l'idée de Maturana. Leur voyage vers le miroir les a entraînés par une voie différente dans le monde des structures dissipatives de Prigogine.

Ils comparent leurs « systèmes autopoïétiques », aux « systèmes allopoïétiques ». Ces derniers, votre voiture, par exemple, contiennent les mêmes molécules depuis la salle d'exposition jusqu'au dépotoir (sauf, bien sûr, quelques points de rouille inévitables). La voiture n'a pas non plus de problème d'identité. Ou plutôt, son problème est qu'elle n'a pas de problème parce que son identité lui est totalement donnée de l'extérieur. La voiture est seulement ce que vous et le constructeur la disent être et la façon dont on l'utilise, rien de plus.

Par contre, les structures autopoïétiques telles que le chien de la maison ou les plantes de la fenêtre changent continuellement de

* Prigogine va dans le même sens que Bohm, qui dit que dans l'ordre implicite-explicite, être est devenir — car dans cet ordre, l'être se désenfouit continuellement.

molécules tout en demeurant d'une certaine façon « les mêmes ». De telles structures ont leur propre raison d'être. Un fermier peut cultiver un champ de blé et le considérer de la même façon que l'automobile, comme ce pour quoi il va servir (farine, céréales) ; pourtant, l'identité de ces tiges dorées ondoyant dans le vent est entièrement indépendante des définitions humaines. Ces plantes établissent elles-mêmes leur identité de façon interne. Comment ? Quelle est cette identité autonome ?

Ce n'est manifestement pas la forme physique du blé, qui croît et change constamment. Une définition que donnerait une personne d'elle-même, par exemple, ne serait pas limitée à ses cellules. Des parties de son corps pourraient être paralysées ou amputées, et elle serait toujours « la même personne », dans son intégralité malgré la perte de certaines de ses parties. Qu'est donc cette personne ?

Les biologistes chiliens disent que l'identité de toute entité vivante vient de ses relations avec son milieu. Voilà qui peut sonner familièrement paradoxal. C'est le paradoxe de la structure dissipative revêtu d'un nouveau langage. Une tige de blé est autonome (séparée) ; son autonomie découle de son interdépendance avec son environnement.

Selon ces biologistes, la clef de ce paradoxe est la façon dont nous interprétons des mots comme « processus » et « relation ». Nous sommes tellement accoutumés à penser en termes de « choses » que ceci est peut-être difficile à saisir de prime abord, bien que Bohm nous ait habitués à rejeter notre croyance dans les « choses ». Dans ce contexte, c'est également important, car tout le paradigme de la structure dissipative a remplacé les « choses » par des « structures de processus ».

Les structures dissipatives ou autopoïétiques ne ressemblent pas à des engrenages tournant toujours de la même façon. Prenons l'exemple d'un plant de blé. Son identité est définie par un réseau enchevêtré de relations avec le soleil, l'air, le sol. Ces relations impliquent des réactions moléculaires complexes qui convertissent la matière et l'énergie d'une forme en une autre pour maintenir l'équilibre dynamique constituant la plante. Cet équilibre dynamique signifie que les divers processus qui se déroulent à l'intérieur du blé conservent les mêmes relations entre eux mais fluctuent constamment. Si le sol devient légèrement plus acide, les systèmes chimiques de la plante se modifieront pour compenser, et tout le reste du réseau (toutes les autres réactions chimiques que nous appelons la plante) s'ajusteront en conséquence. Pour l'exprimer d'une autre façon, même si une partie est perdue, l'identité sera maintenue — le réseau comblera le vide.

Les changements internes et externes peuvent être compensés parce que les relations du blé ne se font pas entre des parties séparées. Ce que nous appelons des « parties » sont en réalité différentes expressions d'un mouvement global *.

L'unique objectif de ce réseau mouvant est de se reproduire continuellement (de reproduire sa structure). Ce faisant, le réseau qui constitue la tige de blé donne une forme à l'espace et au temps. Dans cette perspective, la reproduction sexuée et la division cellulaire ne sont qu'un autre aspect de la tendance des structures autopoïétiques à se reconstituer constamment.

Les divers processus d'un système autopoïétique maintenant toujours entre eux la même relation dynamique, Maturana, Valera et Uribe définissent le système comme étant fermé, « étanche à l'information ». Nous voici de nouveau en présence du même paradoxe : d'un côté le système autopoïétique est un échange constant avec son environnement, de l'autre il est enfermé dans son ordre « étanche » particulier.

Erich Jantsch a ajouté un autre tour à ce paradoxe.

Jantsch était un scientifique doté d'un esprit encyclopédique. Avant sa mort, en 1980, il fut le principal synthétiseur des idées circulant autour du paradigme de la structure dissipative de Prigogine. Il a élargi le concept autopoïétique et l'a ajouté à la démarche de Prigogine. Il a défini l'autopoïèse comme l'état d'une structure dissipative une fois qu'elle a franchi l'agitation et les turbulences de l'enfance et de l'adolescence, et qu'elle a « établi » son identité dans le milieu hors d'équilibre. Il a appelé ces structures dissipatives devenues autopoïétiques des « structures auto-organisatrices ».

D'après Jantsch, les structures autopoïétiques auto-organisatrices maintiennent la forme de leurs processus en équilibrant constamment le besoin de se préserver des fluctuations avec celui de demeurer ouvertes à ces dernières. Chez l'être humain, par exemple, il observe que les processus de « niveau inférieur », comme la circulation sanguine et les activités chimiques de l'appareil digestif, sont assez routiniers et « fermés » aux fluctuations. Ils s'ajustent constamment pour maintenir l'équilibre, et si une personne absorbe quelque chose qu'elle n'aurait pas dû manger ou est piquée par une abeille, ces systèmes essaient (s'ils le peuvent) de rejeter ou d'amortir le nouvel apport. Les

* Le lecteur est peut être curieux de savoir comment les théories de la non-séparabilité expliquent les transplantations, les « greffes » d'organes. Ce sujet est abordé dans la quatrième partie, chapitre 14, p. 235.

systèmes de « niveau supérieur », comme le cerveau, sont par contre plus ouverts aux fluctuations. Ils s'efforcent également de maintenir un équilibre dynamique, mais le cerveau est naturellement plus instable. Dans le cerveau humain, par exemple, le tumulte des pensées peut engendrer d'importantes fluctuations (comme l'anxiété, l'espoir, les fantasmes) avant que ces pensées ne soient rejetées. Une pensée radicalement nouvelle peut ne pas être rejetée du tout, et provoquer même une telle fluctuation qu'elle transformera le cerveau en le dotant d'une nouvelle perception intuitive ou d'un nouveau sens du moi. (De telles transformations pourraient même entraîner des changements dans les processus de niveau inférieur. Des modifications de l'appareil circulatoire et des muscles peuvent résulter par exemple d'une nouvelle image de soi qui entraîne un régime diététique et des exercices.) Jantsch, qui était un théoricien de l'organisation autant qu'un scientifique, a relevé un corollaire de cette vision de la hiérarchie biologique qui incite à la réflexion : les organisations biologiques mettent l'innovation et la créativité au « sommet » de la hiérarchie (dans le cerveau), contrairement à la plupart des organisations humaines (comme les compagnies ou les nations), où la rigidité de la structure s'accroît en approchant du sommet.

Jantsch considérait les structures dissipatives de Prigogine comme des processus circulaires transformant constamment les nouveaux apports en quelque chose de familier afin de maintenir la pérennité de la structure. Sans l'apport constant du nouveau (nouvelle énergie, nouvelles pensées), une structure meurt. Un afflux nouveau trop important risquerait par contre de submerger et d'altérer radicalement le système. La structure existe donc sur le fil du rasoir de cet équilibre.

On dit que notre cerveau nous rend plus autonomes (plus « libres ») que d'autres êtres vivants. Nous ne sommes pas limités, par exemple, à vivre dans une forme unique de société à la façon des abeilles, des fourmis ou des lions ; nous pouvons vivre selon de nombreux modes différents, et même seuls dans une grotte. Le cerveau qui nous permet cette remarquable autonomie est cependant plus ouvert aux fluctuations, et donc plus instable, plus imprévisible, que d'autres éléments de nous-mêmes (ou que d'autres êtres vivants). L'ouverture aux fluctuations entraîne également une relation plus étroite, plus intime, avec le flux de l'environnement. Jantsch découvrit ainsi qu'une plus grande autonomie est paradoxalement liée à une plus grande instabilité, ou ouverture, qui élargit et dégage les voies de communication entre ce qui est « à l'intérieur » et ce qui est « à l'extérieur » de la structure. (A un autre niveau, bien sûr, la structure n'a de toute façon ni intérieur ni extérieur, puisque c'est un flux constant de processus.)

A ce paradoxe de l'autonomie, on peut en ajouter un autre. Lewis Thomas, médecin et « observateur de biologie », a décrit éloquemment dans *Les Vies d'une cellule* comment, à l'instar du gâteau du Miroir d'Alice, chacun d'entre nous n'existe de façon autonome que dans le sens où nous sommes partagés !

> Il est facile de démontrer notre non-existence en tant qu'entités. Nous ne sommes pas constitués, comme nous l'avons toujours supposé, de paquets successivements enrichis de nos propres parties. Nous sommes partagés, loués, occupés. A l'intérieur de nos cellules résident les mitochondries qui en régissent le fonctionnement et fournissent l'énergie d'oxydation qui nous incite à nous efforcer d'améliorer chaque jour qui passe... Ce sont en fait de petits êtres séparés, la postérité coloniale de [...] bactéries probablement primitives qui s'introduisirent dans les précurseurs ancestraux de nos [...] cellules et y restèrent [...] avec leur ADN et leur ARN particuliers, tout à fait différents des nôtres... Mes centrioles, mes corpuscules basaux, et sans doute un tas d'autres petits êtres minuscules à l'œuvre à l'intérieur de mes cellules, chacun doté de son génome particulier, sont aussi étrangers, et aussi essentiels, que les pucerons dans les fourmilières. Mes cellules ne sont plus les entités de pure race de mon enfance ; ce sont des écosystèmes plus complexes que Jamaica Bay [44].

L'explication de Jantsch selon laquelle nous n'avons pas d'existence séparée dans notre autonomie fait monter les enjeux encore plus haut. Un diagramme permettrait sans doute d'appréhender plus aisément cette idée.

Représentons par un carré la structure auto-organisatrice (ou dissipative, ou autopoïétique) qu'est Jean Dupont. M. Dupont est autonome. En dépit de ce qu'on peut dire de lui, il est sa propre raison d'être. Jean, cependant, est littéralement composé de milliers d'autres autonomies de formes et de tailles diverses, telles que celles décrites par Thomas. Il y a aussi le pouls, les ondes électriques, celles du cerveau et des muscles, et la digestion. Chacun de ces systèmes fonctionne avec une relative indépendance. Mais ce n'est pas tout.

Jean est composé de systèmes qui s'étendent hors de son corps physique. Il travaille pour une compagnie, habite dans une ville, et fait partie d'une culture. Chacune de ces entités, selon Jantsch et Prigogine, est une structure dissipative autopoïétique, auto-organisatrice. Elle est née de fluctuations, croît et maintient sa forme dynamique par un échange d'énergie et une dispersion d'entropie constants.

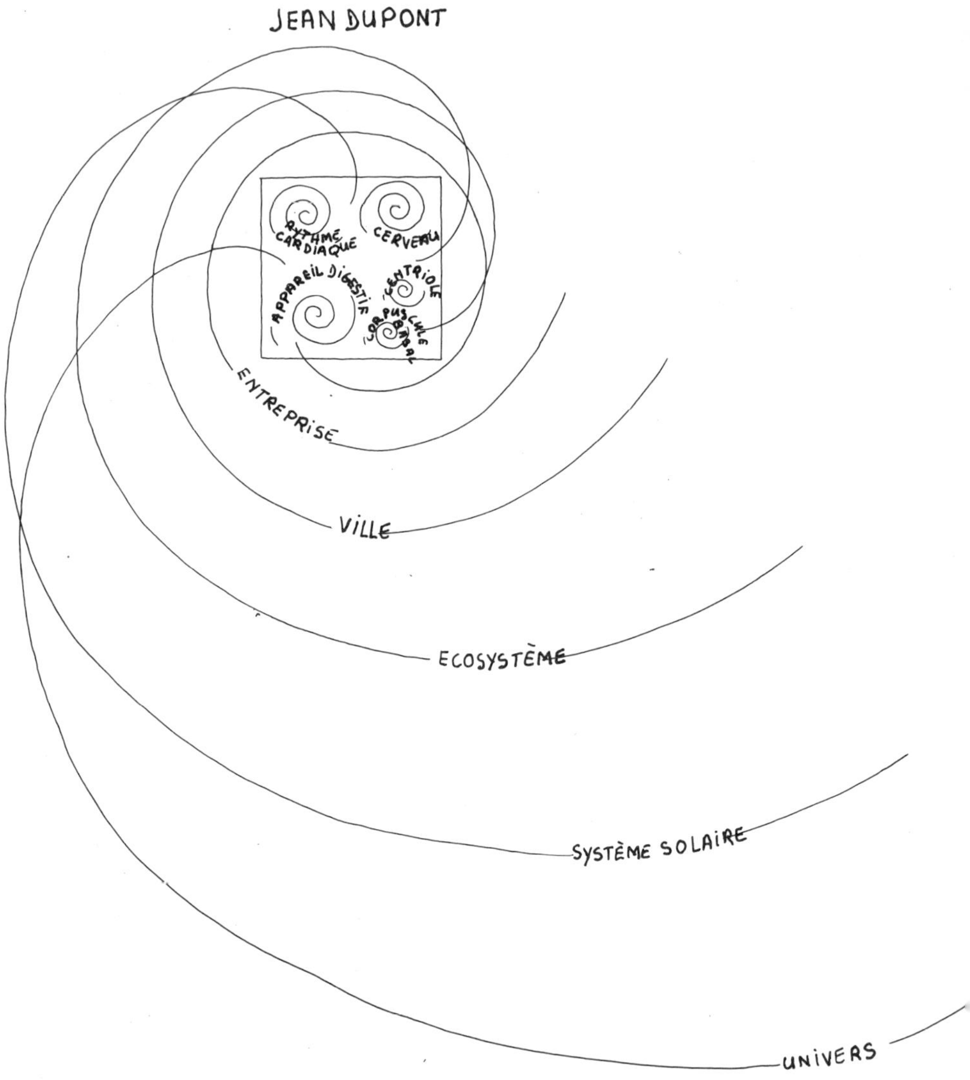

Et finalement, bien sûr, Jean fait partie d'une structure beaucoup plus vaste, l'écosystème planétaire et, au-delà, du système solaire, de la galaxie et de l'univers — dont chacun est une structure dissipative. Dans certaines de ces structures, Jean transforme le flux d'énergie en ce qu'on appelle Jean. Dans d'autres, il est lui-même un aspect fluide de l'échange d'énergie de structures plus vastes — sa compagnie, la ville, sa famille, sa culture, sa religion. L'image présentée par le diagramme est extrêmement simplifiée. Tout, rappelez-vous, est *en mouvement*. La galaxie, la ville, la compagnie, et les cellules mêmes du corps de Jean, sont sujets à un continuel échange d'énergie, comme l'eau s'écoulant à travers un tourbillon.

L'ordre de cet univers miroir n'est pas le même que dans le flot des configurations d'interférences du miroir holographique de Bohm. En y regardant de plus près, cependant, il n'en est peut-être pas réellement très différent. Ici aussi, on a le sentiment d'un mouvement de flux dans lequel chaque structure dissipative est étroitement liée à d'autres, de même que les observateurs à l'observé.

Prigogine et ses collègues nous ont entraînés de la physique thermodynamique, en passant par la chimie, au cœur de la biologie. Nous examinerons maintenant les conséquences potentielles impressionnantes du paradigme de la structure dissipative sur ce qui est sans conteste la théorie centrale de la biologie : l'évolution.

11.

ÉVOLUTION MIROIR

La plupart des écoliers connaissent les principes fondamentaux de la théorie de l'évolution proposée en 1858 par Charles Darwin et Alfred Russel Wallace, et codifiée par Darwin l'année suivante avec la publication de son ouvrage monumental sur l'*Origine des espèces.* Wallace et Darwin n'étaient pas les premiers à dire que les espèces évoluent constamment, mais ils ont offert une explication si convaincante de la façon dont se produit cette évolution que leur thèse est demeurée incontestée depuis plus d'un siècle. La version actuelle, issue d'une synthèse effectuée des années 20 aux années 40 entre la théorie de l'évolution et celle de la génétique, est connue sous le nom de néo-darwinisme.

Selon le néo-darwinisme, les nouvelles formes biologiques qui apparaissent dans le cours de l'histoire résultent de la lutte pour la vie que livrent les individus. Dans ce combat survivent les plus rapides, les plus féroces, les plus rusés et, d'une manière générale, les plus « aptes » à se procurer de la nourriture et à se reproduire. La « sélection naturelle » ou, pour reprendre l'expression célèbre d'Alfred Lord Tennyson, la « nature rouge de dent et de griffe », élira les meilleurs. Bien que des espèces puissent demeurer inchangées durant des milliers ou des millions de générations, certains processus au niveau moléculaire de l'ADN font en sorte que des séries de mutations demeurent toujours présentes. La plupart de ces mutations ne sont pas prises en compte par la force de l'évolution tant que les espèces sont bien adaptées à leur niche écologique. Mais quand les choses commencent à changer — climat, végétation, autres espèces animales et ainsi de suite —, ces mutants accidentels peuvent s'adapter plus efficacement. Leurs gènes se propageront dans toute la population, parce que les individus qui en sont porteurs survivront et les transmettront à la génération suivante. Des espèces antérieurement florissantes peuvent se trouver alors mal adaptées et disparaître. Les changements continuels du milieu font que ce processus est constant. On suppose ainsi que lorsque les conditions ambiantes ont changé rapidement il y a soixante millions d'années, les dinosauriens, jusque-là admirablement acclimatés, se sont trouvés soudain mal adaptés à la nouvelle situation et ont disparu en très peu de temps. On dit que l'espèce humaine a survécu et prospéré, et virtuellement conquis la planète, parce que son cerveau lui procure une adaptabilité infinie aux conditions changeantes et lui permet dans certains cas de les contrôler.

C'est une théorie simple et élégante : des variations aléatoires sélectionnées pour la survie par une lutte constante pour l'existence dans un milieu changeant. Ce qu'on vint à connaître (injustement pour Wallace) sous le nom d'évolution darwinienne renversa la seule théorie concurrente, celle de Lamarck selon laquelle l'évolution se faisait par la transmission d'une génération à la suivante de ce que les individus biologiques apprenaient ou « acquéraient » dans leurs confrontations avec le milieu. Après la défaite du lamarckisme, le darwinisme, n'ayant plus de « concurrence » dans sa « lutte pour la survie », devint rapidement l'une des théories qui ont connu le plus de succès dans l'histoire de la science. Comme le dit un auteur à l'occasion du 125e anniversaire de l'*Origine des espèces* : « La théorie de Darwin est maintenant étayée par toutes les preuves disponibles, et sa vérité n'est mise en doute par aucun biologiste sérieux [18]. »

Les disciples de Kuhn relèveraient peut-être l'ironie involontaire de cette déclaration. Quelqu'un pourrait-il être considéré comme un « biologiste sérieux » s'il *mettait* en doute la théorie de Darwin ? Certes pas les créationnistes, qui ont fait observer que, après tout, l'évolution n'est « pas une certitude, mais seulement une théorie » pour justifier leur propre « théorie » fondée sur la Bible. Les hommes de science rejettent naturellement le créationnisme comme non scientifique. Kuhn a montré que, même si toute théorie scientifique n'est à long terme qu'une perspective et ne constitue pas la vérité absolue à propos de la nature, une théorie efficace doit fournir à la recherche une quantité suffisante d'énigmes. La théorie créationniste ne répond manifestement pas à ce critère.

Le succès de la théorie évolutionniste vient précisément de ce qu'elle *a* fourni tant d'énigmes. En les résolvant, les scientifiques ont pu établir des schémas complexes de relations entre les animaux et les plantes et élaborer des conjectures détaillées sur l'histoire de la planète depuis l'apparition des premières molécules de protéine jusqu'au développement d'animaux complexes. Des semences de cette théorie de l'évolution sont retombées dans d'autres disciplines et y ont pris racine. L'idée de Freud concernant les instincts primitifs, par exemple, a une origine darwinienne. Tout rival sérieux du néo-darwinisme devrait manifestement fournir des raisons d'une valeur impressionnante pour justifier l'abandon d'un paradigme aussi utile que répandu. Il n'est donc pas surprenant qu'aucun rival sérieux ne soit apparu.

Objections, néanmoins

Tous les scientifiques n'ont cependant pas toujours été pleinement satisfaits de la démarche néo-darwinienne.

Certaines des objections sont logiques. Le concept de la « survivance du plus apte » a été tourné en ridicule et qualifié de tautologie — comme revenant à dire que « les survivants survivent ». En observant une espèce qui a survécu, le théoricien évolutionniste dit qu'elle a dû survivre parce que sa forme lui procurait un avantage. Les scientifiques découvrent alors l'avantage de cette forme, ajoutant ainsi le poids d'une nouvelle évidence à la conviction que les espèces survivent en s'adaptant. Le raisonnement est circulaire et présume ce qu'il entend prouver.

Un autre problème surgit, assez bizarrement, de ce qui semblerait être l'aspect le plus évident de l'évolution — la supposition que la vie commence sous des formes simples et « progresse » dans le temps vers des formes « plus évoluées », l'être humain occupant actuellement l'échelon supérieur de cette hiérarchie. A l'échelle des espèces individuelles, la doctrine de la survivance du mieux adapté semble également impliquer un progrès. Seuls les « meilleurs » d'une espèce donnée survivent, la fine fleur de la moisson. Darwin lui-même soutenait le sens hiérarchique de l'évolution. Le co-fondateur de la théorie, Wallace, imaginait par contre une évolution non hiérarchique, un processus produisant perpétuellement des variétés et des espèces nouvelles dont aucun élément n'est plus élevé ou plus évolué que n'importe quel autre. L'écrivain Arnold Brackman fait observer que Wallace, dans ses carnets de voyage, appelle les habitants appartenant aux cultures de la jungle et des îles des « indigènes », alors que Darwin les appelle des « sauvages ». L'Angleterre victorienne eut beaucoup de mal à accepter l'idée que l'être humain a évolué de l'animal et n'est pas une création particulière de Dieu. La version de Darwin parvint du moins à préserver la conviction que l'homme était la forme de vie terrestre la plus élevée et, par implication, que l'Empire britannique était la civilisation la plus avancée. Ceci dut rendre la théorie un peu plus facile à avaler.

Mais cette vision de l'évolution comme une hiérarchie en progrès constant soulève certains problèmes. Qu'en dire par exemple si l'homme, parvenu soi-disant à la pointe de l'évolution, tombait de l'échelle par l'effet de sa propre violence en entraînant avec lui la plupart des échelons inférieurs (à l'exception de la blatte) ? Étions-nous vraiment les plus évolués ? La hiérarchie évolutive semble dépendre avant tout de notre inclination à nous considérer comme les créatures les plus avancées de la nature. Cette inclination entrave peut-être une appréciation non hiérarchique de l'évolution. Il faut reconnaître que cette nouvelle perspective serait difficile à saisir, du fait que nous sommes si accoutumés aux idées de pouvoir, de supériorité et d'infériorité, de comparaison. Partout où se pose le regard, l'être humain a organisé le monde en hiérarchies et présumé que la plus grande valeur réside au sommet. La notion d'ordre non hiérarchique dans lequel aucun niveau n'est plus fondamental ni plus élevé que d'autres est presque aussi peu familière que celle de la non-séparabilité — *peut-être parce que la non-séparabilité elle-même est non hiérarchique.* Le sommet ne domine pas réellement le fond, le fond ne

Le paysage épigénétique

progresse pas réellement vers le sommet. Nous avons vu comment Prigogine et Bohm tendaient tous deux vers cette conclusion.

Les difficultés mentionnées plus haut à propos du néo-darwinisme sont logiques et philosophiques. Il existe également des difficultés croissantes d'ordre pratique. Certaines d'entre elles concernent le fait que la théorie considère l'ADN comme le mécanisme majeur de la stabilité et de la transformation évolutives. La plupart des biologistes pensent que virtuellement tout ce qui concerne la forme et le comportement d'un organisme pourra s'expliquer quand on comprendra le rôle des gènes individuels et des mutations de ces gènes. Les biologistes ont donc été assez déconcertés en découvrant récemment que l'ADN, dans les bactéries, quittait et regagnait les chromosomes, se dilatant et se contractant de telle sorte que, comme l'a publié la revue *New Scientist,* « notre concept même du gène est remis en question ». Comme l'exprime l'auteur scientifique Marilyn Ferguson, l'ADN est peut-être plus un « flux » qu'un « code » [54]. Albert Szent-Györgyi, prix Nobel et découvreur de la vitamine C, affirme que la cellule renvoie en fait des informations à l'ADN et modifie ses instructions. Des chercheurs ont montré que certains gènes pouvaient se convertir les uns en les autres. Si l'ADN n'est pas un code, mais un message fluide affecté par les choses mêmes qu'il est censé contrôler, les néo-darwiniens seront confrontés à des questions embarrassantes concernant le fonctionnement de la sélection naturelle. Comment les contraintes du milieu peuvent-elles sélectionner un gène au lieu d'un autre si ceux-ci sont en constante transformation ?

Un biologiste éminent, feu C.H. Waddington, estimait que la théorie génétique présente une image beaucoup trop mécanique et statique pour expliquer la stupéfiante complexité et la subtilité de la vie. Il lui reprochait de lier une trop grande part de l'évolution à l'ADN, alors qu'il y a trop peu de gènes pour rendre compte des centaines de traits caractéristiques manifestés par le plus simple des organismes. Ce problème devient particulièrement évident quand il s'agit d'expliquer comment l'ADN pourrait fournir toutes les instructions nécessaires au processus incroyablement complexe du développement d'un embryon, de la division de toutes les cellules et de leur acheminement aux endroits voulus. (Une théorie miroir concernant ce processus est exposée dans la quatrième partie.)

Selon Waddington, la forme définitive que prend un embryon à mesure qu'il se développe n'est pas seulement définie par un gabarit génétique. C'est un résultat de l'interaction des gènes avec le milieu. Il comparait le système vivant en cours de croissance à une rivière descendant vers la mer. Si on érige un barrage, elle trouve une nouvelle voie pour s'écouler. Pour illustrer ceci, il proposait une image qu'il a appelée « paysage épigénétique », un monde multidimensionnel de collines et de vallées.

Le paysage épigénétique représente à la fois l'organisme individuel et le milieu externe dans lequel il se développe. Considérons par exemple le développement d'un poisson. Dans le paysage épigénétique existent ce que Waddington appelle des « chréodes », des voies marquées par l'usage représentant les pistes génétiques suivies dans le passé par une espèce particulière de poisson. Quand l'œuf et la laitance se réunissent, le développement de l'organisme est mis en route comme une balle roulant sur une pente. La balle aura tendance à suivre les sentiers battus, l'histoire du passé génétique. Mais le paysage lui-même est en mouvement à la manière d'un océan, sous la forme changeante de prédateurs et de maladies. L'environnement bouscule la balle-poisson hors de sa chréode et l'oblige à faire un détour. Pour rétablir son équilibre énergétique interne, la balle-poisson réagit et finit quand même par atteindre son but. Le résultat final en est un poisson individuel de l'espèce. Waddington souligne alors le fait que ce développement individuel a subtilement changé le paysage, subtilement marqué l'empreinte du détour. Si un nombre suffisant d'embryons sont poussés par les circonstances à faire le même détour dans leur propre structure génétique, ce détour peut devenir une déviation formelle pour l'espèce. De cette façon, structure génétique et environnement exercent des pressions réciproques pour créer des types évolutifs à la fois stables et constamment changeants.

Un biologiste de Harvard, Stephen Jay Gould, et son collaborateur Niles Eldredge se penchent sur d'autres problèmes pratiques liés au néo-darwinisme. Gould, en particulier, a contesté avec force et précision plusieurs aspects importants du paradigme évolutionniste actuel.

Les biologistes n'ont jamais assisté à la création d'une espèce entièrement nouvelle, bien qu'on ait observé l'évolution de nombreuses variétés et que certaines aient été créées par des éleveurs de plantes et d'animaux. L'exemple le plus connu d'apparition naturelle d'une variété ayant fait l'objet d'une observation scientifique est celle du géomètre du bouleau ; en moins d'un siècle, ce papillon a développé une coloration foncée qui le protège quand il se pose sur les troncs d'arbres noircis par les suies industrielles. Selon les néo-darwinistes, l'évolution d'une espèce nouvelle se fait par accumulation graduelle de petites adaptations de ce genre jusqu'à ce qu'une variété finisse par

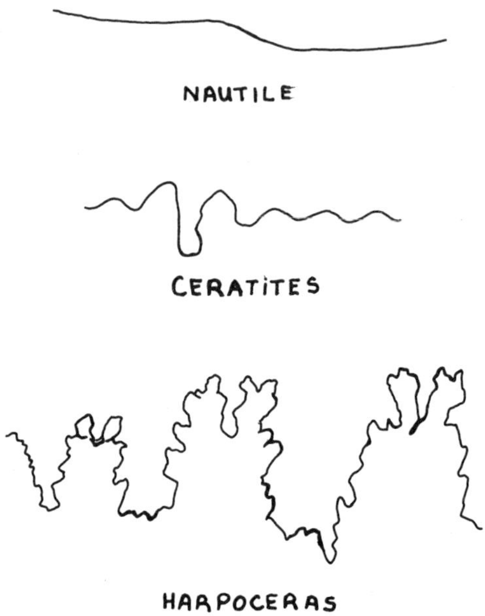

Sutures d'escargots marins. Le nautile est l'espèce la plus ancienne, l'harpoceras la plus récente.

se distinguer à un tel point qu'elle ne puisse plus s'apparier avec d'autres variétés issues de la même souche.

Gould et Eldredge, cependant, font observer que les témoignages fossiles n'offrent pas en fait l'image d'une évolution graduelle. Les traces géologiques montrent au contraire que quand une espèce disparaît, elle a à peu près le même aspect que quand elle était apparue. Il y a des maillons manquants entre les espèces. L'impossibilité de trouver ces maillons manquants est quelque peu embarrassante pour les paléontologues. Gould appelle cela « le secret de fabrication ». L'image présentée par les témoignages géologiques est effectivement celle d'apparitions « soudaines », en quelques milliers d'années (ce qui est soudain à l'échelle du temps géologique), de nouvelles espèces qui émergent entièrement formées dans la réalité. Notre propre espèce, l'*Homo sapiens* au cerveau volumineux, a pratiquement surgi du néant entre plusieurs autres hominidés. Les efforts mis en œuvre pour ordonner les ossements de ces hominidés selon une séquence progressive ont échoué. Il y a trop de lacunes, et il est clair que certains d'entre eux constituaient des évolutions parallèles, non des ancêtres de l'homme moderne. Gould et Eldredge appellent leur théorie de l'apparition soudaine des espèces l'évolution « ponctuationnelle ».

Les deux chercheurs ont également relevé d'autres indications montrant que l'évolution doit se produire par sauts discontinus. De nombreux organismes possèdent des traits qui n'auraient pas pu évoluer un par un en réaction à une pression du milieu. Pour voler, un oiseau a besoin d'une ossature légère et d'une paire d'ailes. Les ailes à elles seules ne suffiraient pas, non plus que le squelette léger. Ni l'un ni l'autre de ces deux traits n'offrirait seul un avantage pour la survie. Pour que des organismes changent leur nature et leur fonction, de nombreux traits doivent évoluer ensemble. Cela suppose une extraordinaire coordination génétique. La mutation aléatoire d'un gène çà et là ne pourrait accomplir une telle transformation.

En outre, Gould et Eldredge ne pensent pas que tous les traits d'une espèce peuvent s'expliquer par l'adaptation. Les deux scientifiques proposent d'aborder le problème de l'adaptation sous un autre angle.

Selon le néo-darwinisme orthodoxe, si les grands changements se produisent par l'accumulation de petites modifications, toute différence entre une espèce et une autre devrait pouvoir s'expliquer comme étant une adaptation. Or ce n'est pas le cas. Gould, qui est obsédé par l'étude des escargots et encombre son bureau de leurs coquilles, montre une lignée d'escargots marins pour illustrer son raisonnement. Les espèces les plus anciennes de cette lignée ont des coquilles à sutures simples. Des espèces plus récentes présentent des sutures aux configurations très complexes. Gould dit que les évolutionnistes ont donné toutes sortes d'explications contradictoires et peu satisfaisantes pour démontrer que les sutures complexes sont mieux adaptées, et donc « évoluées ». De l'avis de Gould, les sutures n'ont peut-être rien à voir avec l'adaptation, mais seraient des aspects de la structure globale apparue lorsque la nouvelle espèce a effectué son saut vers une plus grande complexité.

On a critiqué Gould et Eldredge pour n'avoir pas expliqué de manière adéquate comment se produisaient ces bonds soudains d'une espèce à la suivante. Les critiques accusent « l'équilibre ponctué » (nom officiel donné par les deux scientifiques à leur théorie) d'être trop mystérieux. Le paradigme de la structure dissipative pourrait expliquer comment et pourquoi se produisent ces sauts relativement soudains et spontanés *. Du point de vue des défenseurs de la struc-

* Dans le cas considéré, on peut penser d'abord que l'évolution observée correspond à une série fractale (au sens de Benoit Mandelbrot) et ensuite qu'elle améliore de façon sensible la résistance mécanique des coquilles. Une série fractale, tout en étant mathématiquement continue, présente de telles discontinuités de forme. (Note de Gérard Klein, éditeur.)

ture dissipative, cependant, le mot « équilibre » figurant dans le nom de la théorie est mal venu. Dans un univers à structure dissipative, l'évolution ne peut pas s'installer et des structures autopoïétiques ne pourraient exister dans un état d'équilibre. Mais ces restrictions paraissent plus sémantiques que pragmatiques. Il semble que Gould et Eldredge aient utilisé le mot « équilibre » pour décrire la façon dont une espèce peut demeurer inchangée pendant longtemps. Dans ce contexte, l'équilibre semble s'apparenter à l'autopoïèse, la stabilité relative d'une structure dissipative une fois qu'elle s'est formée.

Gould et Eldredge proposent également de traiter les espèces en tant qu'individus, au sein de groupes plus larges tels que les familles et les embranchements. L'ensemble de l'espèce *Homo sapiens* serait ainsi considéré comme une entité, de la même façon que Jean Dupont est une entité. Gould dit que les lois qui guident l'évolution de l'entité *Homo sapiens* sont différentes de celles qui affectent Jean et Jeanne Dupont. En d'autres termes, il y a différents niveaux d'évolution, aucun niveau n'est fondamental, et un niveau n'obéit pas aux mêmes lois qu'un autre, bien que les processus agissant à chaque niveau (individu, espèce, famille, embranchement) interagissent dans le cadre d'un réseau global de relations. Ici aussi, l'équilibre ponctué ressemble à la démarche de Prigogine. Gould et Eldredge, cependant, conservent le trait principal de la théorie darwinienne : la compétition pour la survie.

Avant d'examiner la façon dont un homme de science a appliqué en profondeur la théorie de Prigogine à l'évolution et remis en question la primauté même de l'axiome concernant la compétition, une mise en garde s'impose. Comme pour la mécanique quantique, la majorité écrasante des scientifiques est tout à fait satisfaite du néo-darwinisme. Des milliers de biologistes l'appliquent avec succès aux énigmes de leur domaine d'activité. Pour eux, il n'y a pas de crise de paradigme, loin de là.

Co-évolution — nous y sommes tous impliqués

Erich Jantsch a commencé sa carrière professionnelle dans sa ville natale de Vienne en tant qu'astrophysicien, mais il s'intéressait déjà à un large éventail d'activités. Il étudiait la poésie anglaise, était un musicologue accompli, critique de théâtre, ingénieur, homme d'affaires, futurologue et conseiller en prospective technologique auprès de nombreux gouvernements.

Durant ses dernières années, il consacra son temps à la « théorie des systèmes », un concept magistral formulé par Ludwig von Bertalanffy dans la première partie de ce siècle. Von Bertalanffy s'intéressait à la façon dont les formes biologiques s'organisent pour se sustenter dans leur milieu. Il développa dans sa théorie la notion de systèmes non mécaniques ouverts interagissant continuellement avec leur environnement. Il étudia également les relations étroites existant entre les hiérarchies, et la façon dont évolue une complexité nouvelle. Bien que ce ne fût pas en soi une démarche miroir, elle a eu un impact majeur sur la pensée miroir. Le dernier projet important de Jantsch fut une synthèse de la théorie de Prigogine avec la théorie des systèmes de Bertalanffy, ainsi qu'avec la physique, la neurophysiologie, l'urbanisme, et une multitude d'autres disciplines.

Son entreprise monumentale produit actuellement un changement de structure — une évolution miroir qu'il a appelée « co-évolution ».

La co-évolution est une application de la structure dissipative à l'origine des espèces. Elle considère le néo-darwinisme comme une représentation restreinte de la façon dont les formes biologiques changent. Elle ne nie pas l'adaptation ni la lutte des individus pour la survie, mais les rejette en tant que force motrice globale du développement de nouvelles formes de vie.

L'anthropologue Gregory Bateson a décrit un jour l'évolution comme une progression depuis des organismes tels que les bactéries, qui sont des « ajusteurs » capables d'accorder leur corps à la température changeante du milieu ambiant, aux « régulateurs » qui ont développé des mécanismes complexes pour maintenir constante leur propre température, puis aux « extra-régulateurs », comme les humains, qui ont besoin d'un milieu artificiel pour maintenir une gamme très étroite de températures. Dans la perspective couramment admise de l'évolution, chaque niveau de cette progression est tenu pour un pas vers l'adaptation. L'est-il vraiment ? Le fait curieux est que l'être humain, sous certains rapports, n'est pas aussi bien adapté que les bactéries. Jantsch a fait remarquer avec à-propos : si le principe de l'évolution est l'adaptation, pourquoi les organismes sont-ils devenus continuellement plus complexes ? N'oubliez pas que la complexité humaine, qui vous rend extrêmement adaptable en un certain sens, vous rend également aussi délicat qu'un mécanisme de haute technologie. Si vous vivez sous des latitudes septentrionales, pensez à tout ce qu'il vous en a coûté pour vous maintenir au chaud l'hiver dernier. Une bactérie ne grelotte jamais. Comme le dit Jantsch : « Les formes de vie les plus anciennes étaient de loin les mieux adaptées. *Si l'évolution avait pour principe l'adaptation et l'accroissement des chances de survie, comme on l'a souvent prétendu, le développement d'organismes plus complexes aurait été dénué de sens, ou même préjudiciable* » (souligné par l'auteur)[23].

L'évolution darwinienne met l'accent sur l'adaptation à la compétition. Par contraste, la co-évolution parle de coopération évolutive — une coopération d'un type tout à fait remarquable.

Le fondement de la co-évolution est simple : *le développement de structures dans ce qu'on appelle la micro-évolution reflète le développement de structures au niveau de la macro-évolution, et vice versa. Les microstructures et les macrostructures évoluent ensemble comme un tout.*

Pour comprendre ce qu'on entend ici par « micro » et « macro », imaginez un rapport de grandeurs applicable à différentes échelles. Par exemple, un rapport de 1 000/1 appliqué aux insectes peut signifier qu'un gyrin est 1 000 fois plus gros qu'un puceron. On peut appeler l'un un macro-insecte et l'autre un micro-insecte. Si nous prenons la cellule pour macrostructure, les molécules seront alors la microstructure. Si le macro est l'espèce, le micro est l'individu au sein de l'espèce. Si le micro est un embranchement, le macro pourrait être l'écosystème.

Dans le cadre de la co-évolution, les changements qui se produisent à micro-échelle provoquent immédiatement des changements à macro-échelle et inversement. Aucun ne « cause » réellement l'autre dans le sens habituel. La micro-évolution ne s'accumule pas par étapes pour créer une macro-évolution, pas plus que ce ne sont de vastes changements des macrostructures qui provoquent une réaction du micromonde. Chaque niveau est lié aux autres par des mécanismes complexes de rétroaction. Ils se causent mutuellement et simultanément. En fait, il n'y a pas de niveaux. Ils sont tous une même structure dissipative — un gâteau du miroir évolutif. Pour citer Jantsch : « L'application unilatérale du principe darwinien de la sélection naturelle engendre fréquemment l'image d'une évolution “ aveugle ” produisant toutes sortes d'absurdités et filtrant ce qui a un sens en mettant ses produits à l'épreuve du milieu ambiant. Comme si ce milieu n'était pas lui-même sujet à évolution[23]. » Jantsch avait découvert une démarche « bilatérale ».

Nous avons déjà noté que, pour Prigogine et ses collaborateurs, le

Erich Jantsch

passage des structures dissipatives inanimées aux structures dissipatives animées (ce que les scientifiques chiliens appellent des structures autopoïétiques) est naturel et inévitable ; ce n'est pas l'« accident » ou le hasard que présume la biologie orthodoxe. De l'avis des évolutionnistes du miroir, dans les conditions hors d'équilibre qui régnaient à l'origine de la Terre — alors un chaudron bouillonnant de gaz et de réactions chimiques —, les structures dissipatives abondaient. Dans ces dernières, pour emprunter l'expression de Bohm, la vie était partout implicite. Très tôt après que la Terre se fut formée et eut commencé à se refroidir apparurent des « structures de matière » chimiques telles que la réaction de Belouzov-Zhabotinsky. Certaines réactions chimiques autocatalytiques étaient capables de se reproduire en se copiant à l'aide de molécules gabarits. Il pouvait leur arriver de passer des erreurs de transcription à la génération suivante, et ces « mutations » chimiques ont permis aux structures de matière de s'engager dans une sorte d'évolution.

Les théoriciens du miroir estiment que, plutôt que de se concurrencer mutuellement pour survivre, ces structures chimiques de matière évoluèrent en fait vers une sorte de coopération. Elles partageaient en s'interpénétrant des informations concernant leur nature chimique, et ces échanges coopératifs aboutirent à la formation de structures chimiques contenant de l'acide nucléique (finalement l'ADN), et à la première apparition de formes « vivantes ».

Les premières microstructures non vivantes, ou pas-tout-à-fait-vivantes, coopéraient plutôt qu'elles ne rivalisaient parce qu'elles faisaient partie d'une très grande macrostructure dissipative qui était le système chimique de la Terre entière.

Lewis Thomas a remarqué que la Terre vue de l'espace ressemble à une cellule isolée, et elle fonctionne en fait d'une manière tout à fait analogue à celle d'un organisme unicellulaire. De même, la Terre à son origine était comparable à une gigantesque réaction chimique, qui régularisait son activité au moyen de divers processus autocatalytiques provoqués par les fluctuations planétaires de l'air et de l'océan. A mesure que ces microstructures dissipatives furent soumises à d'autres fluctuations intenses, elles se restructurèrent avec une complexité croissante pour aboutir finalement à ce que nous appellerions la vie. En évoluant, elles modifièrent la chimie du macro-écosystème (la Terre tout entière), dont l'évolution résultante entraîna d'autres fluctuations différentes qui firent à leur tour apparaître de nouvelles microstructures dissipatives. On ne peut demander par où le processus a commencé. Micro et macro-phénomènes se sont engendrés mutuellement, comme les réflexions dans une galerie de miroirs.

Telle est la signification de la co-évolution. Une structure n'apparaît pas de façon isolée au niveau macro ou microscopique ; c'est un phénomène né d'un milieu où tout affecte tout le reste, comme dans l'holomouvement de Bohm. La co-évolution est la description d'un développement holistique, et non de l'interaction de parties séparées. En fait, les défenseurs de la structure dissipative utilisent le mot « développement » dans un sens tout à fait bohmien (« désenfouissement »).

Un peu plus tard dans l'histoire de la Terre s'est produit un autre développement de la co-évolution. A cette époque, les ancêtres des bactéries actuelles nageaient dans les océans et flottaient dans les lacs d'eau douce. Une bactérie est un organisme unicellulaire sans noyau, qui ne se reproduit pas en transférant un matériau génétique à la génération suivante comme le font par exemple nos cellules. Parmi les bactéries, il n'y a ni pères ni mères qui transmettent leur héritage. Il y a seulement une suite interminable de frères et de sœurs, ou plutôt de « frœurs » (ou de « sères », si vous préférez) parce que les bactéries n'ont normalement pas de sexe.

Au lieu de mourir, la cellule bactérienne se divise en faisant une copie de son ADN. Comme pour les photocopieuses de haute qualité, il est impossible de distinguer le double de l'original, bien qu'il arrive parfois au processus de se dérégler et d'entraîner des erreurs de transcription. En outre, les bactéries disposent de plusieurs moyens pour échanger des matériaux génétiques, sans que cette opération produise une cellule nouvelle. On n'y distingue pas d'espèces au sens propre, car il n'y a aucune restriction de fécondité permettant de séparer différents types bactériens. Différentes variétés peuvent se développer dans des situations isolées, mais une variété peut toujours recevoir des informations génétiques d'une autre variété. La nouvelle technologie génétique, en plein essor, fait usage de cette particularité pour façonner de nouvelles formes de vie bactérienne sur mesure. En fait, les bactéries dans leur ensemble constituent un gigantesque réservoir génétique dans lequel leurs différents types peuvent puiser les informations dont ils ont besoin pour se transformer lors de changements de situation. Les mutations (erreurs de transcription) préjudiciables à la survie sont éliminées parce que les porteurs de ces erreurs disparaissent avant d'avoir pu les échanger avec beaucoup de leurs semblables. D'autres « erreurs » sont conservées et deviennent part d'un fonds génétique distribué à un grand nombre d'individus et disponible pour toute éventualité.

Avec les bactéries primitives apparaît un nouveau niveau de co-évolution. Ici, le « macrosystème » est la totalité des bactéries, et le « microsystème » chaque bactérie individuelle. Selon les paroles de Jantsch : « L'évolution de cette totalité (le macrosystème) fournit seulement une possibilité de développement pour les bactéries individuelles, et les mutations qui se produisent lors de ce développement (du microsystème) maintiennent la vie et la dynamique du système global [23]. » En d'autres termes, l'individu et le groupe existent par développement (désenfouissement) réciproque.

Un peu plus tard, la co-évolution passa à une autre phase de complexité. Là, selon Jantsch, l'évolution holistique fit une chose parfaitement invraisemblable, aussi invraisemblable que la non-localité des événements quantiques. La non-localité est un étrange effet de l'*espace* holistique. Jantsch a mis au jour un étrange effet du *temps* holistique.

Pour autant que le sachent les scientifiques, seules les cellules eucaryotes consommatrices d'oxygène peuvent former des tissus et s'unir les unes aux autres pour créer les organismes multicellulaires. A l'époque de la dominance des bactéries sur la Terre, il n'y avait pas d'oxygène libre. Certaines d'entre elles réagirent aux fluctuations de leur macrosystème génétique (le réservoir génétique) et aux fluctuations du macrosystème plus vaste de la Terre en se restructurant selon des formes capables de photosynthèse. Pendant quelque 2 000 millions d'années, les bactéries photosynthétiques accomplirent la tâche énorme consistant à transformer totalement l'atmosphère terrestre. Selon Jantsch, la façon dont elles procédèrent laisse supposer une clairvoyance et un altruisme pour le moins curieux.

Tout d'abord, les bactéries n'avaient pas besoin d'effectuer cette transformation pour s'adapter au milieu sans oxygène dans lequel elles vivaient à l'époque. Elles étaient déjà bien adaptées à cet environnement (aujourd'hui encore, certaines bactéries peuvent survivre dans des lieux dépourvus d'oxygène tels que la boue ou notre intestin). Le principal avantage de cette évolution semble résider dans le fait que la présence d'oxygène libre multiplie par quinze le rendement des bactéries pour la transformation métabolique du glucose. Mais cette amélioration du rendement ne peut s'accomplir qu'*après* l'apparition d'oxygène libre. Tel est le problème. Comment les bactéries pouvaient-elles « savoir » qu'elles deviendraient plus efficaces si elles œuvraient toutes ensemble pour produire une quantité suffisante d'oxygène libre afin qu'un grand nombre d'entre elles pussent ensuite en profiter (en changeant une étape de leur métabolisme) ? Ceci n'est que le début du mystère.

Le rendement maximal des bactéries utilisant de l'oxygène libre est atteint quand la concentration de ce dernier s'établit à 10 pour 100. Si l'adaptation est le critère, pourquoi les premières bactéries photosynthétiques persévérèrent-elles jusqu'à produire une atmosphère contenant deux fois cette proportion d'oxygène libre ? Cela revenait à *réduire* leur propre rendement. Pourtant, cette activité contraire à l'adaptation créa précisément les conditions nécessaires au développement d'organismes consommateurs d'oxygène, dotés de noyaux cellulaires et de reproduction sexuée. L'atmosphère ainsi créée était donc fortuite et convenait, non pas aux bactéries elles-mêmes, mais à la Terre dans son ensemble et à sa future évolution. Cela laisse supposer que les bactéries n'agissaient pas de façon à optimiser leur survie, mais obéissaient à un processus plus profond — capable de sauter le temps pour « anticiper » ce qui serait nécessaire au désenfouissement futur de l'évolution.

A grande échelle, les bactéries remplissaient par ce processus une fonction analogue à celle de la phase autocatalytique observée dans la réaction de Belousov-Zhabotinsky. A un moment crucial de l'évolution, elles entamèrent un cycle autour duquel se mit à tourner la structure dissipative même de l'écosystème terrestre, et elles continuent d'agir en tant que catalyseurs et stabilisateurs pour la structure fluide de la planète dans son ensemble. Une nouvelle théorie explique la façon dont les bactéries accomplissent cette tâche.

L'écosystème terrestre est traditionnellement considéré comme statique, en état d'équilibre : l'atmosphère y a une proportion d'environ 21 pour 100 d'oxygène pour 79 pour 100 d'azote, avec d'autres gaz à l'état de traces. Une théorie appelée hypothèse Gaia (d'après le nom de la Terre en tant que mère universelle dans la mythologie grecque), proposée par le microbiologiste américain Lynn Margulis et le chimiste anglais James Lovelock, affirme que cette notion d'équilibre est inexacte. Ils font observer qu'aucun des gaz de l'atmosphère ne parvient jamais à établir un état d'équilibre, car les organismes vivants sont perpétuellement en train de les dissocier et de les recréer. Il y a un flux constant de l'atmosphère à la vie, puis de la vie à l'atmosphère, de sorte que certains gaz (tels que l'ammoniac) existent en proportion beaucoup plus élevée que dans un système dont les particules se radomiseraient lentement en glissant vers un état d'équilibre.

Le système gaïen (terrestre), y compris les formes de vie, a été comparé à une baignoire dans laquelle entrerait continuellement une quantité d'eau égale à celle qui en sort par le tuyau de vidange. Mais l'image est trop mécanique. Le système gaïen est une structure autopoïétique (ou auto-organisatrice) géante pareille à un organisme vivant, contenant des états de non-équilibre qui favorisent l'émergence de nouvelles microstructures auto-organisatrices. Ceci est une vue d'en haut — depuis le niveau macroscopique vers le niveau microscopique.

Nous pouvons également le considérer dans l'autre sens : les bactéries photosynthétiques primitives ont joué un rôle crucial dans la création du système gaïen, et les bactéries actuelles continuent à jouer le même rôle. Le lichen, par exemple, est une algue bactérienne unicellulaire vivant en symbiose avec un champignon. L'algue et le champignon, qui en d'autres circonstances existeraient séparément, se combinent pour former une association. L'algue fournit la photosynthèse, et le champignon apporte l'eau, le gaz carbonique, et une prise solide. Cette association transforme la structure d'équilibre du roc en terre et en minéraux qui entrent à leur tour dans le cycle de non-équilibre de la vie, et deviennent vie sous forme de plantes. Les bactéries sont également présentes dans presque toutes les cellules des organismes complexes tels que notre corps. Là, elles existent sous forme de centrioles et de corpuscules basaux, des entités autonomes qui contribuent à assurer un flux constant de gaz et de matière au sein du système gaïen.

Le cycle va et vient, donc, du microscopique au macroscopique. Des microstructures bactériennes auto-organisatrices transforment la planète en une énorme macrostructure auto-organisatrice qui, à son tour, engendre des fluctuations encourageant l'apparition et le maintien de microstructures auto-organisatrices. Il n'est pas étonnant que les co-évolutionnistes qualifient d'unilatéral le concept darwinien d'organismes luttant pour s'adapter à leur environnement.

Si la loi de l'évolution n'est pas l'adaptation des individus pour la survie, qu'est-elle ? De l'avis de Jantsch, la loi et l'objectif primordiaux de l'évolution sont la pénétrabilité, la contexture aérée d'un tissu de processus en expansion, holistique et multidimensionnel, élaboré dans toutes les directions par la co-évolution micro et macroscopique des systèmes. La raison d'être de ce tissu est ce que Jantsch appelait « l'extraordinaire intensification de la vie ».

Dans l'évolution miroir, l'extinction d'espèces ou d'écosystèmes n'est pas considérée comme le fait d'entités ne parvenant pas à s'adapter. Les espèces qui apparaissent et disparaissent sont des aspects du désenfouissement co-évolutif général. L'extinction de tout l'écosystème incluant la jungle et les dinosauriens fut un aspect crucial du désenfouissement des mammifères, puis de l'homme. En outre, depuis une centaine d'années, les résidus de cet écosystème disparu (le charbon et le pétrole) ont rendu possible un nouveau développement évolutif spectaculaire : la révolution industrielle. Tout au long du processus évolutif, les moments antérieurs semblent présupposer des moments à venir en adoptant des orientations qui faciliteront une croissance ultérieure. Ainsi, bien que certaines espèces puissent disparaître, l'évolution *dans son ensemble* s'étendra. Du point de vue co-évolutionniste, le passé et le présent semblent exister simultanément dans une réalité de dimension supérieure que nous appelons le futur. (Ceci ne rappelle-t-il pas l'aquarium d'ordre dimensionnel supérieur évoqué par Bohm ?)

Jantsch, cependant, n'a pas suggéré qu'un univers co-évolutif est un univers se développant selon un plan déterministe préordonné, ou selon un plan divin. Lui et Prigogine comparaient leur théorie à l'idée grecque du monde en tant qu'œuvre d'art, et l'opposaient au concept scientifique commun du monde en tant qu'automate. Une œuvre d'art est un ordre créatif. Pour Prigogine, ce qui se passe au point de bifurcation où se forment les structures dissipatives est l'instant créatif, un « principe d'incertitude » macroscopique équivalent au principe d'incertitude microscopique de Heisenberg. L'observateur doit accepter le fait qu'il n'a plus affaire à un ordre mécanique qui peut être totalement déterminé. Il vit dans un tout indéterminé qui existe au-delà de toute formulation de niveau particulier. De la sorte, l'univers est aussi libre de toute interprétation définitive que le sont une cantate de Bach ou un poème de Blake.

Il existe manifestement un large gouffre entre le concept d'une évolution coopérative dans le cadre du paradigme des structures dissipatives et la perspective mécaniste adoptée par la plupart des biologistes contemporains. Comme nous l'avons dit plus haut, les biologistes moléculaires orthodoxes croient que la forme adoptée par les organismes vivants est dictée par l'information des gènes. Pour le co-évolutionniste, la forme n'est ni donnée ni même dirigée par les gènes. L'existence et la forme d'un organisme (c'est-à-dire de l'organisme en tant que processus co-évolutif dissipatif) se développent en *se servant* de l'information génétique.

La question de savoir si l'esprit n'est rien d'autre qu'un cerveau plein d'impulsions électrochimiques ou s'il existe au-delà du cerveau se résout par un argument similaire : l'esprit est une structure de processus inextricablement mêlée à d'autres structures de processus et il englobe — mais n'est absolument pas limité par — les processus chimiques de notre cerveau.

Quand les bactéries ont commencé à produire de l'oxygène libre, elles ont créé un point de bifurcation aux fluctuations intenses qui a conduit à l'apparition de formes de vie aérobies et d'un nouveau niveau de complexité pour l'écosystème. D'après Jantsch et Prigogine, l'esprit humain, lui-même créé par les fluctuations co-évolutives du système gaïen, a provoqué un nouveau point de bifurcation planétaire. Le cerveau humain engendre d'énormes fluctuations en restructurant l'environnement terrestre. Il commence même à intervenir directement dans l'évolution en créant technologiquement de nouveaux types de vie.

Cela signifie-t-il que l'être humain, avec son esprit complexe, s'est hissé à un niveau supérieur à celui de la bactérie ? Pour Jantsch, la hiérarchie darwinienne est une perspective étroite fondée sur la croyance en un univers composé de parties séparées. Dans l'évolution coopérative, l'homme n'apparaît ni supérieur ni inférieur. Comme notre Jean Dupont imaginaire, nous sommes des structures de processus existant à de nombreux niveaux de micro-évolution (y compris les bactéries), mais aussi à divers niveaux de macro-évolution (y compris le système gaïen). Nous ne pouvons être qualifiés de supérieurs que dans la mesure où nous sommes plus autonomes en tant qu'individus. Jantsch considérait l'accroissement d'autonomie individuelle comme l'ultime direction de la co-évolution — tenant compte sans doute du paradoxe qui fait que plus grande est l'autonomie d'une structure auto-organisatrice, plus cette dernière peut être extensivement distribuée.

De toute évidence, le concept d'évolution coopérative offre une explication de grande envergure, digne d'un changement de paradigme, des sauts discontinus de l'évolution — des raisons pour lesquelles des espèces demeurent inchangées pendant de longues périodes et divergent soudain en de nouvelles espèces, des raisons pour et par lesquelles les sutures des escargots de mer deviennent de plus en plus complexes. La co-évolution renverse le darwinisme en posant que les formes de vie ne sont pas créées morceau par morceau à la faveur de petits changements : ce sont des structures dissipatives surgissant spontanément et holistiquement du flux et du mouvement des processus micro et macroscopiques. La co-évolution explique la douceur de la baleine, la délicatesse du poisson tropical, les dessins colorés du papillon, et ne fait pas de la curiosité de l'esprit humain une simple réaction aux exigences de la survie, mais le jeu créatif et la nécessité coopérative de tout un univers en évolution.

L'univers vivant

Dans son ouvrage labyrinthique, *L'Univers auto-organisateur,* Jantsch retrace la co-évolution depuis les premières années de la planète jusqu'à nos jours, faisant apparaître une complexité en perpétuelle expansion de formes qui s'interpénètrent pour créer l'ensemble de la Terre, selon une expression de Thomas, en tant que « cellule unitaire ». Il applique également la théorie de la co-évolution à la formation des galaxies et des systèmes stellaires, et à la création de l'univers lui-même. Enfin, décrivant l'univers comme une structure dissipative cosmique, il ferme la boucle du paradigme en contestant la conclusion fondamentale de la thermodynamique classique, selon laquelle l'univers s'épuise.

D'après Clausius et Boltzmann, l'entropie globale ne peut être réduite. Les structures dissipatives, ne l'oubliez pas, sont ainsi appelées parce qu'elles doivent dissiper d'énormes quantités d'entropie pour se maintenir en vie. Pour chaque gain de structure, le milieu

La nature recycle-t-elle l'entropie pour en tirer un nouvel ordre ?

ambiant doit payer par un accroissement correspondant de chaos. Mais ce n'est pas toujours certain.

Les lichens attaquent les structures d'équilibre du roc et les convertissent en situations hors d'équilibre qui donneront naissance à un nouvel ordre. Ce qui est entropie et déchet pour un système peut devenir nourriture pour un autre.

Jantsch, l'astrophysicien, a posé que le recyclage triomphe finalement du mouvement vers l'équilibre parce qu'il se produit à une échelle cosmique.

Les physiciens savent que l'univers se dilate depuis le big bang, l'explosion des forces nucléaires primitives. A leur avis, ou bien il continuera de se dilater à jamais, ou bien, à un certain point, la force de gravitation commencera à le faire se contracter, comme les parts d'un gâteau du miroir *.

* La découverte en 1983 d'énormes nuages de gaz flottant entre les galaxies, ce qu'on suppose être la « masse manquante » de l'univers, vient appuyer l'hypothèse que la force de gravitation se révélera en fin de compte assez puissante pour causer une contraction cosmique.

Cette dernière possibilité signifierait que l'univers n'est pas en cours d'épuisement. Il se dilate et se contracte comme un cœur battant. Jantsch a conjecturé que, lors de son retour de pulsation, il engendrera une nouvelle fluctuation, un nouveau micro-univers, une nouvelle explosion de non-équilibre donnant naissance à de nouvelles macro-structures dissipatives comme les galaxies, les planètes, les cellules. Dans le scénario de Jantsch, l'univers dans son ensemble est l'ultime structure dissipative — *se nourrissant de son propre milieu de non-équilibre.* « La vie n'apparaît plus comme un phénomène se développant au sein de l'univers — l'univers lui-même devient de plus en plus vivant [23]. »

A l'échelle cosmique d'un univers dissipatif se dilatant, puis se contractant, nous complétons le cycle — en revenant finalement au niveau le plus petit. En considérant ce niveau, un groupe de physiciens a formulé une théorie d'interaction subatomique qui reflète l'échelle cosmique de la co-évolution. Élaborée par Geoffrey Chew au début des années 60, la « Bootstrap theory », comme on l'appelle, se réfère aux caractéristiques miroir des particules et des quarks quand ils subissent une succession de divisions qui restituent des particules identiques. Le nom de la théorie (*bootstrap* = tirant de botte) fait allusion au baron von Munchhausen, conteur d'histoires invraisemblables du XVIIIe siècle, qui avait la réputation de pouvoir se soulever du sol en tirant sur ses lacets de chaussures. D'une manière analogue, les particules sont censées pouvoir s'auto-créer. (Voir illustration p. 215.)

Les défenseurs de cette théorie posent que chaque particule élémentaire est *constituée* de toutes les autres particules. Aucune particule n'est en réalité plus fondamentale ou élémentaire qu'aucune autre. En fait, ils ne considèrent pas les particules comme des objets séparés. Les entités que les autres physiciens classent sous le nom de particules sont traitées par les théoriciens du « lacet de chaussure » comme des états intermédiaires dans des réseaux ininterrompus de processus énergétiques. Au lieu d'essayer d'élaborer une démarche mathématique unique, comme le font les partisans de la grande unification, ils tentent de construire un certain nombre de modèles mathématiques se recouvrant pour créer un tissu de relations dont aucune n'est plus fondamentale qu'une autre.

Ce qu'il y a de fondamental dans l'univers de Prigogine, de Jantsch et des théoriciens du lacet de chaussure n'est donc pas l'individu, l'espèce, l'embranchement, la galaxie ou la particule élémentaire, c'est le tout. Pour eux, du microscopique au macroscopique et inversement, règne un processus global, fluide et spontané.

12.

QUELQUES QUESTIONS IMPLICITES ET DISSIPATIVES

Les considérations d'Ilya Prigogine sur la soudaine apparition d'un ordre collectif dans la thermodynamique du non-équilibre se sont étendues à de nombreux domaines. La mathématique des structures dissipatives a été appliquée au développement urbain et aux fluctuations des marchés financiers. Le ministère américain des Transports s'en sert pour prévoir les variations des flux de circulation. Les sociologues y font appel pour décrire les changements sociaux. Les psychologues commencent à considérer l'apparition soudaine d'états de conscience modifiés comme des formations dissipatives. Les chercheurs médicaux étudient la nature des fluctuations qui poussent les cellules « normales » d'un micro-cancer à se développer spontanément en un macro-cancer. Et Prigogine lui-même fait la navette entre son centre de l'université libre de Bruxelles et celui de l'université du Texas à Austin pour coordonner la recherche.

L'impact de l'aspect co-évolutif du paradigme ne s'est pas encore fait sentir, mais il pourrait modifier radicalement notre vision de la réalité. La théorie darwinienne a eu un effet profond sur la perception de la nature « animale » de l'homme. A la fin du XIXe siècle, on recourait au « darwinisme social » pour justifier des pratiques commerciales et industrielles impitoyables, et aujourd'hui encore une attitude fondée sur la « survie du plus apte » prévaut dans de nombreux secteurs de la société. A cet égard, on ne peut que s'interroger sur l'effet possible d'une théorie qui met en avant les aspects coopératifs de l'évolution et nous dépeint comme des participants intimement liés au destin de la nature dans son ensemble *.

* Il faut noter qu'il y a eu récemment une avalanche de théories nouvelles qui

Controverses à propos de termes et de conclusions

Détail ironique, des critiques ont reproché au paradigme de Prigogine d'aller précisément dans le sens contraire. Ce dernier soutient que la fluctuation conduit à des niveaux supérieurs de complexité. Cela implique-t-il que les fluctuations technologiques qui ont entraîné les souffrances de la révolution industrielle, les bouleversements économiques, les conflits sociaux, et même la guerre, puissent se justifier comme inévitables et finalement positives parce qu'elles font progresser l'évolution ? La manipulation technologique abusive de la nature est-elle un aspect inévitable de notre rôle dans la nouvelle évolution de la planète ? Le fait qu'une fluctuation relativement faible peut devenir un facteur prépondérant dans la création d'un nouveau système implique-t-il qu'une minorité d'humains créatifs soit susceptible de transformer la société en la faisant passer sur un plan supérieur ?

Jantsch, Prigogine et d'autres disciples de la théorie de la structure dissipative ont abouti à ces conclusions, bien que l'aspect illusoire en paraisse évident. La minorité créative qui transforme la société peut être constituée par les philosophes de Platon — ou ce peut être le parti nazi. Comme l'a fait remarquer Jantsch lui-même, la technologie s'immisce souvent dans la co-évolution en éliminant insidieusement toute innovation de certains systèmes naturels et en amenant ces derniers à un état d'équilibre. (Un exemple en est la culture surintensive qui finit par transformer les terres en désert.)

Il faut noter que la démarche de Bohm diffère ici substantiellement de celle des partisans de la structure dissipative. De son point de vue, par exemple, l'ingénierie génétique peut être ou ne pas être bénéfique, mais les humains ne pourront en juger tant qu'ils continueront à traiter l'univers en parties séparées. Mais que serait une technologie sans parties distinctes ? Une technologie holistique ? Cette idée même modifie le débat.

Si Bohm a une conscience aiguë des pièges du langage et du caractère subtil de la non-séparabilité, c'est parce qu'il a toujours considéré que les questions physiques et métaphysiques ne pouvaient pas être

---

évoquent étrangement les idées de Jantsch. L'une, par exemple, avance que l'écologie dans son ensemble utilise l'être humain pour subsister, un peu de la même façon que l'intestin utilise les bactéries pour la digestion.

séparées. Au contraire, le paradigme de Prigogine est né presque exclusivement de tentatives visant à résoudre des problèmes scientifiques particuliers, et les questions métaphysiques n'ont été soulevées qu'accessoirement, à la suite de ses découvertes.

Certains critiques de la théorie de la structure dissipative, tout en reconnaissant que le raisonnement mathématique de Prigogine est peut-être inattaquable, reprochent à certains termes du paradigme (en particulier dans la version de Jantsch) d'être trop vagues. Des mots comme « supérieur » et « inférieur », « complexité » et « niveaux » comportent un lourd bagage de connotations courantes qui peuvent aisément obscurcir le contexte dans lequel ils sont utilisés par la théorie. Dans ce contexte, ils ne peuvent être que des termes très relatifs. La complexité, par exemple, n'est pas nécessairement un niveau « supérieur » d'évolution. Dans le domaine de la technologie, les premiers modèles de nouveaux appareils sont souvent complexes et encombrants. Les versions plus avancées (ou évoluées) seront plus simples, plus élégantes. La complexité, comme les concepts d'adaptation et de hiérarchie, est affaire de jugement.

Plus grande encore est l'ambiguïté qui nimbe le terme capital de la théorie — « fluctuation ».

Il semble à première vue que la fluctuation de Prigogine — ce milieu ambiant qui engendre les structures dissipatives — soit équivalente à l'idée conventionnelle de pur hasard, de chaos primordial, d'où l'ordre surgirait spontanément et inexplicablement du désordre. C'est une idée qui, comme le dit Ferguson, « semble extravagante, comme celle de secouer une boîte pleine de mots pris au hasard, dont il sortirait une phrase intelligible [54] ».

Fluctuation, cependant, peut se rapprocher de flux, écoulement. Le paradigme de Bohm ne considère pas le flux comme aléatoire, mais comme émanant d'un ordre dimensionnel supérieur, un ordre caché. Jantsch demandait : « Que signifie " hasard " dans le contexte d'une évolution à niveaux multiples où chaque niveau fait entrer en jeu de nouveaux principes d'organisation ? Dans quelle mesure est aléatoire une fluctuation introduite dans un système par l'un de ses membres ou par un étranger si cet individu est lui-même le produit d'une longue chaîne évolutive [23] ? » Ce qui est fluctuation à un niveau est ordre à un autre niveau. Sur ce point, apparemment, Bohm et Jantsch sont d'accord.

Jantsch a également déclaré : « Il semble que nous confondons fréquemment indétermination et hasard. L'indétermination est la liberté disponible à chaque niveau qui, cependant, ne peut renier sa propre histoire. L'évolution est l'histoire d'une complexité en cours de désenfouissement, et non l'histoire de processus aléatoires... Rien n'est aléatoire, mais beaucoup est indéterminé et libre sous certaines limites [23]. » Comment quelque chose peut-il être à la fois libre et limité ? La réponse de Jantsch semble être une variante de celle de Bohm. Tous les processus étant liés les uns aux autres, il n'y a pas de bas ni de haut ; c'est le tout qui détermine ce qui se passe, et l'individu en sa liberté est un aspect du tout.

Un phénomène étrange contribue à montrer que la fluctuation liée à la structure dissipative n'est pas l'émergence aléatoire de l'ordre à partir du désordre : si une structure dissipative est contrainte de battre en retraite lors de son désenfouissement — s'il y a par exemple une réduction sensible de l'énergie dont elle a besoin pour se maintenir —, elle ne se désintègre pas chaotiquement. Elle suit une voie qui la ramène aux premières étapes de son évolution, presque comme si elle s'en « souvenait ». Relisez à l'envers les étapes de la réaction de Belousov-Zhabotinsky pour en trouver un exemple. Cela semble impliquer clairement l'enfouissement et le désenfouissement des couches d'un ordre caché. Encore un écho des idées de Bohm. Peut-être l'incertitude de la théorie pour ce qui est de savoir si fluctuation signifie hasard ou ordre caché est-elle un indice ; les scientifiques sont-ils au seuil d'une nouvelle appréhension du hasard, de quelque nouvelle manière de percevoir comment la fluctuation est à la fois hasard *et* ordre ? Pour l'instant, ceci n'est pas clair.

Le concept d'une « structure de processus » a également un caractère ambigu. Dans le paradigme de la structure dissipative, le processus remplace le concept traditionnel de « choses ». Le processus donne la priorité au temps plutôt qu'à l'espace, ce qui convient fort bien à un paradigme conférant une telle importance au temps. Mais le terme de processus peut encore impliquer l'idée de choses et de parties, non plus spatiales mais temporelles. Les partisans de la théorie ne sont pas toujours conscients des pièges cachés dans toute discussion opposant parties à totalité.

Réunion de paradigmes

Sous de multiples rapports, le paradigme de la structure dissipative et de la co-évolution semble parallèle, ou même convergent, à l'ordre implicite de Bohm. On ne peut que se demander s'il est possible de combiner en fait ces deux théories. Mais une telle spéculation est séduisante.

— L'apparition soudaine d'une structure dissipative à partir d'une fluctuation hors d'équilibre est-elle en fait l'image d'une forme implicite se désenfouissant d'une dimension dans une autre ?

— Quand une structure dissipative est soumise à une fluctuation intense, elle évolue spontanément vers un autre niveau de complexité. Cela pourrait-il indiquer qu'il existe un ordre inconnu (comme le prétend Bohm) dans des dimensions différentes, et que ces dimensions peuvent se désenfouir l'une après l'autre dans nos trois dimensions familières ? Quand une « réalité d'un ordre dimensionnel supérieur » se désenfouit dans nos trois dimensions, nous apparaît-elle comme un nouvel ordre doté d'une « plus grande complexité » ? C'est-à-dire, une « plus grande complexité » est-elle réellement la manière tridimensionnelle dont nous percevons un ordre de dimension supérieure ?

— La co-évolution des formes est-elle une loi de l'ordre implicite — une manière d'expliquer comment différents ensembles implicites s'affectent mutuellement de sorte qu'ils se désenfouissent nécessairement ensemble ?

— Prigogine affirme qu'aucune loi ou niveau de description n'est fondamental. Nous nous déplaçons d'un niveau à un autre, mais aucune loi d'ensemble (ce que Bohm appelle la loi de l'holonomie) n'englobe tous les niveaux. Cela signifie qu'il existe entre différents niveaux de description des discontinuités, comme celle qui sépare les lois réversibles concernant l'équation d'onde de Schrödinger des lois irréversibles régissant les chats et les observateurs humains. Ces « discontinuités » marquent-elles des « lieux » où l'ordre explicite d'un certain niveau s'enfouit en quelque sorte dans l'ordre implicite pour réapparaître comme ordre explicite à un autre niveau ? S'il en était ainsi, cela laisserait entendre que les divers niveaux d'ordre explicite (tels que le niveau de la particule et celui du chat) sont littéralement divisés et unis par l'ordre implicite. (Cela, bien sûr, expliquerait aussi comment l'implicite et l'explicite sont inextricablement enchevêtrés.)

— Le concept de subtotalités semi-autonomes posé par Bohm semble lié à celui d'autonomie avancé par les biologistes chiliens et par Jantsch dans la théorie de l'autopoïèse. L'autonomie des subtotalités (telles que nous) est-elle un destin paradoxal et un aspect inévitable du mouvement du tout ?

— Les « points de bifurcation » de Prigogine, où un système peut s'engager dans n'importe quelle direction, sont-ils des lieux où convergent différents ensembles implicites ? En d'autres termes, existe-t-il réellement aux points de bifurcation une unité sous-jacente entre plusieurs formes possibles, dont l'une seulement se désenfouira effectivement pour apparaître dans notre réalité tridimensionnelle (explicite) ?

— L'ordre du courant ouvert d'une structure dissipative émergeant du chaos ou d'une fluctuation unit cette structure à tout son environnement, et en fin de compte (selon la co-évolution) à l'apparition même d'autres structures dissipatives à d'autres niveaux macro et microscopiques. Cette idée peut-elle s'unifier avec le concept holographique de Bohm selon lequel tout « enveloppe » tout le reste ?

De telles conjectures à propos des points de contact entre ces deux paradigmes du miroir semblent tout à fait naturelles, et il est certain qu'on peut les rapprocher également de diverses autres façons. Un collègue de Bohm, Basil Hiley, a mentionné récemment une tentative effectuée pour corréler ou transformer les deux théories, peut-être en unissant les algèbres de Grassmann à la théorie des catastrophes de René Thom. La science du devenir de Prigogine, et l'intérêt de Bohm et de Hiley pour les algèbres du devenir laissent supposer qu'elles pourraient avoir un solide terrain d'entente.

Les apparences sont une chose, cependant, et les réalités de la science en sont une autre. Il est possible que les deux théories finissent par se combiner, mais des travaux ultérieurs peuvent révéler qu'elles sont à un niveau plus profond inconciliables.

Dans l'immédiat, nous devrons nous contenter de savourer ce que nous pourrons de ce gâteau du miroir au goût d'une richesse nouvelle. Nous devinons pour le moins qu'il contient des ingrédients familiers. Les théories des structures dissipatives et de la co-évolution dépeignent, comme le faisait l'ordre implicite, un univers holistique où tout affecte tout le reste — une réalité vivante, multidimensionnelle et créative où l'observateur est l'observé, où les lois de la nature évoluent, et où la totalité est un flux. Grâce à Ilya Prigogine et à ses collègues, nous avons pu observer une image nouvelle des tourbillons subits décrits par Bohm et nous avons suivi un nouveau chemin insolite jusqu'à la rivière intemporelle d'où ils surgissent. Mais nous n'avons pas encore fini de découvrir des chemins sur lesquels la non-séparabilité du miroir peut nous paraître insolite.

4

RUPERT SHELDRAKE
RECHERCHE DES FORMES CACHÉES

Bien que cela lui parût absurde,
Alice, très obéissante, se leva et fit circuler le plat...

13.

POURQUOI CETTE CELLULE EST-ELLE ICI, ET NON LÀ ?

Notre troisième expédition au miroir sera comparativement brève. Elle ne fait que commencer. Il n'est pas encore certain qu'elle découvrira ce qu'elle cherche, mais ce qu'elle cherche est clair : la preuve qu'il existe des formes cachées — des formes qui, bien qu'elles soient elles-mêmes au-delà du temps et de l'espace, façonnent notre monde spatio-temporel d'objets.

Le chef actuel de cette expédition, qui commence dans la biologie et s'étend à la physique, est un jeune biologiste anglais, Rupert Sheldrake. Son expédition pourrait, dans l'avenir, produire des résultats spectaculaires. Elle peut nous apporter une vision concrète de la façon dont une structure dissipative ou autopoïétique, une fois qu'elle a émergé, demeure stable à travers le temps durant des générations. Elle pourrait fournir une image de certaines des lois par lesquelles un ensemble implicite devient explicite, puis retourne à l'état implicite. Elle pourrait nous donner, en fait, une autre perspective du miroir. Mais elle peut aussi finir comme une simple note de bas de page dans les annales des théories scientifiques — en tant que conjecture extravagante qui n'a pas réussi à trouver l'appui des faits.

Les problèmes de la formation

Les questions auxquelles Rupert Sheldrake essaie de répondre par sa curieuse et audacieuse théorie sont celles de la « morphogenèse ». Le mot vient du grec *morphê* (forme), et *genesis* (naissance, génération) — la naissance de la forme, le processus par lequel les choses atteignent, maintiennent, et se transmettent leurs formes. Sheldrake

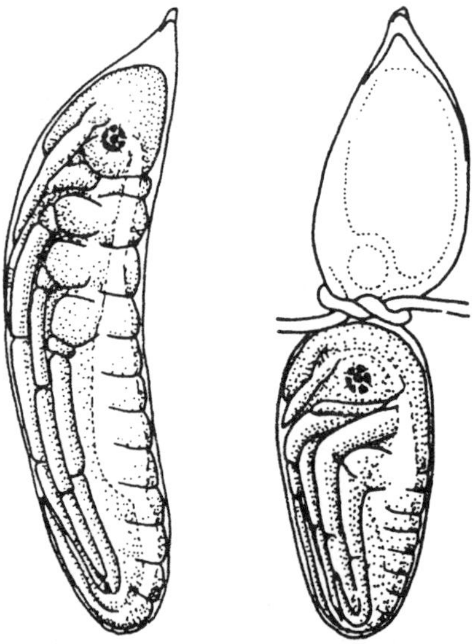

Ce dessin illustre la régulation. A gauche figure l'embryon d'une libellule normale. A droite, la moitié supérieure d'un œuf de libellule a été séparée par ligature. L'embryon a adapté son processus de formation à cette interférence de façon à se former entièrement, bien que sous une taille réduite, dans la partie inférieure.

s'est attaqué à six questions majeures concernant le développement de la forme.

La première est très ancienne, et peut se formuler telle qu'un enfant la poserait : « Comment ce tout petit gland peut-il devenir un chêne énorme ? » Si vous y réfléchissez, c'est une question assez remarquable. Comment n'importe quoi pousse-t-il ? Qu'est-ce qui dirige la transformation qui se produit quand une structure embryonnaire devient adulte ? Quand une chose croît, elle ne se contente pas de devenir plus grosse. Durant ses premiers jours, l'être humain est une boule de cellules qui se métamorphose peu à peu en une structure intriquée de membres, de poumons, de cerveau, de peau — toute la multitude des différents types de cellules qui constituent le corps d'un enfant. Et ce corps continue à changer même après la naissance. Comment une cellule de cette première boule de cellules a-t-elle pu se diviser comme elle l'a fait, prendre une certaine forme, et se rendre à un emplacement particulier parmi la confusion grouillante des autres cellules en train de se diviser ? Pourquoi cette cellule se trouve-t-elle ici, sur le bout du nez, et pas ailleurs ? Et comment, ailleurs, les cellules ont-elles su où *elles* devaient se trouver ? Comme l'a remarqué un jour un zoologiste : « La croissance et le développement de n'importe quel système vivant semblent être gouvernés par quelqu'un qui serait installé sur l'organisme et en dirigerait tout le processus vital. »

La seconde question concerne ce qu'on appelle la « régulation ». Qu'on enlève une partie d'un embryon ou qu'on lui ajoute quelque chose, l'organisme continue à développer une structure à peu près normale. Si l'une des deux premières cellules d'un embryon d'oursin est tuée, l'autre ne produit pas un demi-oursin, mais un oursin *entier,* bien que plus petit. Inversement, si les premières cellules de deux embryons d'oursins sont réunies, elles produiront un seul oursin géant, et non des jumeaux siamois. A mesure que les régions cellulaires se différencient, l'embryon perdra cette aptitude, mais l'existence de la régulation aux premiers stades laisse supposer que quelque chose dirige le processus. Il semble que l'organisme soit guidé vers son objectif morphologique — une entité complète et unitaire d'une certaine forme —, même quand les scientifiques interfèrent avec son développement en lui imposant des détours.

La troisième question est celle de la régénération. En classe de sciences naturelles, au lycée, vous avez peut-être assisté à la démonstration suivante : quand on découpe une planaire en plusieurs tronçons, non seulement elle ne meurt pas, mais chaque tronçon se régénère magiquement pour former un ver entier. Il est bien connu que certains nerfs du corps humain se régénèrent, de même que votre peau lorsque vous vous êtes écorché. A titre d'expérience, un chercheur a retiré chirurgicalement le cristallin de l'œil d'un triton d'une manière qui ne pourrait jamais se produire accidentellement dans la nature. Il a procédé ainsi pour écarter la possibilité d'une régénération obéissant à des instructions génétiques sélectionnées pour une adaptation aux exigences de l'environnement. C'est en effet l'explication courante donnée à la capacité de régénération et au fait que votre peau se reforme : la sélection naturelle a favorisé les individus qui avaient la faculté de guérir leurs blessures, assurant ainsi la transmission des gènes qui pouvaient commander ce processus. Mais le cas du triton pose un problème. Dans un embryon normal de triton, le cristallin se forme en se déployant à partir de la peau. Une fois le triton devenu adulte, cette voie de formation est bloquée. Dans le cas du triton opéré, le cristallin ne s'en est pas moins régénéré en se reformant à partir du bord de l'iris. L'organisme possédait donc un processus de formation capable de combler le manque. Comment est-ce possible ?

La quatrième question se rapporte à la reproduction. Comment deux parties — le spermatozoïde et l'ovule chez les humains — parviennent-elles à former un tout, dont la forme est totalement différente de celle de ses parties ?

La cinquième question étend le concept du développement des formes au-delà des processus qui *façonnent* la matière, pour y inclure ceux qui la *meuvent*. Sheldrake demande : comment les choses vivantes se meuvent-elles de telle ou telle façon ? Les plantes et les animaux ont des types de mouvements particuliers. Certaines plantes tropicales, par exemple, inclinent leurs feuilles pour les préserver de la chaleur torride du soleil équatorial. Les plantes situées à l'ombre font l'inverse, et s'orientent de façon à capter le maximum de lumière. Les animaux de toutes sortes ont des manières particulières de se nourrir. Il y a pour chaque espèce des mouvements typiques associés aux actes de reproduction et de croissance. Un point important de l'hypothèse de Sheldrake consiste à rapprocher les processus qui forment la matière de ceux qui la meuvent habituellement, en faisant intervenir le milieu ambiant.

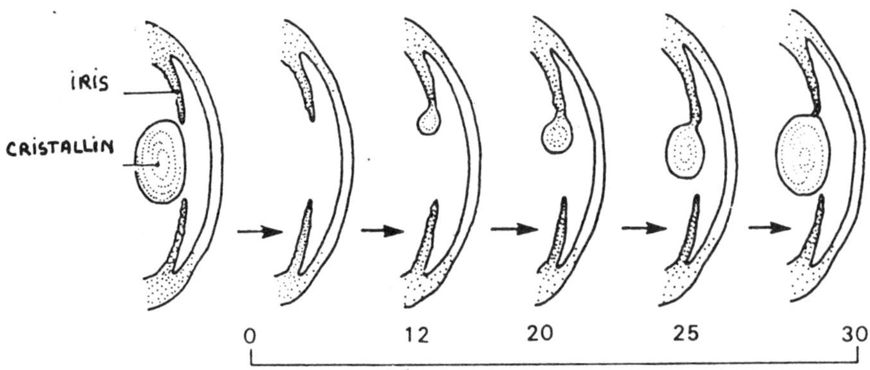

Nombre de jours après l'ablation du cristallin

Après l'ablation chirurgicale du cristallin original d'un œil de triton, un cristallin s'est régénéré à partir du bord de l'iris.

La sixième question est de nouveau celle d'un écolier : comment la girafe a-t-elle acquis son long cou ? Est-ce à force de le tendre pour manger les feuilles du sommet des arbres ? D'où le chameau tient-il les callosités de ses genoux, qui sont présentes même chez l'embryon ?

Ces dernières questions, bien sûr, sont celles-là mêmes auxquelles Darwin et Wallace avaient tenté de répondre par leur théorie de l'évolution. En fait, les néo-darwinistes pensent avoir les réponses à toutes les questions posées par Sheldrake.

Pour le biologiste néo-darwinien, la croissance de l'embryon est pareille à celle d'une automobile sur une chaîne de montage dirigée par ordinateur ; chaque partie se raccorde exactement à ses voisines comme l'a déterminé le programme informatique. Sur la chaîne d'assemblage biologique, ce programme est l'ADN, le plan qui régit les facteurs tels que la forme, l'instinct, la reproduction, la régulation ou la régénération. C'est l'ultime déterminant des processus de formation à tous les niveaux. Le milieu peut avoir des effets sur la taille finale d'un organisme ou provoquer des défectuosités dans son métabolisme, mais quel que soit le nombre de générations affectées de cette manière, le matériau génétique de chaque cellule ne change pas. Les formes nouvelles ne peuvent apparaître que par mutation aléatoire ou échange de séquences d'acides aminés dans la chaîne d'ADN. Peu importe le nombre de générations de chameaux qui se sont agenouillés dans le sable, jamais une callosité acquise ne sera transmise à la génération suivante. Les caractères acquis ne peuvent avoir absolument aucun effet sur la structure génétique des cellules. Assuré dans son paradigme, le biologiste conventionnel pourrait affirmer avec confiance que tous les processus sur lesquels Sheldrake s'interroge, en fait tous les aspects de l'être vivant, peuvent se réduire à un ensemble de réactions physiochimiques et rien de plus.

Tel est le message qu'avait reçu le jeune Rupert Sheldrake lorsqu'il était étudiant à l'université de Cambridge au début des années 60, et il s'était posé des questions. Le réductionnisme biologique expliquait évidemment beaucoup de choses concernant le monde des entités vivantes, mais, se demandait-il, cette description était-elle réellement complète ?

Alors qu'il était à Cambridge, Sheldrake se joignit à un groupe de scientifiques et de philosophes qui se rencontraient pour discuter et débattre diverses questions. En tant que membre de ce groupe, Sheldrake se vit attribuer le rôle de défenseur de la biologie orthodoxe. L'effort consistant à soutenir le néo-darwinisme contre les attaques d'esprits aiguisés renforça les soupçons qu'il entretenait à propos des faiblesses de la théorie.

Une faiblesse majeure, il s'en rendit compte, était l'affirmation selon laquelle l'ADN régit l'élaboration de la forme. Les biologistes pourraient trouver, ou espérer trouver, l'ultime atome (ou gène) déterminant de nombreuses caractéristiques des organismes vivants, mais trouveraient-ils jamais l'atome formateur ? Sheldrake jugeait cela peu probable. Toutes les cellules d'un organisme contenant exactement le même code d'ADN, il trouvait difficile de concevoir comment cette configuration identique pouvait enjoindre à une cellule d'être une cellule de cerveau, à une autre d'être une cellule de muscle, et diriger chacune d'elles vers un site particulier et aucun autre.

Une seconde faiblesse réside dans l'approche réductionniste de la forme : en l'état actuel des choses, les milliers de réactions chimiques associées qui fournissent de l'énergie à une cellule isolée dépassent de loin toute possibilité de solution mathématique, même en faisant appel à l'ordinateur le plus puissant. Pourtant, les biologistes moléculaires demeurent parfaitement assurés que ces solutions sont possibles. Sheldrake se rendit compte que même les solutions limitées qu'ils ont obtenues jusqu'ici comportent de nombreux facteurs arbitraires, et qu'elles ne sont pas tant des prédictions que des descriptions faites « après coup ». Les lois de la thermodynamique, par exemple, imposent à une molécule de prendre une forme qui requière pour son maintien une quantité minimale d'énergie. Quand les biologistes moléculaires élaborent des formules pour calculer la forme que doit adopter une molécule donnée, ils connaissent déjà cette forme et introduisent l'information correspondante dans les calculs. Cela rappelle les prévisionnistes de la météo, capables de décrire parfaitement un régime de vents et le temps qui en a résulté hier, mais qui semblent bien souvent confrontés à des variables cachées quand il s'agit de prévoir effectivement la tournure que prendront les choses.

La troisième faiblesse relevée par Sheldrake concerne une question désormais familière — l'adaptation. Les néo-darwinistes prétendent que la callosité du genou du chameau est une adaptation résultant de la sélection de quelque mutation aléatoire. Mais si on peut considérer une callosité du genou comme une commodité mineure, il est difficile d'y voir un avantage majeur dans la lutte pour la survie.

Les biologistes, comme Sheldrake avait pu le constater, tenaient pour article de foi que la forme finale d'un organisme et son fonctionnement pussent s'exprimer strictement en termes de réactions physio-chimiques génétiques. Il avait l'impression que les preuves susceptibles de justifier cette foi étaient plus minces que ne le supposaient les croyants. Il en conclut que les succès reconnus de la théorie biologique réductionniste occultaient le fait que de vastes zones d'ignorance étaient camouflées sous le dogme et l'espoir. A son avis, ses six questions concernant la morphogenèse n'étaient pas résolues par la théorie mécaniste de l'ADN, et il y avait peu de chances qu'elles le fussent jamais. Dans les équations de physique, tous les termes peuvent être explicités : masse, énergie, quantité de mouvement. Il n'en va pas de même pour la forme. Prenez un exemple simple : si vous brûlez une fleur jusqu'à la réduire en cendres, la masse et l'énergie sont conservées et peuvent s'exprimer dans les équations d'un physicien. Mais la forme n'est pas une qualité qui se conserve. Elle est tout simplement détruite. Où va-t-elle ? S'il n'y avait peut-être pas de crise de paradigme pour les biologistes en général, Sheldrake en devinait une pour les embryologistes. Ces derniers, qui traitent directement des problèmes de formation, sont en fait dans une impasse. Ils n'ont aucune théorie valable pour expliquer ce qu'ils voient se passer dans le plus simple des organismes — le miracle du développement et de la croissance.

Le concept du paysage épigénétique de Waddington apparut comme une aide possible, car il était moins mécaniste. D'un certain côté, pourtant, c'était en grande partie une refonte de notions antérieures, et il n'allait pas assez loin. Sheldrake se dit cependant que le modèle de Waddington fournissait un bon moyen de préciser le problème. Par exemple, la boule (l'organisme en développement) roulant dans sa chréode sur la pente du paysage est attirée par le futur, ou point terminal. Ce point terminal est la forme développée. Comment cette attraction du présent vers le futur se produit-elle ?

Au milieu des années 60, le jeune biologiste abandonna pendant un an ses travaux de recherche pour étudier la philosophie à Harvard. Durant cette période, il lut les écrits de Goethe sur la science et ceux d'Henri Bergson sur le vitalisme, et il se plongea dans les labyrinthes de la philosophie holistique d'Alfred North Whitehead en lisant *Processus et réalité.* Il se sentit particulièrement attiré par la position du vitalisme. Ce terme est associé à Bergson et à une école de philosophes des années 20. Bergson déclarait qu'il existe chez les entités biologiques une force ou *élan vital* qu'on ne peut quantifier. Les théories mécanistes, telles que le réductionnisme biologique dont nous avons parlé, affirment que tout peut en fin de compte être quantifié, alors que Bergson maintenait que la qualité devait être considérée comme irréductible à une quantité. Le débat entre les démarches mécaniste et vitaliste est ancien. Du côté vitaliste se sont rangés Pascal, Goethe et Bergson ; du côté mécaniste, Descartes, Newton et Darwin.

Il y a des siècles, ce que nous appelons maintenant la science était une branche de la philosophie, et il semble naturel, en temps de crise, que les hommes de science retournent à ces racines. Nous avons vu comment Heisenberg et Einstein avaient trouvé une assise dans des idées philosophiques qui les avaient guidés dans leur quête du contact avec la nature. Mais le message transmis par l'activité même de la philosophie est plus important qu'aucune idée philosophique particulière susceptible d'être adoptée par un scientifique. Malgré les différences importantes qui marquent leurs conclusions, tous les grands philosophes ont consenti à abandonner tout postulat préalable afin d'envisager les problèmes d'un œil neuf. Cette faculté a été le point de départ de toute idée philosophique majeure. Ainsi, bien que Sheldrake ait déclaré que cette réimmersion dans la pensée philosophique l'avait convaincu qu'il importait de tracer une ligne bien nette entre les concepts physiques et métaphysiques de la science, son étude l'avait préparé également à faire ce que les métaphysiciens comme les théoriciens scientifiques savent le mieux faire : repenser le problème depuis le début.

En 1974, après une période de recherche dans la biologie cellulaire en tant que Research Fellow de la Royal Society, il se rendit en Inde où il étudia la physiologie des cultures. Ses idées sur la formation des systèmes vivants s'étaient maintenant cristallisées ; vers la fin de la décennie, il se retira plusieurs mois dans un ashram chrétien du sud de l'Inde, où il écrivit *Une nouvelle science de la vie.*

Le mesurage des champs de la vie

Dans l'hypothèse qu'il a élaborée, Sheldrake pose l'existence d'un état de médiation entre l'ADN et les processus de formation d'un organisme. Ce médiateur est un ensemble complexe de champs cachés qui régissent toutes les étapes de la morphogenèse et les formes finales qu'adoptent les choses, y compris leur comportement. Il appelle cette perception intuitive des variables cachées de la formation « l'hypothèse de la causalité formatrice ».

Le concept de champ n'est pas en lui-même original. Bergson avait proposé l'*élan vital.* Le biologiste Hans Driesch avait affirmé que le destin de n'importe quel groupe de cellules dans un embryon était déterminé non seulement par les gènes, mais par un principe directeur, extérieur aux cellules, qu'il appelait une « entéléchie ». Plus récemment, on a parlé de prétendus champs « auriques » (de l'aura) perçus autour des formes vivantes par des individus doués de pouvoirs psychiques. Au cours des années 60 et 70, l'existence de ces champs parut acquérir une certaine légitimité scientifique avec la découverte de la photographie kirlienne, qui fait apparaître des rayonnements pareils à des flammes émanant des corps vivants. Les photographies kirliennes semblent révéler que ces champs se rétrécissent et disparaissent si, par exemple, une feuille est coupé et meurt. Plus tard, certains scientifiques ont rétorqué que les champs kirliens n'étaient que des effets produits par les dispositifs expérimentaux et les méthodes de photographie utilisés.

Une étude plus scientifiquement rigoureuse des champs des organismes vivants a été conduite par un biologiste de Yale, Harold Saxton Burr. A partir de 1935, et pendant près de quarante ans jusqu'à sa mort, Burr a étudié ce qu'il a appelé les « champs-L ». Au moyen d'un détecteur de voltage dont les électrodes n'entraînaient pas de chute de tension à la source, donc beaucoup plus sensible et moins perturbateur que les moyens habituels de détection, Burr a découvert que différents types d'organismes — arbres, moisissures limoneuses, êtres humains — avaient des configurations distinctes d'activité électrique. Son instrument lui a montré également que chaque individu possède des champs caractéristiques, des sortes d'« empreintes digitales » électriques. Toute perturbation de cette configuration particulière, affirmait-il, préfigure des événements qui se manifesteront dans la structure physique de l'organisme. Une variation de champ peut indiquer par exemple la croissance d'un cancer. (On affirme la même chose à propos des champs kirliens.) Chez les sujets humains, Burr s'aperçut que les variations de champ correspondaient à des changements d'humeur autant que de santé. Chez les femmes, il constata qu'on pouvait prédire le moment exact de l'ovulation d'après une variation de la tension du champ. Ses recherches lui permirent de vérifier que de nombreuses femmes ainsi examinées n'ovulaient pas au milieu de leur cycle menstruel, et la variation de voltage fut utilisée avec succès pour conseiller des femmes qu'on croyait stériles sur le moment le plus propice à la conception.

Burr découvrit aussi qu'il existe des champs et des variations de champ associés au déplacement d'un organisme dans le milieu ambiant. Il supposa que les champs-L gouvernant différentes parties d'un organisme ou différentes étapes du développement d'un embryon sont liés les uns aux autres selon une certaine hiérarchie et qu'ils sont à leur tour affectés par d'autres champs de l'environnement, y compris des champs très vastes tels que la gravitation et le rayonnement solaire. Ses recherches le convainquirent que les champs-L n'étaient pas simplement des effets résultant des changements qui se produisaient déjà au sein de la matière (comme une élévation importante de la température est la conséquence d'une maladie déjà présente), mais qu'ils pouvaient en fait causer eux-mêmes des changements. Il en conclut que les champs-L déterminaient, en même temps qu'ils étaient déterminés par, la matière biologique à laquelle ils étaient associés. Malgré un attachement rigoureux aux méthodes scientifiques reconnues, les travaux de Burr ne bénéficièrent pas d'une grande attention.

Plus récemment, on a rapporté que Robert Becker, à l'Upstate Medical Center de Syracuse, N.Y., avait démontré que les mammifères possédaient peut-être la faculté de régénérer leurs membres à condition que la zone de l'amputation soit stimulée par un courant électrique. Il a aussi découvert ce qu'il pense être la preuve de l'existence d'un « champ régulateur » biologique analogue aux champs utilisés pour stabiliser les circuits dans certains appareils électroniques transistorisés. Ces champs, précise Becker, ne sont pas à l'intérieur du système nerveux. Ils se situent quelque part à l'extérieur.

On ne sait pas avec certitude si les champs évoqués par Rupert Sheldrake ont un rapport avec les champs de Becker, les champ-L ou les champs kirliens, mais ses champs morphogènes ont théoriquement des propriétés similaires — et quelques autres assez surprenantes. Ce sont en particulier ces autres propriétés qui font de la théorie de Sheldrake une théorie du miroir.

14.

LES HABITUDES DE LA MATIÈRE

Comme Bohm, Prigogine, Jantsch et les partisans de la théorie du « lacet de soulier », Sheldrake se dit qu'il y avait des limites définies à l'approche mécaniste de la nature. Au-delà de ces limites, il se passe autre chose. Il pressentait qu'il devait exister quelques sortes de champs vitaux qui donnent aux êtres leur forme et leur mouvement. Mais il jugeait trop vagues et métaphysiques les théories de champs proposées par les vitalistes. Si, comme l'avait dit Bergson, de tels champs vitaux étaient qualitatifs, comment pouvait-on démontrer scientifiquement leur existence ? Des champs concrets comme ceux qu'avait découverts Burr posaient d'autres problèmes. D'où venaient-ils ? Étaient-ils héréditaires ? En ce cas, par quel processus ? Plus important, quelle pouvait être la relation entre ces champs et la matière ?

Une nouvelle théorie de champ

En formulant sa réponse à ces questions, Sheldrake franchit un pas audacieux vers le miroir. Il posa que ce n'est pas seulement la *vie* qui est guidée dans sa forme par des champs cachés, mais aussi le monde inanimé des cristaux, des molécules et des atomes. Comme les autres scientifiques du miroir, Sheldrake se rendit compte qu'il devait rejeter le postulat scientifique conventionnel selon lequel le monde de la matière inanimée évolue jusqu'à un certain point et s'anime soudain. Il dut reconnaître que ce que nous qualifions d'inanimé est également vivant dans un certain sens.

Ce pas franchi, Sheldrake put proposer l'existence de ses champs morphogènes — des champs cachés qui donnent à l'univers une forme et un mouvement réguliers. De la particule à la galaxie en passant par l'être humain, toute croissance et toute forme sont déterminées par l'action de champs morphogènes sur la matière. Ces champs servent de canal, ou de gabarit. La formation d'un atome à partir d'un noyau et d'électrons est guidée par un champ, la forme d'une molécule par un autre, la régulation d'une cellule par un autre encore. Chaque champ s'imbrique avec d'autres, et le champ d'une forme relativement importante orchestre les champs morphogènes des formes plus petites qu'elle englobe. Un être humain — atomes, molécules, tissus, organes, systèmes — est composé de milliards de champs, tous répondant à un ordre ascendant imbriqué jusqu'au champ global qui est l'individu.

Considérez un pissenlit poussant intempestivement sur votre pelouse. Sa forme et sa croissance ont été dirigées depuis la graine jusqu'à la fleur par un champ morphogène (en fait, un réseau de champs) spécifique de cette espèce de pissenlit. Et ce pissenlit particulier n'est pas le seul à être dirigé par le champ ; ce dernier guide également tous les autres pissenlits de la même espèce répartis sur la pelouse, et tous les autres membres de cette espèce de pissenlit partout dans le monde. Plus encore, ce champ a aussi gouverné tous les pissenlits apparentés depuis leur première apparition !

Les champs morphogènes de Sheldrake ne ressemblent à aucun champ jamais proposé par les biologistes ou découvert par les physiciens, car ils n'obéissent pas à nos lois spatio-temporelles courantes.

A première vue, ils peuvent évoquer les archétypes de Platon flottant dans un royaume éternel et abstrait. Platon avait posé que dans une dimension qu'il appelait « réalité » existaient des formes idéales, dont les aspects que nous voyons quotidiennement sont des copies (des copies imparfaites, malheureusement). Mais les champs de Sheldrake ne sont pas des gabarits impalpables qui impriment leurs formes éternelles dans la matière. Ce sont des champs miroirs. *Ils sont eux-mêmes formés par les choses mêmes qu'ils forment.*

Le champ morphogène d'une espèce de pissenlit ne demeure pas exactement le même dans le temps : il est continuellement et subtilement modifié par chaque pissenlit existant ou ayant jamais existé. L'expérience du pissenlit individuel à mesure qu'il se développe tout en étant soumis aux contraintes de son environnement est transmise au champ, lequel, à son tour, transmet la totalité de cette expérience à chaque pissenlit. L'adaptation à laquelle doit procéder une espèce pour survivre dans un certain milieu (telle que celle accomplie par le géomètre du bouleau pour compenser la pollution) modifie le champ et crée une tendance à des adaptations similaires dans une zone géographique entièrement distincte si le milieu y est du même type. Les néo-darwinistes répliqueraient évidemment que cette explication est superflue. Selon la théorie de l'évolution, les environnements similaires produisent naturellement des adaptations similaires. Oui, répond Sheldrake, mais les adaptations en des lieux distincts se produisent plus vite que si la mutation aléatoire et la sélection devaient reprendre depuis le début dans un autre site. Plus important est le nombre d'individus apparus dans une espèce ou dans une variété, plus le champ est renforcé. Le champ renforcé, à son tour, rend plus probable l'apparition de cette espèce ou de cette variété. Certains champs existent depuis si longtemps et ont été si souvent renforcés par les événements qu'ils sont effectivement invariants. A mesure qu'une quantité croissante d'énergie prenait la forme de l'atome d'hydrogène, par exemple, le champ de ce dernier se trouvait renforcé et, en retour, rendait plus probable l'apparition d'atomes d'hydrogène. Il est à présent si puissant que l'apparition d'atomes d'hydrogène est une loi de la nature et qu'il n'y a virtuellement aucune différence entre ses différents exemplaires. Ceci s'applique également à la liaison entre hydrogène et oxygène qui forme la molécule d'eau. Le champ de cette molécule est maintenant d'une telle force qu'il cause en permanence la formation de molécules d'eau dans tout l'univers.

Les champs de Sheldrake dépeignent un univers dans lequel les lois de la nature — comme celles qui forment les atomes et unissent les atomes dans les molécules — s'élaborent par accumulation. Ces lois sont en fait des habitudes, renforcées par la répétition. Comme d'autres scientifiques du miroir, bien qu'avec une nouvelle tournure, Sheldrake pense que les lois de la nature ne sont pas éternelles, mais qu'elles évoluent.

Ce processus par lequel des formes situées en des temps et des lieux différents s'affectent mutuellement par leur participation au champ, Sheldrake l'appelle « résonance morphique ». Imaginez qu'un certain nombre de cordes de violon soient tendues sur une planche et qu'on pince l'une d'elles. Si l'une des autres se trouve avoir exactement les mêmes caractéristiques de tension, de masse et de longueur, elle se mettra elle aussi à vibrer sans avoir été touchée. Les cordes qui sont « d'accord », ou vibrant à la même fréquence, se transmettront de l'énergie par résonance.

Sheldrake pense que les formes analogues résonnent et se renforcent mutuellement. Quand une variété de pissenlit prospère dans un certain environnement, elle engendre une vibration. Les pissenlits situés dans une région lointaine et soumis aux mêmes tensions génétiques et écologiques entreront en résonance. Plus forte sera la résonance, plus la vibration aura de chances d'être reprise par de nouvelles générations de pissenlits qui adopteront la même forme. Mais le mot « résonance » est employé ici métaphoriquement. Contrairement aux champs-L de Burr, les champs morphogènes de Sheldrake ne sont pas une transmission d'*énergie.* Ce ne sont pas des champs physiques. Ils existent dans une autre dimension, non physique. On ne peut pas les mesurer directement sur un cadran ou un compteur, bien que, nous le verrons, Sheldrake ait proposé pour les délecter des moyens qui pourraient conduire à des mesures indirectes. Contrairement aux champs physiques, ils ne diminuent pas avec la distance. Ils entrent dans le temps et sont affectés par le temps, mais une fois qu'un champ a commencé à exister, il ne meurt pas, même si les objets ou les êtres qu'il contribue à former viennent à disparaître.

La résonance morphique se produit quand un champ morphogène s'attache à une unité fondamentale telle qu'un atome, une molécule ou une cellule. Sheldrake appelle cette unité un « germe morphique ». Une fois attaché au germe morphique, le champ guide d'autres atomes, molécules ou cellules à leurs positions correctes ; ceci accompli, il a créé un nouveau germe plus complexe. Un champ « supérieur » s'attache à son tour à ce nouveau germe et entre en jeu jusqu'à ce que soit élaboré le champ global qui constitue la forme ou l'organisme. Dans le cas de formes biologiques, la succession de champs travaille *conjointement* avec l'ADN pour guider la croissance et la direction des cellules. Elle est comme un signal télévisé agissant sur le circuit d'un poste — les deux ensemble créant une forme animée. Dans le cas de formes inorganiques, les champs agissent de concert avec les forces et les propriétés de la matière. Une fois qu'une entité a atteint sa forme finale, le champ morphogène demeure en place et la stabilise contre les fluctuations de l'environnement *.

Ainsi, quand vous rencontrez un ami que vous n'avez pas vu depuis six mois, et malgré le fait qu'aucune de ses molécules n'est la même

---

* Un chercheur de Cambridge, Michael Bates, a récemment déclaré avoir découvert des cellules « de signalisation » qui dirigent les nerfs en cours de croissance vers leurs destinations respectives parmi les labyrinthes que forment les autres cellules. L'une des caractéristiques de ces « poteaux indicateurs » est que chacun d'eux n'attire le cône du nerf croissant que jusqu'à un certain point, après quoi un autre poteau indicateur doit prendre la relève. La description de Bates évoque le germe morphique de Sheldrake dirigeant la croissance jusqu'à un certain point, à partir duquel un nouveau germe reprend le processus.

que six mois plus tôt, son visage a conservé fondamentalement la même forme grâce à son champ morphogène.

Le champ morphogène, donc, contribue à remplacer les parties perdues (régénération), et dirige la croissance du gland pour qu'il devienne un chêne. En fait, son existence répondrait à toutes les questions de formation qu'avait posées Sheldrake. En ce qui concerne la régulation, par exemple, la disparition d'une cellule de l'embryon d'oursin n'empêchera pas ce dernier de devenir un oursin complet, quoique plus petit. Ceci est possible parce que le champ morphogène dirige le processus, le fait qu'il dispose de moins de matière n'ayant pour conséquence qu'une taille plus réduite. Dans la reproduction, le spermatozoïde et l'œuf créent un germe morphique auquel s'attache un champ qui entame alors le processus de développement d'un organisme.

Les champs morphogènes expliqueraient également pourquoi on peut « greffer » des organes. Comme l'a fait observer Bohm, l'explication courante de ce fait s'inspire (sous une forme subtile) de la philosophie selon laquelle l'univers est constitué de parties interchangeables — un corps humain n'est selon ce principe pas différent d'une voiture. L'hypothèse de Sheldrake offre une solution holistique. L'organe d'un autre individu, ou même un organe artificiel, peut s'intégrer à la fantastique complexité du corps parce que le champ morphogène (les champs imbriqués) contribue à combler les vides et à adoucir les transitions. Le champ est l'instrument de l'intégralité du corps. Il est à présumer que plus on aura effectué de transplantations, plus les corps seront prêts à accepter ces échanges, parce que le champ morphogène se sera modifié pour les « escompter ».

Sheldrake affirme que ces champs peuvent également expliquer les mouvements coutumiers. Il appelle les champs qui gouvernent le mouvement des « champs moteurs ».

Les mouvements animaux liés à l'alimentation, la reproduction, la croissance, la circulation sanguine, la digestion, etc., sont contrôlés par une hiérarchie de champs moteurs qui affectent également le comportement et l'instinct. Même les comportements animaux complexes, la communication et les interactions sociales sont contrôlés par des champs moteurs. Ceci est particulièrement troublant quand on en vient à l'organisation des fourmis, des abeilles, des guêpes et des termites, qui fait que des individus génétiquement identiques remplissent des rôles tout à fait différents. Le contrôle de cette société par un champ moteur expliquerait comment les insectes peuvent accomplir en parfaite coordination des tâches relativement nouvelles et changer de rôle au sein de la société en cas de besoin.

Dans *La Genèse africaine,* l'écrivain Robert Ardrey décrit une scène qui s'expliquerait parfaitement par l'existence de champs moteurs. Il s'agit du comportement d'une colonie de *flattid bugs*, lesquelles existent en différentes teintes ; la plupart sont corail, au moins une dans chaque portée d'œufs est verte, et plusieurs ont des teintes intermédiaires. La colonie se dispose en forme de fleur. « J'ai regardé de près », écrit Ardrey. « A l'extrémité de la fleur d'insectes pointait un bourgeon vert. Derrière lui se trouvaient une demi-douzaine de boutons partiellement mûrs qui ne montraient que des traces de corail. Derrière ces derniers se tenait sur la brindille le gros de la société des *flattid bugs ;* toutes avec des ailes de plus pur corail... » Son collègue, le célèbre anthropologue Louis Leakey, délogea la colonie avec un bâton, et les insectes voletèrent alentour. « Puis elles retournèrent sur leur ramille. Elles se posèrent sans ordre particulier, et la branche grouilla un moment de petits insectes qui se grimpaient les uns sur les autres dans un mouvement apparemment aléatoire... Bientôt, le calme se rétablit sur la branche et on put de nouveau contempler la fleur [1]. »

Si un intrus fait un trou dans le pot fabriqué par l'abeille maçonne, l'insecte le répare aussitôt. Ceci est en fait un « nouveau » comportement, car c'est une adaptation à des circonstances inhabituelles. Tout comme les champs qui guident la forme poussent l'organisme ou l'entité à compléter sa forme globale, les champs moteurs poussent l'abeille à l'achèvement de ses objectifs. Sheldrake considère la flexibilité comme un aspect de la non-séparabilité. Si une réaction nouvelle s'avère nécessaire, comme d'accepter un organe artificiel ou de réparer un dommage imprévu causé au nid, la non-séparabilité trouvera le moyen adéquat.

Selon la théorie biologique orthodoxe, le comportement est soit inné, soit acquis. Le comportement inné est scellé dans le code génétique, alors que le comportement acquis apparaît sous forme de subtiles modifications du système nerveux. Le comportement acquis ne peut jamais se transmettre à la progéniture, sinon par l'enseignement. Sheldrake bouscule cette distinction. Il considère le comportement comme émanant de trois causes : héritage génétique, champs morphogènes qui contrôlent le développement général du système nerveux, et champs moteurs qui modèlent les structures de comportement d'animaux similaires.

Selon Sheldrake, il est parfaitement possible que le comportement appris par un animal soit transmis aux autres sans contact direct. On peut entraîner par exemple une lignée consanguine de lapins à réagir à un certain stimulus, et répéter cette expérience à maintes reprises jusqu'à ce que leur champ moteur en soit renforcé. A ce point, on se rendra compte que des animaux génétiquement similaires, mais géographiquement éloignés, apprendront ce comportement avec beaucoup plus de facilité.

Sheldrake avance que le comportement humain lui-même est influencé et aidé par des champs moteurs. Il y a des champs associés à l'art culinaire, à la fabrication des outils, à la chasse, à l'agriculture, au tissage — à toutes les activités qui ont été répétées continuellement depuis des milliers d'années. Il y a en outre des tâches historiquement nouvelles telles que la conduite automobile, la pratique du piano, la course du mile en quatre minutes, le pilotage des avions à réaction, qui, selon Sheldrake, devraient devenir de plus en plus faciles à apprendre à mesure que le temps passe. Il affirme même que, dans des conditions soigneusement contrôlées, il devrait être possible de démontrer expérimentalement comment des êtres humains successifs apprennent ces tâches de plus en plus rapidement. (Bien sûr, comme l'a fait remarquer un plaisantin, les nouvelles mathématiques ne semblent pas être devenues plus faciles à apprendre malgré la quantité d'enfants auxquels on les enseigne.)

Sheldrake affirme de même que les caractéristiques physiques acquises, telles que la callosité du genou du chameau, peuvent être transmises par des générations de chameaux qui, en s'agenouillant, ont créé et renforcé le champ lié au développement de cette callosité. Sheldrake jette ainsi une nouvelle lumière sur la théorie de Lamarck. Il propose un mécanisme pour la transmission de l'expérience individuelle aux générations futures. La théorie lamarckienne fut rejetée parce qu'elle exigeait qu'un trait acquis, comme la callosité ou l'aptitude à marcher sur un fil, soit transmis directement par voie génétique à des descendants individuels. Les hommes de science rétorquèrent qu'aucune rétroaction directe entre de telles caractéristiques et le germe du système reproducteur d'un animal n'était possible. L'innovation de Sheldrake consiste à supposer que les callosités ou le funambulisme pourraient être transmis d'une manière générale à tout un chacun — encore que, dans le cas du funambulisme, il faudrait sans doute un million d'années d'acrobaties pour que la population dans son ensemble en ressente l'effet. Dans la formulation de Sheldrake, l'influence de l'individu n'est pas une simple liaison de cause à effet avec sa descendance, mais avec la population entière par l'intermédiaire du champ, c'est-à-dire *de la totalité* — ce qui est manifestement une perception du miroir.

En réponse aux mécanistes et aux biologistes moléculaires qui prétendent que sa théorie des champs cachés est totalement inutile pour expliquer la forme et le comportement, Sheldrake propose une analogie. Si quelqu'un qui ne connaît rien des ondes électromagnétiques devait étudier un poste de télévision, il commencerait peut-être par penser que le poste contient les petits personnages dont il a vu l'image sur l'écran. Quand il regarderait à l'intérieur et découvrirait les transistors et le tube cathodique, il pourrait émettre une hypothèse similaire à celle des réductionnistes — que les images résultent de quelque interaction entre ces parties mécaniques. Cette hypothèse se renforcerait s'il constatait qu'en retirant certaines parties il peut déformer ou détruire l'image. Si, à ce point, quelqu'un (comme Sheldrake) émettait la supposition que l'image n'est pas produite par ces parties mais dépend d'influences invisibles qui les pénètrent, le chercheur rejetterait sans doute l'idée avec mépris. Il ferait observer que le poste a le même poids, qu'il soit ou non branché. Il admettrait qu'il ne peut pas présentement tout expliquer par les interactions entre les différentes parties de la boîte, mais il serait certain de pouvoir y parvenir un jour. Comparée à la puissance du courant électrique qui alimente le poste, la puissance du signal électromagnétique est très faible et très subtile, mais elle est manifestement capitale. L'analogie de Sheldrake rappelle celle de Bohm concernant les deux caméras vidéo et le poisson. Dans les deux cas, les théoriciens du miroir invoquent des processus cachés dans une autre dimension, au-delà des corrélations apparentes des parties mécaniques.

Préparation d'un voyage vers la preuve

Les preuves étayant l'hypothèse de Sheldrake sont pour l'instant extrêmement minces — mais frappantes. Et si les preuves sont rares, affirme-t-il, c'est parce que les scientifiques n'ont pas pensé à les rechercher, et non parce qu'elles n'existent pas.

Un chimiste, quand il a créé un composé totalement nouveau, s'efforcera de produire un cristal pur de sa nouvelle substance — à condition bien sûr qu'elle puisse exister sous forme cristalline. Le processus de la première cristallisation se révèle généralement difficile. Une fois la première cristallisation accomplie, cependant, les chimistes constatent avec curiosité qu'il est beaucoup plus aisé de répéter l'expérience une seconde ou une troisième fois, et qu'elle continue à devenir de plus en plus facile. L'explication conventionnelle est que de minuscules cristaux de la première réaction ont contaminé le laboratoire et retombent dans la seconde solution, où ils agissent en tant que « semences » pour la cristallisation. (Le fait d'introduire un cristal de même nature en solution accélère toujours la cristallisation.) Mais cet effet d'accélération a été observé également quand la seconde cristallisation est effectuée à une distance considérable de la première. Les scientifiques expliquent alors que des cristaux contaminants ont dû être transportés sur les blouses de laboratoire, dans les cheveux ou dans la barbe, ou que des microcristaux ont été emportés dans la haute atmosphère. Sur ce point, les hypothèses de la science conventionnelle paraissent encore plus extravagantes que celles de Sheldrake.

Selon ce dernier, la difficulté de la première cristallisation vient de ce qu'il n'existe pas encore de champ morphogène pour guider la formation des cristaux. Une fois que d'autres cristallisations ont eu lieu, le champ ainsi renforcé contrôle l'agencement des atomes et des molécules, de sorte que le processus en est accéléré.

Dans le domaine des entités vivantes, Sheldrake affirme que certaines expériences conduites précédemment ont involontairement confirmé son hypothèse. Dans l'une de ces expériences, une certaine lignée génétique de souris fut entraînée génération après génération à accomplir une certaine tâche. Au bout de vingt ans et de cinquante générations, les nouvelles générations apprenaient effectivement plus vite que leurs lointains ancêtres. A l'époque, cependant, l'expérience fut jugée non concluante parce qu'il s'était produit une chose étrange — *le groupe témoin avait également acquis la capacité d'apprendre la tâche plus rapidement.*

Le raisonnement conventionnel ne pouvant fournir aucune explication à ce phénomène, l'expérience fut considérée comme sans valeur. Sheldrake, cependant, fait observer que l'hypothèse des champs moteurs donnerait lieu d'escompter que l'accélération de l'apprentissage se produise à la fois chez le groupe expérimental *et* chez le groupe témoin. Le renforcement du champ moteur durant cinquante générations affecterait toute souris génétiquement semblable — qu'elle servît de cobaye ou de témoin. Sheldrake suggère qu'on conduise des expériences spécifiquement conçues pour confirmer cet effet en utilisant des groupes de souris situés à des centaines de kilomètres l'un de l'autre.

Il cite des effets similaires chez les hybrides. Si l'un des parents de l'hybride provient d'une souche ancienne et l'autre d'une mutation récente, le rejeton possédera un plus grand nombre de caractéristiques issues de la variété la plus ancienne. Si les deux variétés ont à peu près la même ancienneté, les caractéristiques de la progéniture seront à peu près également partagées. Ces résultats ne sont pas très bien expliqués par une théorie strictement génétique, mais ils deviennent parfaitement compréhensibles si on présume que la quantité d'individus d'un certain type ayant vu le jour affecte la puissance du champ, et de là son action sur la progéniture.

Les champs de Sheldrake pourraient-ils expliquer également pourquoi les physiciens trouvent progressivement plus facile de localiser une particule dans leurs accélérateurs une fois que la première est apparue ? Dans ce cas, la théorie offre une perspective curieuse sur la

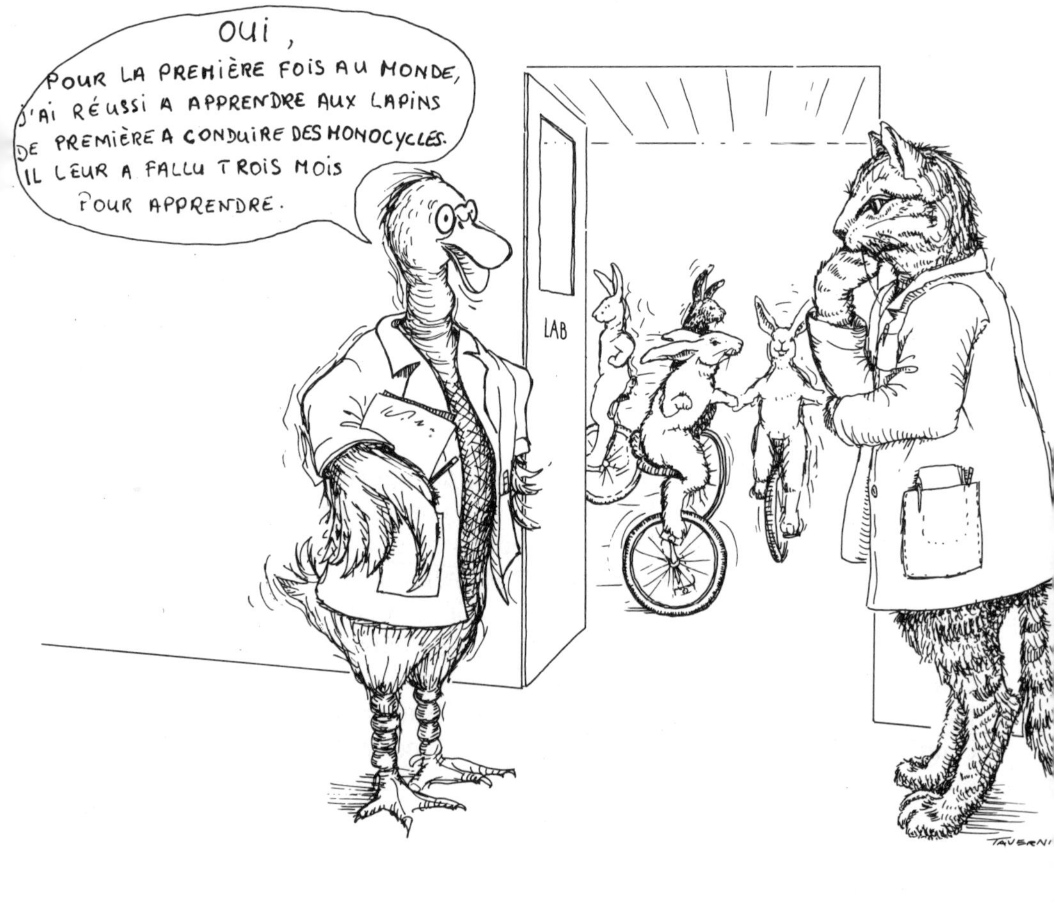

dichotomie observateur/observé : le physicien, comme le botaniste, cultive une variété de particules. Plus il l'observe, en l'isolant à l'aide de sa machine, plus elle existera. En un sens, il l'abstrait du tout et ses observations contribuent à l'établir de plus en plus fermement dans la réalité (l'ordre explicite). On rapporte qu'un physicien, adepte de la théorie « du lacet de chaussure », conçoit actuellement des expériences visant à tester l'hypothèse de Sheldrake sur ce point. Ce raisonnement apporte d'ailleurs un écho intéressant à une observation émise par Kuhn : une fois qu'un paradigme a été remplacé par un autre, les données commencent à changer, comme l'ont fait les poids atomiques une fois que la théorie de Dalton fut acceptée.

Sheldrake a lui-même proposé un certain nombre d'expériences spécifiques destinées à tester son hypothèse, allant de la culture des cristaux à la vitesse d'apprentissage chez les rats. Il s'est efforcé, en proposant ces expériences, d'établir sa théorie sous une « forme réfutable ». Contrairement aux théories antérieures des vitalistes, les siennes peuvent être soumises à l'expérimentation. Le champ lui-même ne peut pas être mesuré directement, mais ses effets peuvent être détectés et peut-être mesurés indirectement en comparant par exemple le volume de la population à la vitesse de l'apprentissage pour en extraire des formules d'application.

Sa présentation scientifique orthodoxe n'a cependant pas empêché la théorie d'être accueillie par un grand émoi d'indignation scientifique. La revue scientifique anglaise *Nature,* qui jouit d'une grande influence, a condamné l'ouvrage de Sheldrake en le qualifiant de « candidat à l'autodafé ». Des scientifiques qui auraient sans doute critiqué sévèrement la théorie si elle n'avait été exprimée sous une forme réfutable prétendent que la réfutabilité n'est pas assez, qu'une théorie doit expliquer toutes ses ramifications pour être sérieusement prise en compte. Le physicien Brian Josephson, prix Nobel, a fait observer que si on exigeait de toutes les théories qu'elles répondent à ce critère, peu d'entre elles survivraient — et que parmi les premières victimes figureraient la relativité et la théorie quantique. On pouvait lire dans le numéro de juin 1981 de la revue New *Scientist :*

> Accepter ce qu'il (Sheldrake) dit implique ce que Thomas Kuhn a appelé une « substitution de paradigme », qui revient à abandonner nos présupposés concernant le fonctionnement de l'univers. C'est un acte douloureux. Quoi qu'il en soit, la prétention qu'a la science mécaniste moderne d'avoir effectivement identifié tous les principaux champs et forces en action est étonnamment présomptueuse...

Sheldrake observe que la plupart des biologistes moléculaires ne réagissent pas violemment à sa théorie, mais la considèrent avec un sourire. « Les mécanistes sont si sûrs d'avoir raison qu'ils ne s'inquiètent pas. » Toutes les théories du miroir partagent le problème des preuves, particulièrement celle de Sheldrake. Kuhn a relevé le paradoxe : une théorie doit être acceptée *avant* qu'on en obtienne des preuves substantielles. Il faut qu'elle soit acceptée parce que c'est une nouvelle façon de voir et que les scientifiques devront chausser de nouvelles lunettes afin de voir quoi que ce soit. Heureusement pour Sheldrake, quelques essais pour le moins auront lieu. Un prix de 10 000 dollars pour des essais expérimentaux a été proposé par une organisation indépendante, et *New Scientist* a organisé un concours pour désigner la meilleure expérience destinée à tester l'hypothèse de Sheldrake.

L'idée gagnante de ce concours est ingénieuse. Des centaines de milliers de jeunes enfants ont appris les mêmes refrains génération après génération. Selon l'hypothèse de Sheldrake, ces configurations particulières de mots devraient être devenues plus faciles à apprendre. Supposons donc qu'une comptine japonaise soit présentée à un anglophone (ou un francophone) sous forme de symboles phonétiques en même temps qu'une comptine similaire dépourvue de sens. Le champ morphogène associé à la configuration depuis longtemps établie de la comptine devrait rendre cette dernière plus facile à apprendre que la comptine témoin. Cet essai expérimental devrait être conduit dans des conditions rigoureusement contrôlées, mais n'entraînerait pas de dépenses excessives.

Si l'hypothèse de Sheldrake est corroborée par l'expérience, elle soulèvera inévitablement de nombreuses questions et ouvrira de nouvelles lignes de conjectures.

L'établissement de relations

En 1982, Sheldrake et David Bohm se sont rencontrés à plusieurs reprises et ont commencé à explorer les relations existant entre leurs théories. Ils s'accordent actuellement pour considérer les champs morphogènes comme des aspects de l'ordre implicite, et ils se sont attaqués à la formulation de cette relation.

A l'évidence, la théorie de Sheldrake apparaît holographique : si chaque pissenlit individuel contient des atomes et des molécules gouvernés par des champs qui affectent également les atomes et les molécules des pierres, des humains et des planètes, chaque forme est donc impliquée dans toutes les autres — à travers la résonance commune des champs. Les deux scientifiques, cependant, ont envisagé une relation beaucoup plus subtile.

Nous expliquerons l'idée en l'état actuel de son développement par la superposition de deux images.

Pour la première image, rappelez-vous la théorie de Bohm et de de Broglie concernant l'onde-guide (voir p. 147). Souvenez-vous que c'est cette onde qui, selon Bohm, régit toute l'expérience quantique, pareille à un faisceau radar guidant un avion dans sa position correcte. Cette onde-guide, qui agit non localement, est responsable de la répartition des particules selon certaines configurations dans l'expérience de la double fente. D'une manière similaire (ou identique), le champ morphogène guide les atomes ou les cellules à leur place pour former une structure. Bohm pense que l'onde-guide (donc le champ morphogène) est en fait une forme très « subtile » d'énergie. C'est une énergie de l'ordre implicite existant dans la réalité multidimensionnelle au-delà des quatre dimensions de notre espace-temps. Elle est subtile mais, étant multidimensionnelle, elle est puissante. Vous vous rappelez l'analogie de l'aquarium ? Comparez le poisson bidimensionnel de l'écran au poisson solide en trois dimensions qui se trouve dans l'aquarium. L'énergie implicite est le poisson réel.

L'onde-guide de l'énergie implicite est une *onde formatrice,* nous dit Bohm. C'est une onde qui forme les choses (telles que les configurations de particules). C'est donc une onde morphogène ou « mémoire cosmique ». Cette mémoire cosmique est une subtotalité relativement autonome dans l'ordre implicite.

La seconde image implique le temps. Dans l'ordre implicite de Bohm, l'instant présent où vous lisez ces mots peut être considéré comme une projection explicite de la dimension supérieure de la totalité. Cette projection retourne ensuite s'enfouir dans la totalité à la manière de la goutte de teinture redisparaissant dans la glycérine. Un autre instant présent prend immédiatement sa place puis, à son tour, retourne dans la totalité. A mesure que vos yeux parcourent la page, chaque instant est rattaché au précédent par l'intermédiaire de la totalité. L'instant présent est ainsi une subtile réflexion de tout le passé. En retour, tout ce qui arrivera dans le présent affectera la totalité en se réenfouissant dans l'implicite, et influera donc sur la manière dont le futur se désenfouira. Ceci est analogue (ou identique) à l'image du champ morphogène affectant le pissenlit — l'expérience du pissenlit par rapport à son milieu modifiant à son tour le champ morphogène.

Essayons maintenant de superposer les deux images. L'onde-guide ou mémoire cosmique — cette subtile énergie non locale émanant de l'implicite multidimensionnel — agit sur l'instant présent. Puis elle agit sur l'instant présent suivant, et sur celui qui vient ensuite, pour donner une forme à cette succession d'instants. Elle guide tout ce qui se désenfouit en ces instants d'espace-temps. Si ce qui se désenfouit dans l'espace-temps est un groupe de cellules, elle les guide à leurs places respectives pour former un pissenlit. Une fois le pissenlit formé, l'onde-guide demeure en place pour maintenir sa forme à mesure que se désenfouissent de nouveaux instants. Mais en se réenfouissant dans la totalité, ces instants remportent avec eux dans l'implicite une empreinte, ou image, d'énergie rémanente, par laquelle ils affectent l'onde-guide et changent de façon subtile la mémoire cosmique.

Tout cela fonctionne, bien sûr, parce que l'implicite et l'explicite, le champ morphogène et l'entité qu'il façonne, ne sont pas véritablement séparés — ce sont des dimensions différentes de la même chose.

Bohm et Sheldrake ont également débattu une question primordiale à laquelle Sheldrake ne prétend pas répondre par sa théorie : comment une forme nouvelle apparaît-elle pour la *première* fois, avant que n'existe aucun champ morphogène ?

Le néo-darwinisme répond que la première apparition d'une nouvelle variété ou d'une nouvelle espèce est le résultat de mutations génétiques aléatoires. Sheldrake répond que ce n'est que l'une des explications possibles — qu'il y en a d'autres. L'apparition de formes nouvelles pourrait aussi résulter d'une sorte de principe créateur encore inconnu, mais inhérent à la vie ou à l'univers. Ou bien il pourrait exister un agent conscient ou une réalité transcendante supervisant la totalité de l'univers, qui (ou Qui) crée de nouvelles formes. Sheldrake a stipulé qu'il n'entrait pas dans ses intentions de dire laquelle de ces idées, ou aucune autre, explique la première apparition d'une forme nouvelle ou d'un comportement entièrement nouveau. Il estime qu'il convient de tracer une frontière entre ce que la science peut connaître par l'observation ou l'expérience et ce qui relève seulement de conjectures. La fonction du hasard dans les théories néo-darwiniennes représente à son avis une explication aussi conjecturale que l'existence de Dieu.

De son point de vue, cependant, Bohm est prêt à combiner les champs morphogènes avec l'ordre implicite et à répondre à la question de la créativité. Il compare l'apparition d'une nouvelle forme biologique à un éclair de perception intuitive de la part de l'univers. Par la perception intuitive, « on prend mentalement conscience de la totalité ». Pareillement, c'est le mouvement de l'univers dans son ensemble qui crée une forme nouvelle, laquelle s'établit alors et se trouve renforcée par les processus que décrit Sheldrake. Les formes et les champs formateurs n'étant pas des choses fixes, mais devant être constamment recréées, il est presque inévitable qu'il se produise des sauts quantiques de création. Dans un certain sens, les formes habituelles et récurrentes rendent la créativité possible. Savoir d'où vient toute cette totalité est bien sûr une autre question. Ou peut-être n'en est-ce pas une, car dans un univers où tout affecte tout le reste, que signifierait une telle question ?

Les hypothèses de Bohm et de Sheldrake s'accordent sur l'unité de la conscience humaine. La conscience en tant que totalité est un champ morphogène donnant sa forme générale à chaque conscience individuelle, laquelle forme également son propre champ incluant ses expériences et ses souvenirs. Ce champ individuel modifie par résonnance le champ global de la conscience, par quoi il affecte le futur. Les implications psycho-éthico-morales d'un tel concept sont manifestement énormes. Il rend l'individu responsable de la totalité. Parmi d'autres possibilités, cela pourrait conduire à l'étude de certains traits culturels et individuels particuliers en tant qu'élaboration accumulative de champs d'habitude. On pourrait alors définir les « lois » selon lesquelles de tels champs évoluent et interagissent — ce que Bohm appelle les « lois des autonomies relatives ».

Comme la théorie de Bohm, celle de Sheldrake offre un moyen d'expliquer et d'explorer des phénomènes controversés tels que les archétypes de la conscience collective et la transmission psychique. Il existe également un lien apparent entre l'hypothèse de Sheldrake et le paradigme de Prigogine. La meilleure illustration qu'on puisse en donner est peut-être une anecdote contée par Lyall Watson dans *Le Flux de la vie : biologie de la conscience.*

Quand on présenta à une tribu de singes d'une île voisine du Japon des patates fraîchement arrachées, les singes, dont la nourriture habituelle ne requérait aucune préparation, marquèrent une certaine répugnance pour ces tubercules pleins de terre. Puis une femelle découvrit qu'on pouvait les laver ; cette découverte était quelque chose d'aussi monumental que l'invention de la roue. Elle enseigna alors ce mode de comportement à quelques membres de la troupe, qui l'enseignèrent à leur tour autour d'eux. Mais la plupart des singes n'en apprirent rien. Puis, tout à fait soudainement, le comportement parut devenir universel. Watson écrit à ce sujet :

> Supposons, pour quantifier l'exemple, que le nombre (de laveurs de patates) était de 99 et qu'un mardi matin à 11 heures un nouveau converti soit venu s'ajouter à cet effectif de la manière habituelle. Il semble que l'addition de ce centième singe ait porté l'effectif au-delà d'un certain seuil en lui faisant atteindre une sorte de *masse critique,* car ce même soir tous les membres de la colonie avaient adopté le nouveau comportement. En outre, l'habitude semble avoir franchi les barrières naturelles pour apparaître spontanément, comme les cristaux de glycérine dans des éprouvettes scellées, chez des colonies d'autres îles et, sur le continent, dans une troupe de Takasakiyama [46]. (Souligné par l'auteur.)

Cette anecdote ne manque pas de laisser supposer que l'apparition de l'ordre spontané décrite par la théorie de Prigogine pourrait avoir

* Il faut noter que le mémoire que cite Watson pour documenter son exemple ne mentionne pas de saut brusque dans le rythme d'apprentissage des singes. Watson dit que les preuves réelles du phénomène figurent dans les relations anecdotiques des scientifiques, qui se montrent réticents face aux implications de leur découverte et ont (manifestement) structuré inconsciemment les données de l'expérience pour les adapter au paradigme actuellement prédominant.

un rapport avec les champs non locaux décrits par Sheldrake. Une masse critique doit-elle être atteinte avant que se forme un champ morphogène ? Les champs morphogènes pourraient-ils expliquer comment les structures autopoïétiques/dissipatives demeurent stables et prolifèrent avec le passage du temps ? La nature et l'étendue de cette relation restent à explorer. Il serait certainement intéressant de savoir s'il existe un lien entre les champs des différentes entités, et si ces derniers sont gouvernés par les principes de la co-évolution. Quels rapports y a-t-il entre les champs qui régissent les bactéries et ceux qui gouvernent le système gaïen ? Sont-ils liés comme les champs d'une cellule et d'un corps ? Se renforcent-ils mutuellement ? Apparaissent-ils ensemble ?

Il paraît évident que l'hypothèse de Sheldrake, si elle passe ses épreuves avec succès, aura besoin d'être complétée par une théorie plus large telle que l'ordre implicite ou la co-évolution. Il faudra recourir à une dimension plus vaste pour expliquer comment, par exemple, les dinosaures ont disparu. Ces derniers ont dominé la Terre pendant des millions d'années, et on peut supposer que leurs champs morphogènes étaient puissants et solidement renforcés. Ils n'en ont pas moins subitement disparu, sans doute à la suite d'un cataclysme tel que l'impact d'un astéroïde. Sheldrake dirait que leurs champs

Rupert Sheldrake

existent encore, mais que les dinosaures n'existent plus. Dans le contexte de l'ordre implicite, cette disparition est compréhensible, de même que dans le paradigme de la co-évolution. Dans les deux cas, les champs des dinosaures apparaîtraient comme des parties du mouvement plus vaste de désenfouissement global de nombreux champs imbriqués — incluant l'écosystème et les régimes climatiques. Les dinosaures n'ont pas disparu, ils sont devenus part du réagencement en une complexité d'ordre supérieur, ou bien leur ensemble a été redispersé et tourné en des formes différentes au sein de la totalité implicite. Les conjectures peuvent aisément devenir délirantes. Une telle ouverture peut être la marque d'un paradigme fertile ou celle d'une illusion.

La théorie de Sheldrake est jeune, inéprouvée, fragile, et provocante. Quel que soit son sort, nous avons vu qu'elle jaillit d'une perception du miroir et contient la plupart, sinon tous, des ingrédients de ce dernier.

5

KARL PRIBRAM ET L'ESPRIT MIROIR

— *Maintenant,* coupez-le ! dit le Lion.

15.

LA RECHERCHE DE L'ENGRAMME

A une extrémité de l'expérience du chat de Schrödinger, un atome radioactif se désintègre, émettant une particule selon les lois statistiques du quantum. En essayant d'expliquer cet aboutissement, David Bohm s'est aventuré dans les mystères de l'ordre implicite. Au milieu de l'expérience, le chat s'étire et bâille, inconscient de son sort. Étendue là somnolente, ensemble complexe de réactions chimiques, cette forme constamment changeante et pourtant miraculeusement stable défie la marche de l'entropie. Dans leur effort pour comprendre cette violation en manteau de fourrure de l'état d'équilibre, Ilya Prigogine et Erich Jantsch ont serpenté dans les labyrinthes de l'ordre à travers la fluctuation et la co-évolution, et Rupert Sheldrake a pénétré dans un domaine situé au-delà du temps et de l'espace.

A l'extrémité la plus rapprochée de l'expérience, voici qu'apparaît un autre acteur, ouvrant d'un geste curieux le couvercle de la boîte pour regarder à l'intérieur. Dans les théories conventionnelles, il a été d'une certaine façon séparé des deux premiers éléments de l'expérience, isolé par le hasard et par la certitude qu'il est une partie indépendante du tout. Dans nos théories du miroir, cependant, il a été implicitement présent d'un bout à l'autre. Son expression nous dit qu'il pense, se souvient, établit des corrélations tout en regardant dans la boîte. De ces mouvements, nous pouvons conclure qu'il est « l'observateur ».

Notre quatrième expédition au miroir aura pour objectif de découvrir ce qu'il y a dans l'esprit de cet observateur — comment son observation est possible et ce qu'elle est. Cette démarche nous fera découvrir que, dans l'univers du miroir, cette extrémité-ci de l'expérience reflète cette extrémité-là, et tout ce qui se trouve dans les deux.

Il n'y a pas en fin de compte trois éléments dans l'expérience — il y en a seulement un.

Modèles

En 1921 eut lieu à Omaha, au Nebraska, une première mondiale : l'inauguration d'un central téléphonique entièrement automatisé. Les souscripteurs pouvaient enfin joindre n'importe quel autre abonné de la ville en se contentant de décrocher leur téléphone et de composer son numéro au cadran. Les relais électromagnétiques du central se déclenchaient sous l'effet du signal et connectaient l'appel à l'une des milliers de lignes qui faisaient de la ville un organisme vivant. Omaha était devenue un réseau complexe de nerfs téléphoniques qui se ramifiaient jusqu'au moindre pâté de maisons.

Appliquée à la neurophysiologie, la métaphore pouvait être inversée. Dans les premiers modèles du cerveau, on représenta ce dernier comme un central doté de nerfs pareils à des lignes téléphoniques. Quand une personne touchait accidentellement un poêle brûlant, on imaginait des messages envoyés de la main vers le crâne au long d'une voie nerveuse. A l'intérieur du cerveau se déclenchait alors une sorte de commutation qui envoyait un nouveau signal par une autre voie jusqu'aux muscles du bras. Les muscles se contractaient, et la main s'écartait du poêle.

Dans une certaine mesure, l'image du cerveau en tant que « central téléphonique » n'était pas une mauvaise idée. Elle stimulait l'imagination et permettait d'appliquer au système nerveux les techniques mathématiques élaborées pour la théorie des communications.

Il devint cependant évident que le cerveau n'est *pas* un central téléphonique, et que les nerfs ne sont *pas* des lignes téléphoniques. D'une part, la manière dont les signaux sont acheminés par les fibres nerveuses est très différente de la transmission des signaux électriques dans un fil de téléphone ou de télégraphe. Plus important encore, le cerveau et le système nerveux sont beaucoup plus riches et plus complexes, et font appel à un nombre beaucoup plus important de processus qu'on ne pourrait jamais le concevoir pour un central téléphonique.

La représentation du cerveau par quelque modèle artificiel n'a rien de nouveau. Au XVIIIe siècle, la classe oisive s'adonnait à la mode des automates — fontaines jaillissant selon des configurations complexes orchestrées par des liaisons hydrauliques, mannequins grandeur nature qui pouvaient écrire ou jouer d'un instrument de musique... Quoi de plus naturel que de représenter l'activité du cerveau par de tels moyens ?

Comme nous l'avons vu depuis le début de ce livre, les métaphores, si elles peuvent offrir une visualisation temporaire d'un système complexe, sont nécessairement limitées, parfois sérieusement. Un modèle n'est jamais la chose qu'il représente. Néanmoins, les modèles et les métaphores ont tendance à acquérir une vie qui leur est propre.

A notre époque, l'ordinateur a remplacé le central téléphonique comme modèle du cerveau. Le traitement de données, les programmes et les mémoires de stockage ont remplacé les relais électromagnétiques en tant qu'éléments de la métaphore. Le comportement humain est traité en termes de systèmes heuristiques d'assimilation, la vision en termes de reconnaissance de configurations et de compression d'images.

Au milieu des années 60, une nouvelle métaphore a fait son apparition aux côtés de celle du cerveau ordinateur. Grâce aux travaux du neurologue Karl Pribram, le « cerveau holographique » a fourni un nouvel ensemble d'interprétations des processus qui se déroulent dans le cerveau des animaux et des humains. La valeur de cette métaphore réside en ce qu'elle exige une nouvelle manière de penser, une nouvelle manière d'aborder le problème. En fin de compte, pourtant, elle se révélera sans doute aussi limitée que n'importe quel autre modèle.

Essayer de comprendre le cerveau est l'un des problèmes les plus passionnants et les plus difficiles auxquels soit confrontée la science à la fin de ce siècle ; c'est, du point de vue de certains, « l'ultime frontière ». L'apparition du cerveau dans l'évolution a donné à l'univers la possibilité de prendre conscience de soi. Le cerveau est l'organe par lequel l'univers se connaît et se perçoit lui-même. Mais cette boucle d'auto-réflexion risque d'engloutir le cerveau observateur dans un paradoxe. Quelle est la relation entre le cerveau physique et ce qui apparaît comme notoirement non physique : la conscience et l'esprit humains ?

L'esprit humain comporte toute une gamme d'expériences et de sentiments — d'émotions à la fois violentes et raffinées, de rêves et de désirs, d'invention et d'intuition, de créativité et de destruction, d'aptitudes à manipuler des abstractions telles que la musique, les mathématiques ou les mots de cette page, de la capacité de se laisser emporter par des idées. L'esprit inclut aussi l'idée du « moi », d'un sentiment d'identité qui persiste dans le temps. Plus mystérieuse encore est la dissolution du moi qui survient lors d'un travail créatif ou d'une expérience transcendante. Par-dessus tout, l'esprit alerte et investigateur peut diriger son attention sur sa propre nature et sur cet organe logé dans le crâne dont la science médicale a conclu qu'il était le siège de la conscience — le cerveau. Il est clair que nous ne pouvons pas scientifiquement répondre à la question concernant la relation entre esprit et cerveau à moins de comprendre cet organe.

En ce qui concerne les animaux, les neurologues se sentent libres de sonder la structure interne du cerveau, d'en détecter les signaux électriques, et d'étudier les effets de dommages sélectifs. Ceci n'est pas possible dans le cas des humains, car nous avons décidé que le cerveau humain était sacro-saint. Jusqu'à l'invention récente du scanner et de la résonance magnétique nucléaire des balayages par ultrasons, l'examen du cerveau humain était donc limité à l'autopsie et aux cas de chirurgie ou d'accidents. Les preuves de corrélations entre le comportement ou la conscience et le cerveau humain étaient apportées par le diagnostic.

Un diagnostic fait appel à des éléments tels que l'apparence générale, le passé médical, la nature des douleurs et des dysfonctionnements du patient, le pouls, les yeux, la langue, et la palpation extérieure des organes internes. Tout comme quelqu'un reconnaît le visage d'un ami, le médecin reconnaît les traits d'une maladie ou d'une lésion. C'est le succès de cette technique dans le cas de lésions, de maladie, de tumeur ou, plus récemment, d'altération due aux drogues, qui a permis d'élaborer une image de la relation entre cerveau et comportement. Par un paradoxe ironique, la destruction humaine causée par la Première Guerre mondiale a entraîné de rapides progrès dans la science du cerveau. Les balles de fusil ultra-rapides provoquaient des lésions cérébrales localisées qui rendaient possible l'établissement de relevés cartographiques des fonctions du cerveau. L'accumulation des données de diagnostic permit aux médecins de localiser dans le cerveau les régions correspondant à l'ouïe, à la vision, au contrôle de chaque membre, et même à des corrélatifs plus subtils tels que les pulsions et les émotions.

Une image se précisa graduellement, par laquelle on voyait le cerveau comme une sorte d'usine où chaque machine ou processus était logé dans un endroit donné. Si l'usine était endommagée, certains processus s'interrompaient, alors que d'autres se poursuivaient sans être affectés. L'établissement de cette corrélation entre cerveau et comportement reçut une impulsion considérable durant les premières décennies de notre siècle grâce aux travaux de Wilder Penfield à l'institut de neurologie de Montréal. Avant de pratiquer une intervention chirurgicale sur le cerveau, Penfield demandait à son patient l'autorisation d'accomplir des expériences inoffensives sur le tissu cérébral exposé. Au moyen d'une petite sonde électrique, le neurochirurgien stimulait sélectivement de minuscules régions du cerveau et observait les résultats. Selon les régions, le patient clignotait d'une paupière, levait un doigt, sentait une odeur avec force, ou se rappelait brusquement un souvenir avec une intensité proche de l'hallucination.

Les recherches de Penfield ont permis de supposer que la mémoire, comme les autres fonctions, occupait une région particulière du cerveau. Elle était comparable au fichier d'une usine, chaque article étant inscrit sur une carte particulière. Le rappel d'un souvenir revenait à consulter le fichier et en extraire la carte appropriée. Les associations d'idées pouvant éveiller le souvenir, le fichier devait comporter un système complexe de références croisées. Les expériences de Penfield consistaient à stimuler une cellule, ou un groupe de cellules, si bien que les cartes mémorielles qu'elles contenaient étaient projetées dans la conscience.

Localisations variables

Cette foi dans la localisation de la mémoire fut durement ébranlée par les travaux de Karl Spencer Lashley, qui pratiquait des opérations délicates sur les singes et autres primates supérieurs en même temps qu'il étudiait les effets de lésions cérébrales sélectives sur les rats. L'un des projets les plus importants de Lashley était la recherche de l'« engramme », ou site de codage de la mémoire. Tout comme les unificationnistes croient à l'existence d'une particule élémentaire ultime ou « grand-mère », et comme les généticiens voient en l'ADN l'ultime atome de l'hérédité, les neurophysiologues croient en l'atome de la mémoire. Lashley s'était voué à sa recherche. Si le souvenir est un enregistrement, une « carte de fichier » au sein du cerveau, il semblait raisonnable de présumer qu'il doit exister dans les cellules cérébrales une empreinte ou une modification physique correspondant à la trace du souvenir — un engramme. Jusqu'alors, les résultats expérimentaux concernant la théorie de l'engramme avaient été ambigus. La stimulation sélective du cerveau pratiquée par Penfield laissait supposer que les souvenirs étaient encodés dans des sites spécifiques, mais les chirurgiens avaient également découvert que l'effet inverse n'était pas vrai. Si un désordre cérébral obligeait à amputer une région

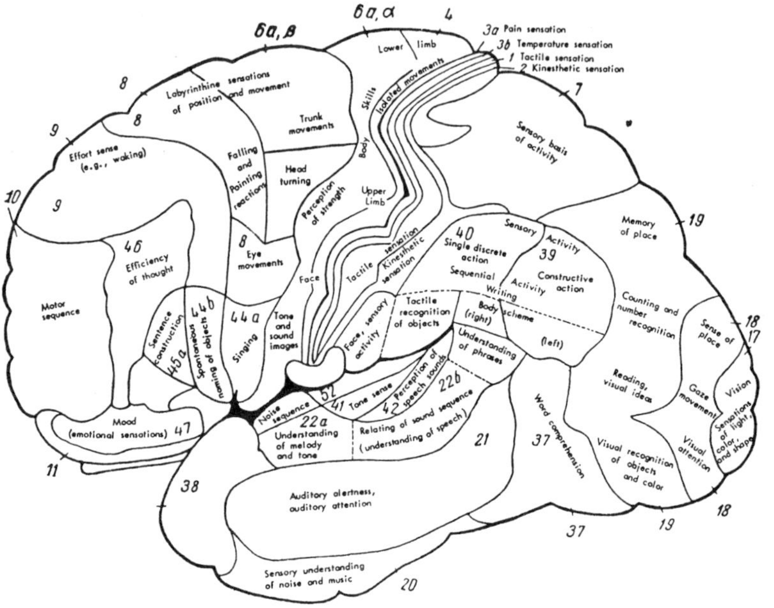

Le schéma supérieur représente une section transversale du centre du cerveau. Les régions correspondant à différentes parties du corps et à ses fonctions étaient très précisément localisées par les chirurgiens. Le schéma inférieur reflète une tentative de localiser les fonctions plus subtiles selon la croyance que tout dans la vie mentale doit avoir sa situation particulière dans le cerveau. Ce type de cartes a été infirmé par la découverte que de nombreuses fonctions cérébrales, y compris la mémoire, doivent être en quelque sorte réparties, ou « délocalisées » dans tout le cerveau.

du cerveau associée au souvenir, le patient ne souffrait pas d'un trou de mémoire. Or, si l'image de la mémoire en tant que fichier était correcte, une telle opération revenait à ôter une poignée de cartes du fichier, et à perdre ainsi une certaine quantité de données. En fait, après qu'on leur eut retiré jusqu'à 20 pour 100 du cerveau, les patients ne souffraient d'aucune perte de souvenirs. Pour des dommages plus étendus, la mémoire devenait généralement imprécise, mais il n'y avait toujours pas de lacunes définies. Il apparut que la situation du dommage était moins importante que son étendue globale.

Ces résultats anecdotiques de lésions et d'interventions chirurgicales constituaient une énigme considérable. Dans son laboratoire, Lashley put procéder à des expériences plus minutieuses et mieux contrôlées sur des animaux qui avaient été entraînés à parcourir un labyrinthe. Le souvenir d'un labyrinthe, par exemple, survit à des lésions considérables, que celles-ci soient localisées dans une même région ou dispersées dans tout le cerveau.

Certains lecteurs peuvent s'interroger sur les pertes sélectives de mémoire survenant après une commotion ou un traitement par électrochocs. Il est vrai, dans ce cas, que les souvenirs d'événements qui se sont produits quelques heures ou quelques minutes avant un accident peuvent être perdus. On n'en connaît pas bien les raisons, mais elles sont probablement liées à une différenciation des formes de stockage du souvenir — long terme et court terme. Les souvenirs à long terme sont du type de ceux qu'ont étudiés Penfield et Lashley. Ils remontent jusqu'à l'enfance et nous n'en sommes pas toujours directement conscients. La mémoire à court terme, dite « active », concerne par contre des choses telles qu'un numéro de téléphone qu'on vient de lire dans un carnet. Ce sont des souvenirs transitoires dont nous avons directement conscience.

Il semble y avoir une circulation à double sens entre la mémoire à court terme et la mémoire à long terme. On présume que certains souvenirs à court terme sont transférés dans la mémoire à long terme pour y être définitivement enregistrés. Quand nous nous souvenons de quelque chose par la suite, nous l'extrayons de son magasin à long terme et le transférons dans la mémoire active (à court terme). C'est à ce point que nous devenons conscient du souvenir. Après un choc ou durant une amnésie temporaire, il se produit des troubles dans les transferts entre mémoire active et mémoire à long terme. Des souvenirs activés peuvent être effacés, ou il peut y avoir une interruption dans la circulation entre les deux types de mémoire, de sorte que des événements immédiats ne sont pas mémorisés et ne peuvent donc pas être rappelés. Selon cette théorie, qui doit beaucoup au modèle de l'ordinateur, l'amnésie temporaire n'aurait rien à voir avec la perte définitive de mémoire que recherchait Lashley.

Ce dernier avait également porté son attention sur le système visuel. Il découvrit qu'un rat dont on avait retiré 80 pour 100 du cortex visuel pouvait encore réagir à des sensations optiques. Un chat pouvait conserver sa vision après qu'on lui eut retiré 98 pour 100 du nerf optique. Quand les travaux de Lashley furent comparés à ceux d'autres laboratoires, il apparut qu'une théorie de la mémoire encodée dans des régions précises n'était pas valide. D'une certaine façon, la mémoire devait être « délocalisée » dans le cerveau. Les cartes de correspondance entre comportement et fonctions cérébrales se révélèrent elles-mêmes n'être que des approximations. S'il est généralement vrai que les facultés motrices, par exemple, sont gouvernées par un groupe spécifique de cellules du cerveau, la situation devient plus flexible dans certains cas cliniques. Des enfants accidentés ayant subi de sévères lésions cérébrales se sont parfois remis avec des incapacités minimes. Même lorsque les centres de la parole ont été sérieusement endommagés, il arrive que des enfants parlent normalement en quittant l'hôpital. Ceci rappelle le processus de « régulation » étudié par Sheldrake, dans lequel une forme embryonnaire, comme celle d'un oursin, peut être endommagée et aboutir néanmoins à la formation d'une entité complète.

La faculté de transférer les aptitudes acquises d'un membre à un autre semble également défier l'hypothèse de fonctions cérébrales localisées. Un droitier peut arriver à saisir un crayon entre les orteils de son pied gauche et à écrire, bien qu'avec difficulté. Si un groupe de cellules de l'hémisphère gauche du cerveau a soigneusement appris l'art d'écrire, comment donc cette aptitude peut-elle être transmise à ces cellules de l'hémisphère opposé ? Le « savoir » peut-il passer d'un côté à l'autre du cerveau ?

Certains hommes de science ont espéré sauver la théorie de la localisation par l'hypothèse que le cerveau avait évolué pour se protéger des conséquences d'accidents en multipliant chaque fonction à un certain nombre d'exemplaires, de façon qu'en cas de lésion d'une région, une autre pût prendre la relève. C'est comme si chaque souvenir était inscrit sur plusieurs jeux de cartes et que chaque carte fût classée dans un endroit différent. C'était une explication possible, mais un apport accru de preuves expérimentales et médicales mit en évidence une sorte de processus délocalisateur affectant de vastes zones du cerveau, au lieu de régions de stockage distinctes réservées à des souvenirs discrets. En 1929, Lashley publia un ouvrage important dans lequel il proposait le « principe d'action de masse », l'idée que certains types d'acquisition impliquent le cortex dans son ensemble. Dans le même ouvrage, il affirmait également le « principe d'équipotentialité », la supposition que quand une partie du système sensoriel est endommagée, ses fonctions peuvent être assumées par n'importe quelle autre partie. La plupart des chercheurs, cependant, n'ont pas repris activement les idées de Lashley, et ont continué à s'en tenir à quelque version modifiée de la théorie de la localisation.

L'un des membres de l'équipe de Lashley, qui succéda à ce dernier comme directeur du laboratoire Yerkes, s'appelait Karl Pribram. Le jeune Pribram s'était joint au groupe en tant que neurochirurgien. Quand Lashley se retira en 1948, il assuma brièvement la direction de l'équipe de recherche avant de se rendre à Yale, où il conduisit des travaux d'avant-garde sur le système limbique, une région du cerveau participant aux réactions émotionnelles. Dix ans plus tard, il remit en question le postulat behavioriste selon lequel les impulsions nerveuses revêtent la forme d'un « arc réflexe », démontrant qu'elles se comportent au contraire comme des systèmes rétroactifs, des tourbillons dans lesquels stimulus et réaction se modifient l'un l'autre constamment.

16.

TEMPÊTES CÉRÉBRALES

Parvenu au milieu des années 60, Karl Pribram dirigeait un certain nombre de recherches importantes. Il songeait aussi à l'échec de son maître dans sa quête de l'engramme, quand il lut un jour dans le *Scientific American* un article faisant état de succès récents dans le domaine de l'holographie. Cet article suscita en lui une perception intuitive de la nature de la mémoire.

Nous avons déjà fait connaissance de l'hologramme. Celui-ci recourt à l'« enfouissement » d'une image optique sur une plaque photographique. Dans la photographie conventionnelle, chaque partie de la plaque contient une partie de l'image. Dans l'holographie, par contre, tout fragment détaché de la plaque contient l'enregistrement de l'image entière. Quand on détruit une partie de l'hologramme, on ne perd pas une partie de l'image qu'il contient.

L'analogie avec la mémoire répartie et sa faculté de surmonter les lésions cérébrales séduisit l'imagination de Pribram, qui entreprit aussitôt de discuter holographie avec son fils, physicien de profession. Plus il en étudia la théorie fondamentale, plus riche lui apparut la correspondance avec le cerveau. L'hologramme pouvait fournir un modèle, non seulement pour la mémoire, mais aussi pour le système visuel du cerveau. Pour comprendre les raisons de cet enthousiasme, il nous faut revenir sur l'holographie et l'examiner plus en détail.

Passage de phases

L'expérience de Thomas Young sur les interférences lumineuses — qui fut l'un des points de départ du voyage dans l'univers quantique — revêt une signification particulière dans l'holographie. Des interférences se produisent chaque fois que des ondes se rencontrent. Le phénomène ne concerne pas seulement les ondes lumineuses, mais le son dans une salle de concert, les rides sur un étang et, nous le verrons, les signaux électriques dans le cerveau.

Supposons que de lentes ondulations uniformes se déplacent sur un grand lac vers la rive, et qu'un bateau se trouve sur leur chemin. En dépassant le bateau, les ondulations laissent de l'autre côté de ce dernier une surface d'eau immobile — une ombre dans les vagues, pourrait-on dire. Les ondes ayant tendance à s'étaler, cette zone d'eau calme ne s'étend pas très loin ; à quelque distance du bateau, les vagues se rejoignent de nouveau. C'est dans cette région que se produisent les interférences.

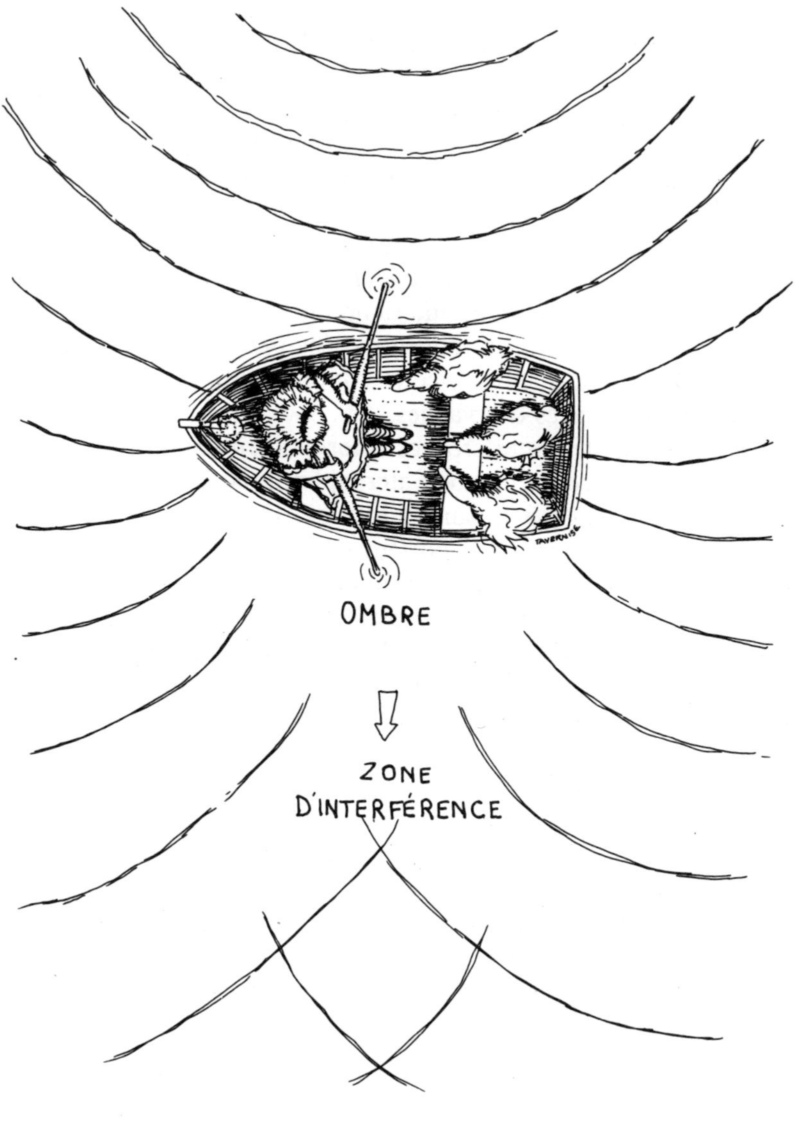

Suivons deux vagues, l'une ayant dépassé la proue du bateau et l'autre la poupe, tandis qu'elles se dirigent vers leur point de rencontre. Si elles franchissent exactement la même distance, leurs crêtes se conjugueront au moment de leur rencontre. On dit de telles vagues qu'elles sont en phase. Mais si les distances à parcourir sont légèrement différentes, l'une des vagues arrivera avant l'autre au point de rencontre. Le temps que la crête de la seconde vague la rejoigne, la première aura légèrement avancé, ne présentant alors que son creux ou son flanc. De telles vagues sont dites déphasées. Quand un creux rencontre exactement une crête, elles sont en opposition de phase (déphasées de 180 degrés). Quand deux crêtes se rencontrent, les vagues sont en phase ou, en d'autres termes, déphasées de 0 degré, ou encore de 360 degrés. Quand les vagues se rejoignent au-delà du bateau, leurs phases individuelles font ainsi l'objet de toutes sortes de combinaisons.

Quand deux crêtes se rencontrent en phase, l'effet résultant sera une élévation de la surface de l'eau, alors que deux creux en phase provoqueront une profonde dépression. En d'autres régions, les vagues peuvent être en opposition de phase, de sorte qu'une crête et un creux s'annuleront exactement en se rencontrant. D'autres se rencontreront à divers degrés de phase, et une riche figure d'interférences résultera de cette jonction entre les vagues passées par les deux extrémités du bateau. Mathématiquement, cette configuration peut s'exprimer en termes de déphasages des vagues.

Les phases et les interférences interviennent également dans une salle de concert et dans un poste stéréophonique, où les ondes sonores remplacent les rides à la surface du lac. Dans une grande salle de concert, le son parvient à l'auditeur depuis de nombreux points différents, soit directement des instruments disséminés sur la scène, soit par réflexion sur les murs et le plafond. Nos oreilles étant séparées dans l'espace, les sons atteindront l'une une fraction de seconde avant ou après l'autre. Le son de chaque instrument atteint donc le cerveau sous forme de signaux provenant des deux oreilles, avec un léger déphasage entre la droite et la gauche. Ces déphasages sont analysés par le cerveau et utilisés pour placer le son dans l'espace. Un son non déphasé sera placé au centre, ceux qui ont une grande différence de phase seront placés à gauche, par exemple, alors que ceux dont le déphasage est opposé seront placés à droite.

Si ces sons sont enregistrés par un seul microphone et retransmis par un haut-parleur, seules seront restituées la hauteur et la puissance du son ; l'information de phase sera perdue. Mais si les sons sont

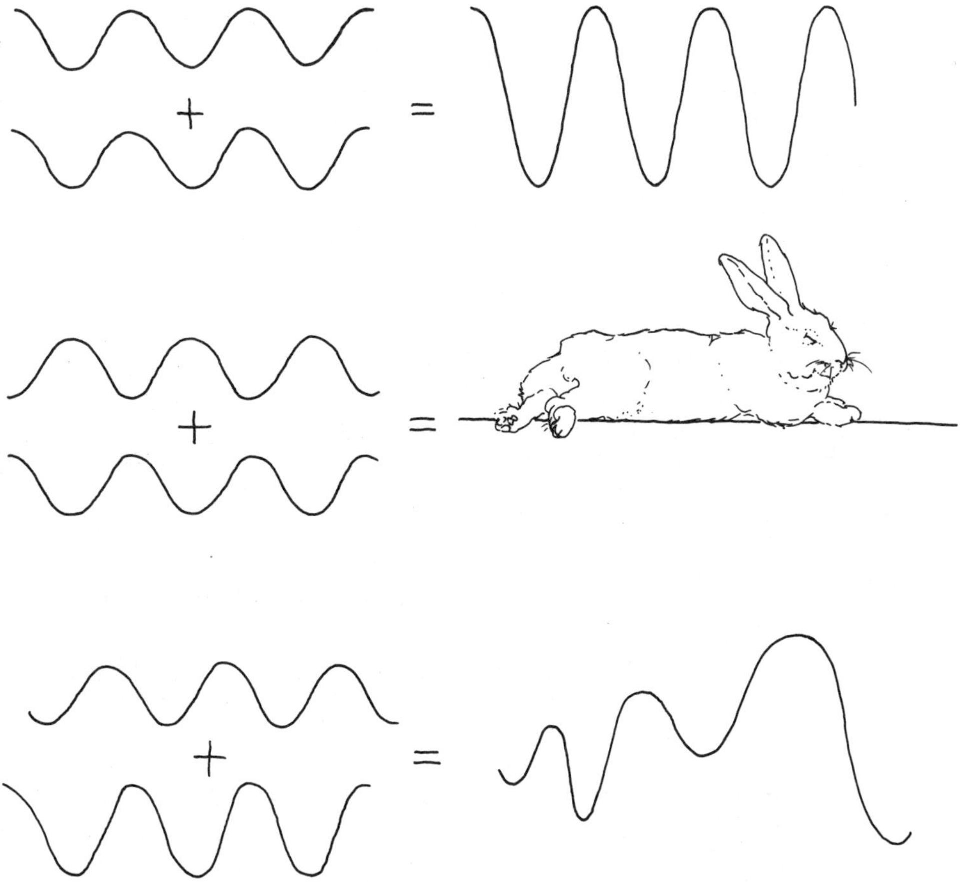

Le diagramme supérieur montre l'effet résultant de deux ondes se rencontrant en phase. Le second montre des ondes se rencontrant en opposition de phase (avec un décalage de 180°). Le diagramme inférieur montre la rencontre d'ondes légèrement déphasées.

enregistrés par deux microphones séparés dans l'espace, puis rejoués par des haut-parleurs stéréophoniques, l'illusion du son réparti dans l'espace sera restituée. Le son envoyé à l'un des haut-parleurs sera décalé d'une fraction de seconde par rapport à l'autre, et il en résultera un déphasage entre les ondes, lesquelles produiront des interférences dans la salle d'audition. L'effet résultant sera de simuler la répartition du son dans l'espace.

On peut exécuter un tour intéressant à l'aide d'un système stéréophonique en intervertissant les deux fils de l'un des haut-parleurs. Ceci décale de 180 degrés toutes les relations de phase, de sorte que les sons émis depuis le centre seront exactement en opposition de phase. Deux ondes émises par l'instrument central devraient normalement se rencontrer en phase dans la salle et s'additionner, mais lorsque les fils sont inversés elles se soustrairont l'une de l'autre — une crête étant annulée par un creux. Il semblera maintenant y avoir un « trou » au centre du champ d'audition. Si on intervertit à leur tour les fils du second haut-parleur, la phase de celui-ci subit une rotation de 180 degrés et on est revenu au point de départ. L'inversion des fils des deux haut-parleurs produit le même effet que la situation initiale.

Tout cela met en lumière le fait que les relations de phase entre les ondes et leur interférence comportent des informations précieuses sur l'état global de phénomènes tels que des sons répartis dans la salle de concert. Une interférence optique est produite par la rencontre d'ondes provenant de l'objet tout entier. Dans l'hologramme optique, les informations de phase sont enregistrées dans l'halogénure d'argent de la plaque photographique sous la forme d'une figure d'interférence. Cette figure est un codage d'informations relatives à l'objet dans son ensemble, et peut être utilisée pour en reconstruire une image tridimensionnelle exacte.

Nous pouvons en comprendre le fonctionnement en examinant plus attentivement la comparaison proposée par Bohm. Dans la photographie normale, on utilise une lentille pour former une image sur une plaque photographique, chaque point de l'objet correspondant à un point unique de l'image, et vice versa. En termes mathématiques, on a effectué une transformation de l'objet à l'image. Avec un objet plat et une image plane, c'est une transformation particulièrement simple, appelée transformation univoque. Dans la photographie normale, les seules informations disponibles sont la couleur de l'objet et l'intensité lumineuse de chaque point ; aucune information de phase n'est enregistrée. Quand une portion de la plaque photographique est détruite, la région correspondante de l'image est perdue, alors que le reste demeure intact.

Dans l'holographie, il se produit un phénomène tout différent. La lumière réfléchie par l'objet tout entier est utilisée pour produire une figure d'interférence, laquelle est enregistrée sur une plaque photographique, ou « holographique ». Ainsi, si une portion de plaque est perdue, l'image globale est conservée.

Il n'existe pas de forme simple de l'holographie. Selon les résultats désirés, on peut adopter plusieurs méthodes. On utilise normalement une lumière laser pour source d'éclairage. La lumière ordinaire d'une flamme, d'une ampoule à incandescence, du soleil ou d'un flash, com-

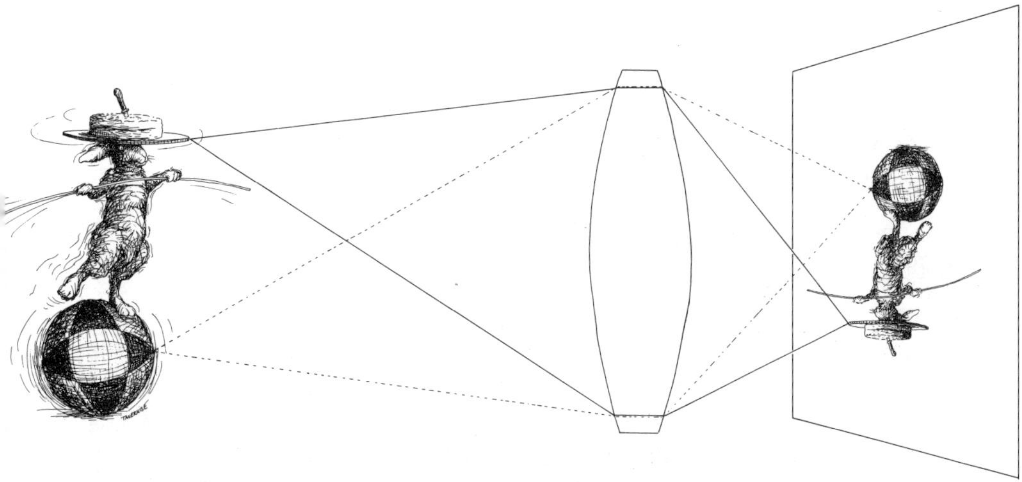

A chaque point du lapin équilibriste, à gauche, correspond un point de l'image projetée par la lentille. C'est une correspondance univoque.

posée d'ondes qui forment déjà toute une confusion de phases, ne convient pas pour un enregistrement tenu de restituer des indications de phase. Dans un laser, par contre, les atomes sont excités de façon à émettre des photons qui sont tous en phase.

On sépare la lumière laser en deux faisceaux, l'un pour éclairer l'objet, l'autre pour servir de « faisceau de référence ». Quand ces deux faisceaux se rejoignent, ils produisent des interférences. L'un des faisceaux, après avoir été réfléchi et dispersé par l'objet, contient un mélange de phases, tout comme le son du poste stéréo, alors que la lumière du faisceau de référence est toujours en phase. La figure d'interférence résultante constitue un motif très fin de taches de lumière et d'obscurité, une sorte de code.

Pour reproduire l'image, il suffit de projeter le faisceau de référence sur la plaque holographique qui porte l'enregistrement de cette figure, et d'observer la plaque depuis l'autre côté.

L'image apparaît en trois dimensions et l'observateur, s'il penche la tête, a l'impression de voir « autour » de l'objet. On peut considérer que la plaque contient un enregistrement du faisceau de référence et des faisceaux dispersés. Quand on projette le faisceau de référence sur la plaque, il excite l'enregistrement et le faisceau dispersé devient visible. C'est ce fait qui a inspiré à Pribram l'analogie frappante entre l'holographie et les facultés de mémorisation et de réactivation du cerveau.

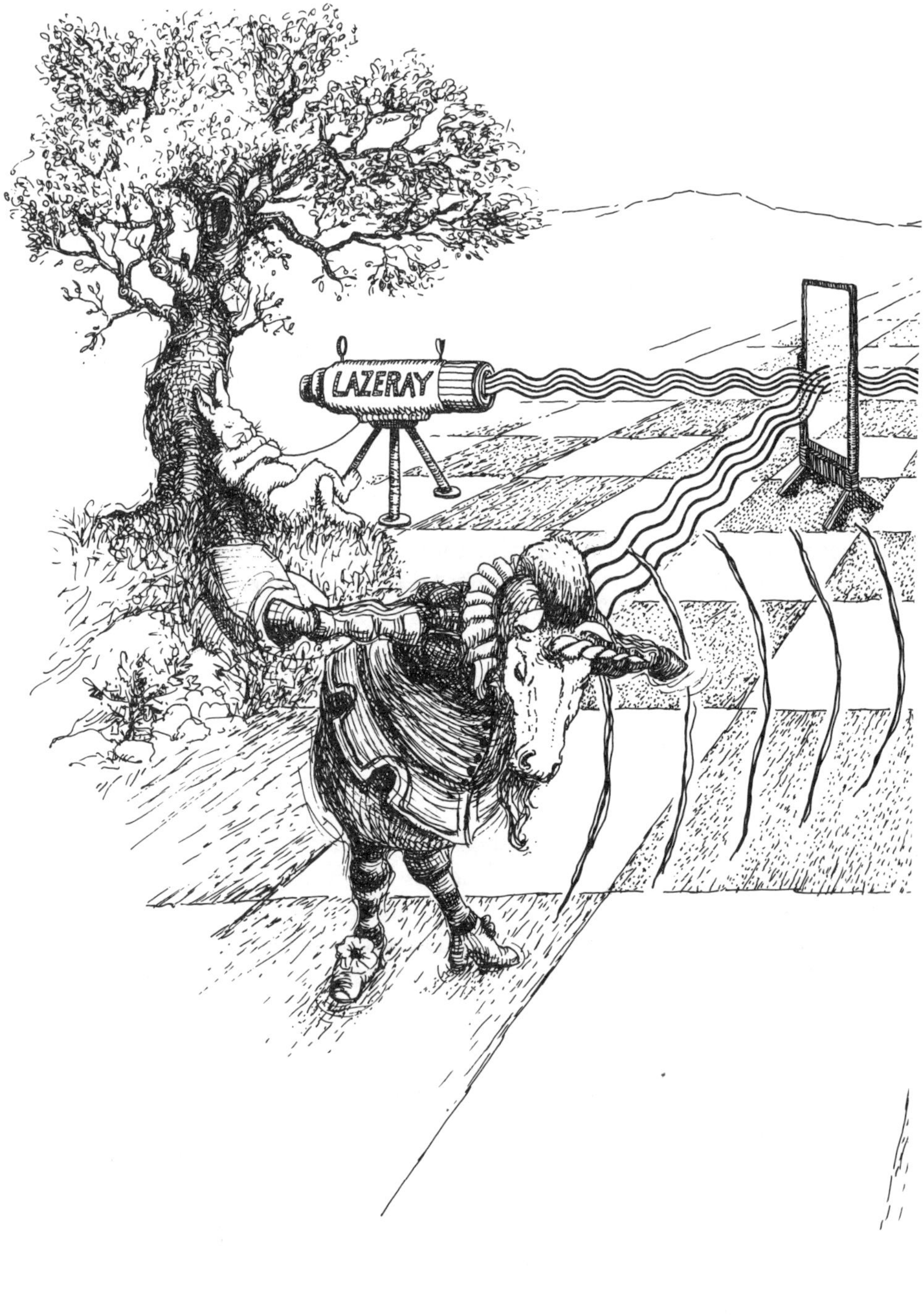
LAZERAY

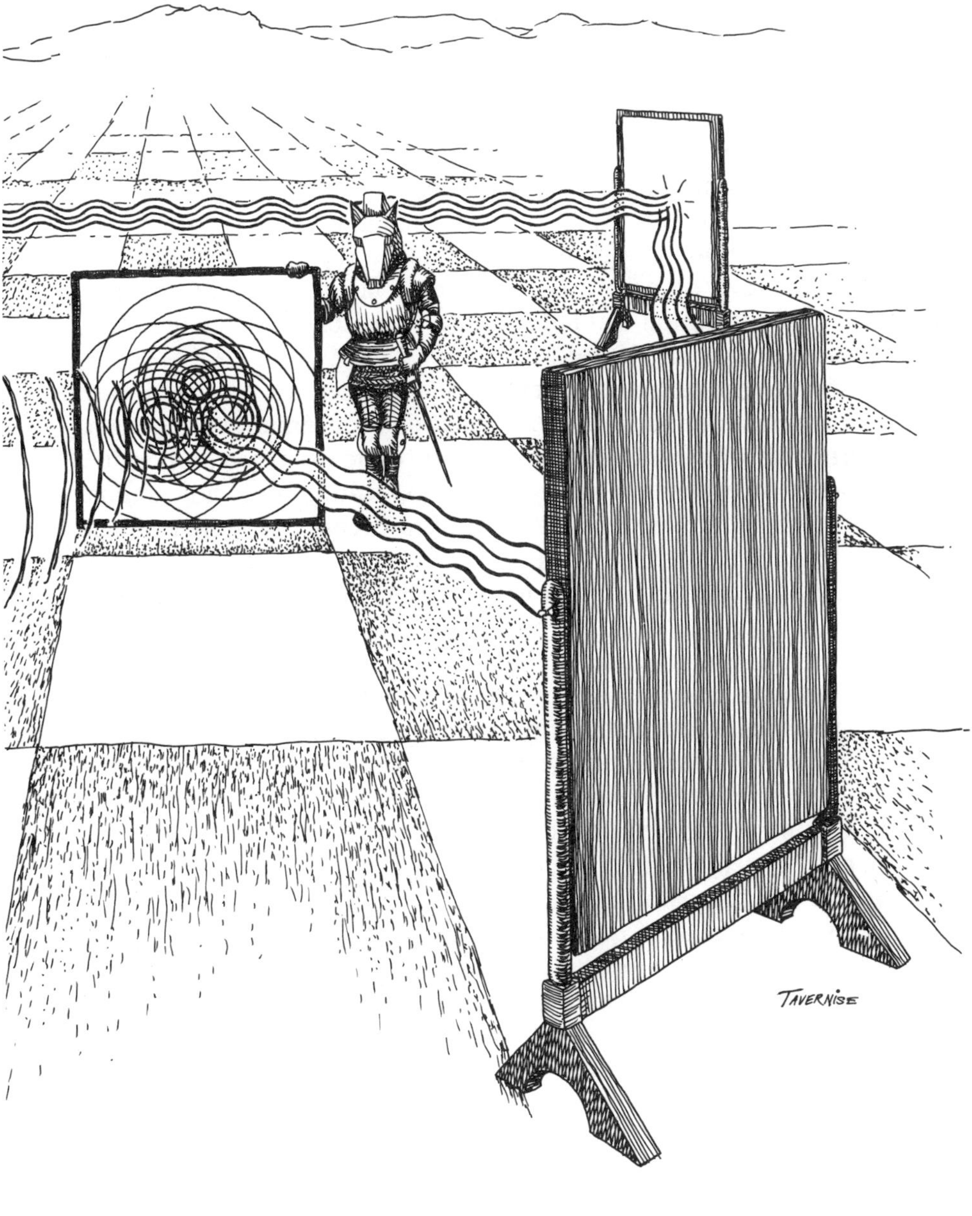
TAVERNISE

Une variante de la méthode holographique décrite ci-dessus a suggéré en outre une analogie avec le phénomène d'« association », qui fait par exemple que le souvenir d'une personne rencontrée pour la dernière fois à une certaine soirée rappelle soudain le souvenir d'autres personnes présentes au même endroit. Dans le processus holographique correspondant, on utilise un faisceau unique pour disperser la lumière à partir de deux objets, A et B. Les faisceaux dispersés forment en se réunissant une figure d'interférence qui est alors enregistrée. Pour activer l'hologramme, on éclaire à l'aide du laser l'un des objets originaux, A, et on projette la lumière réfléchie à travers la plaque holographique, qui fait alors apparaître l'image de B. Inversement, si on éclaire B de la même façon, on verra l'objet A. Dans cette utilisation de l'holographie, la présence de l'un des objets *rappelle* les traits de l'autre.

Pribram trouva extrêmement convaincantes les analogies entre l'hologramme optique, où les informations concernant un objet sont réparties sur une grande surface, et les idées de Lashley à propos de la mémoire délocalisée. Une certaine application de l'holographie, l'« holographie de reconnaissance », offre encore une autre analogie, cette fois avec le système visuel du cerveau. Dans cette technique, on produit de la même façon un hologramme à partir d'un faisceau de référence et du faisceau dispersé par un objet, mais on ajoute au système un miroir convergent. Si la lumière dispersée par un objet identique est alors réfléchie par le miroir sur la plaque holographique, une unique tache lumineuse apparaît. Si l'objet éclairé diffère tant soit peu de l'original, la tache lumineuse ne se forme pas. En plaçant une cellule photoélectrique derrière l'hologramme, le système peut être utilisé comme appareil de reconnaissance automatique.

Un tel système fonctionne par reconnaissance globale d'un objet, non par une comparaison point par point de caractéristiques individuelles. Serait-ce ainsi que le cerveau peut repérer un visage dans la foule ou reconnaître la photographie d'une scène familière ? Il est certain que nous ne voyons pas nos amis en termes d'yeux, de nez, de mentons, mais en tant que totalités. L'holographie de reconnaissance pourrait sans doute fournir des indications intéressantes sur la façon dont le cerveau traite l'information visuelle.

Une recherche « répartie »

Le processus holographique est certes évocateur, mais Pribram, pour aller plus loin, devait déterminer s'il se produit effectivement à l'intérieur du crâne un phénomène analogue à la transformation holographique. Il lui fallait découvrir en particulier s'il existe dans le cerveau des mécanismes correspondant au faisceau de référence, au faisceau dispersé, et à la plaque sensible. (Nous reviendrons dans le chapitre suivant sur les résultats de cette recherche.) Les travaux de laboratoire de Pribram n'avaient cependant pas été conduits dans le sens de cette théorie holographique. Sa contribution consista surtout à recenser et étudier les expériences menées par d'autres groupes, et à voir dans quelle mesure elles corroboraient un modèle holographique des fonctions du cerveau.

De la fin des années 60 au début des années 70, Pribram publia ses arguments dans des revues scientifiques. Il n'était pas le seul à le faire, pas plus qu'on ne peut considérer la théorie holographique du cerveau comme le fait d'un seul penseur. Mais le soutien qu'il lui apporta sous forme de publications scientifiques, de conférences, de colloques et de vulgarisation attira une attention considérable sur la théorie.

Tout le monde ne lui fit pas bon accueil. Certains pensaient que la non-localisation de la mémoire ne résultait pas d'un effet holographique mais de champs électriques opérant à travers tout le cerveau. D'autres avançaient que le flux des messages chimiques, les neurotransmetteurs, pouvait intervenir dans la mémorisation des souvenirs et dans l'acquisition du savoir-faire. Plusieurs indices viennent appuyer toutes ces théories. Certains sont convaincants, mais aucun n'est décisif. Contrairement aux expériences propres aux sciences physiques, ces expériences mettant en jeu des êtres vivants, la perception et le comportement peuvent donner lieu à un certain nombre d'interprétations différentes. Des effets subtils peuvent être introduits, par exemple, par la manière dont un chercheur ou son assistant traitent différents groupes d'animaux. Quand on en vient à des théories concernant le cerveau, il est difficile d'appliquer le critère de Karl Popper exigeant que la théorie soit exprimée sous une forme clairement réfutable. Autrement dit, il est parfois difficile de *réfuter* certaines théories biologiques, bien qu'elles puissent en fait être fausses.

L'un des premiers scientifiques à avoir rejeté la théorie holographique et tenté de la réfuter fut Paul Pietsch. Il n'avait aucune expérience concernant la recherche sur le cerveau, mais ses travaux sur le rejet de tissus chez les salamandres l'avaient convaincu que le fonctionnement du corps fait appel à des groupes de cellules indépendants, et il était certain que le cerveau ne pouvait pas fonctionner différemment. Dans un ouvrage intitulé *Shufflebrain* (Mélange de cerveaux), Pietsch décrit une série d'expériences sur le cerveau de la salamandre, un curieux animal capable de régénérer ses membres après amputation. Pietsch découvrit que le nerf optique de la salamandre pouvait se ressouder après sectionnement et que des transplantations pouvaient s'intégrer au cerveau. Il mêla et interchangea les cerveaux de différentes salamandres, effectuant des permutations circulaires de certaines portions ou intervertissant des hémisphères. Il escomptait naturellement que des réagencements aussi radicaux feraient apparaître des comportements bizarres mais, à sa surprise, la plupart des animaux continuèrent à se comporter normalement.

Malheureusement pour l'interprétation de ces expériences, le comportement de la salamandre consiste pour la plus grande part à manger des tubifex. Les cobayes de Pietsch ne pouvaient pas être entraînés à presser des boutons ou à parcourir un labyrinthe, de sorte qu'il s'avère difficile d'estimer avec précision les conséquences des modifications apportées à leur cerveau. Les expériences montrèrent néanmoins que les mécanismes d'alimentation de la salamandre pouvaient subsister en dépit d'une brutale perturbation de sa structure cérébrale. Pietsch en conclut que ces mécanismes doivent être en quelque sorte non localisés à l'intérieur du cerveau.

A la suite de ses recherches, Pietsch, de sceptique qu'il était, se convertit à la théorie holographique du cerveau et proposa quelques conjectures supplémentaires. Dans l'une d'elles, il avance que le « cerveau réparti » est universel, et se retrouve même dans les formes les plus primitives de cerveaux.

Les bactéries qu'on trouve dans l'intestin humain peuvent réagir à de très faibles gradients chimiques. La minuscule bactérie *Escherichia coli,* par exemple, se dirigera vers un extrait de viande mais s'éloignera de l'alcool. Pour ce faire, elle doit déterminer dans quelle direction se trouve la plus forte concentration de la substance, ce qui suppose qu'elle puisse faire une analyse d'infimes différences de concentration entre ses propres extrémités. En raison de sa taille microscopique, ces différences sont presque indécelables, et certains chercheurs estiment qu'il est impossible à la bactérie d'effectuer une analyse aussi précise. La seule autre hypothèse serait qu'elle se « souvienne » de la concentration moyenne d'une substance de région en région à mesure qu'elle se déplace. Cette idée est encore moins acceptable pour la pensée orthodoxe, car elle supposerait qu'un organisme unicellulaire puisse non seulement enregistrer des souvenirs, mais qu'il puisse aussi les ordonner. Comment des souvenirs pourraient-ils être enregistrés et traités par une bactérie, qui n'a pas de nerfs, et moins encore de cerveau ? Pietsch estime l'hypothèse raisonnable à la lumière du modèle holographique, et il suppose que la « mémoire » de la bactérie pourrait être en fait distribuée holographiquement sur toute sa surface. En exprimant l'information relative aux concentrations chimiques sous forme d'agencements géométriques de certaines molécules de protéines, la membrane extérieure d'*E. coli* deviendrait une extension « cérébrale ». Dans certains processus de transfert, l'information mémorisée dans l'agencement des protéines superficielles est utilisée pour activer les protéines contractiles qui font se mouvoir les flagelles (minuscules filaments locomoteurs) afin de propulser l'organisme. Pietsch en déduit que si les systèmes mémoriels les plus primitifs ont commencé sous forme d'une distribution d'informations à la surface d'un animal, les stades ultérieurs de l'évolution ont pu retenir cette méthode de codage réparti.

Henri Bergson, que Sheldrake avait étudié, conjecturait que la conscience n'était pas dans le cerveau mais se trouvait distribuée dans tout le corps. Wilhelm Reich, psychologue controversé, a fondé sa thérapie sur l'extraction de « souvenirs » répartis dans la tension des muscles.

Selon un article récent de *Brain/Mind Bulletin,* une nouvelle méthode photographique aurait révélé un bizarre phénomène holographique chez les plantes. Quand on découpe un rond ou un carré au centre d'une feuille, il apparaît dans le trou une image spectrale miniature de la feuille entière. Cet effet évoque également les spectres des champs morphogènes de Sheldrake.

Ces faits, et d'autres résultats alléchants de recherches diverses, laissent supposer que la répartition holographique est fondamentale chez de nombreux types d'ordres différents, depuis les photons jusqu'à la conscience humaine en passant par la « conscience végétale ».

La grande effervescence des années 70 dans la recherche sur le cerveau ne fut cependant pas provoquée par la théorie holographique, mais par les travaux concernant ce qu'on a appelé le cerveau divisé. Ces travaux, pour un temps du moins, ont redonné vie à l'idée selon laquelle les fonctions du cerveau pouvaient être localisées. Dans la littérature scientifique et populaire, l'hémisphère gauche du cerveau se vit associé aux processus rationnels de la logique et du langage, et le droit aux activités plus artistiques, plus intuitives. Certains auteurs ont même affirmé que l'hémisphère droit était le siège de la créativité. Des recherches ultérieures ont montré que la situation était beaucoup plus complexe. A titre d'exemple, les mesures de l'activité électrique du cerveau ont indiqué que l'hémisphère droit était plus actif quand les sujets expérimentaux écoutaient de la musique, ce qui venait à l'appui d'une localisation des caractéristiques intuitives non verbales de la conscience dans cette partie du cerveau. Mais quand des musiciens écoutaient de la musique, l'hémisphère *gauche* était plus actif. Cela pourrait signifier simplement que les artistes créatifs sont plus analytiques quand il prêtent attention à une œuvre d'art, mais il nous reste à définir la créativité. Des recherches récentes ont également démontré que l'hémisphère droit avait des facultés d'analyse.

Il apparaît maintenant qu'après la petite enfance, chaque hémisphère commence à se spécialiser dans certaines activités. Mais la conscience elle-même n'est pas composée de fragments d'activités localisés ici ou là. Elle est répartie dans le cerveau tout entier. Les somnambules et les gens qui sont affligés de « dédoublement de la personnalité » ne se rappellent pas ce qu'ils ont dit ou fait quand ils se trouvaient dans « un autre état d'esprit ». Le terme de « double personnalité », cependant, n'est pas approprié. Les différentes personnalités ne sont pas intégrées les unes aux autres, mais chacune est en elle-même un ensemble intégré de gestes, de mouvements, de souvenirs, un peu comme un hologramme. L'ensemble de la personnalité est là, mais chaque partie (ou « personnalité ») en fait apparaître une perspective différente.

Écarter de la pensée scientifique actuelle la notion de parties pourrait, dans l'avenir, permettre à une nouvelle appréhension de la totalité de se faire un jour dans divers domaines de la recherche sur l'esprit et le cerveau.

17.

LES MATHS DE L'OBSERVATEUR HOLOGRAPHIQUE

Il faudra encore beaucoup de travail scientifique avant de pouvoir estimer à leur juste valeur les hologrammes apparaissant dans les trous de feuilles endommagées, l'hypothèse de Pietsch concernant la répartition de la mémoire chez les bactéries, et l'application d'une structure holographique au cerveau divisé. Pour obtenir des preuves plus détaillées de la nature holographique du cerveau, nous devons revenir à Pribram.

Configurations dans le cerveau

L'essence de l'holographie réside dans les figures d'interférence inscrites sur la plaque holographique. Mais comment les interférences pourraient-elles se produire dans le cerveau ? Pour répondre à cette question, Pribram s'est intéressé à une région du cerveau qui avait déjà fait l'objet d'études particulièrement poussées — l'appareil visuel. Les anatomistes considèrent l'appareil tout entier — rétine, nerf optique et cortex visuel — comme appartenant au cerveau. Selon ce point de vue, en fait, l'appareil oculaire est une région cérébrale extrudée dans les orbites du crâne.

Quand la lumière atteint le fond de l'œil, elle stimule les bâtonnets et les cônes sensitifs de la rétine et leur fait émettre des signaux électriques. Ces cellules sont connectées au cortex visuel par une liaison complexe appelée nerf optique. A une certaine époque, on pensait que chaque cône, chaque bâtonnet stimulait directement une cellule ou un groupe de cellules du cerveau. Une image carrée parvenant à la rétine stimulerait ainsi un carré de cellules dans le cerveau. Ce modèle de la vision était celui de la photographie ordinaire et impliquait une transformation univoque. Il serait difficile, à l'aide d'un tel modèle, d'expliquer comment la vision survit à une lésion du cortex ou du nerf optique.

Des travaux plus approfondis ont permis de dépasser cette théorie ancienne en montrant que ce qui atteignait le cortex visuel s'apparentait plutôt à une onde électrique en expansion. La rétine elle-même est une unité de traitement complexe. Les signaux émis par les cônes et les bâtonnets sont comparés entre eux et transformés avant même d'atteindre le nerf optique, lequel n'est pas une fibre unique mais un système complexe de nerfs qui s'étend de l'arrière de l'œil au cerveau. Il est traversé sur toute sa longueur par des milliers de « neurones de circuits locaux » qui interconnectent les fibres nerveuses individuelles, créant ainsi un réseau complexe de connexions qui traverse et retraverse le nerf optique. Ces neurones de circuits locaux n'émettent pas eux-mêmes de signaux, mais agissent pour renforcer ou bloquer certains signaux dans le nerf optique. A chaque interconnexion, ils comparent les signaux qui passent dans les fibres voisines et les modifient. Un signal très fort sera entouré de fibres portant des signaux beaucoup plus faibles mais, plus loin, sera de nouveau entouré de signaux plus forts ondulant ainsi à la manière des rides à la surface d'une mare. Quand un signal particulier atteint le cortex visuel, il a été modifié par des dizaines de milliers d'interconnexions. On ne peut plus imaginer qu'un bâtonnet ou un cône individuel donne naissance à un stimulus localisé dans une seule cellule cérébrale. Au lieu de cela, c'est une série d'ondes qui se propage à travers le cortex. En remontant le nerf optique, le signal est transformé en anneaux concentriques d'activité, ou encore en ondulations qui s'amplifient.

Si plusieurs parties de la rétine sont stimulées (ce qui est presque toujours le cas), de nombreuses séries d'ondes concentriques remonteront le nerf optique jusqu'au cortex visuel. Il en résulte que quand une forme complexe se présente à l'œil, ces ondes interféreront entre elles pour produire quelque chose d'analogue à une configuration holographique. L'information visuelle concernant un objet est répartie par cette configuration dans tout le cortex.

Ces mécanismes ont été mis en évidence par de minutieuses expériences pratiquées en laboratoire sur des chats, des singes, des rats et d'autres animaux. A l'époque, la plus grande partie de ces travaux n'a pas été conduite spécifiquement pour vérifier la théorie holographique, mais les résultats se sont révélés par la suite concorder avec le concept de figures d'interférence se formant dans le cerveau. Dans une expérience type, on projette brièvement des images sélectionnées sur l'œil d'un animal tout en suivant l'activité électrique correspondante à l'aide d'électrodes placées dans le cerveau. Ces expériences indiquent que les hologrammes visuels ne sont pas en fait répartis uniformément dans tout le cortex, mais par nappes. Un hologramme semble se former pour chaque secteur de 5 degrés du champ de vision, et être alors projeté dans le cortex. Le champ tout entier est ainsi formé d'une série de nappes holographiques enchevauchées.

Ce processus rappelle curieusement ce qui se passe quand des mathématiciens structurent l'espace-temps courbe d'Einstein. Dans chaque région, l'espace-temps peut-être représenté par une nappe, mais celle-ci ne peut être raccordée de façon continue à sa voisine. Il en résulte une marqueterie de nappes spatio-temporelles qui constituent ensemble la géométrie courbe de la relativité généralisée. D'une manière similaire, le champ visuel est traduit dans le cerveau par une série d'hologrammes se recouvrant partiellement et dont chacun représente une partie du champ.

Pribram fait observer que les nappes holographiques présentent certains avantages par rapport à un hologramme d'un seul tenant. Un tel système doit être très sensible au mouvement, car celui-ci crée une différence entre une nappe et la suivante à mesure que l'objet se déplace dans le champ visuel. Les insectes dotés de champs visuels multiples ou composés disposés comme les facettes d'une pierre taillée sont très sensibles aux mouvements infimes qui se produisent autour d'eux. Les hologrammes en nappes doivent agir de la même façon en fournissant une image mouvante en trois dimensions composée de secteurs se recouvrant partiellement.

Le chien en tant qu'onde sinusoïdale

L'étape suivante de la démarche visant à introduire l'analogie holographique dans la science du cerveau consistait à déterminer la nature exacte de la transformation qui se produit entre le monde extérieur et le cerveau. C'est-à-dire : comment le milieu tridimensionnel solide d'ombre et de lumière dans lequel nous nous mouvons est-il traduit en figures d'interférence remontant le nerf optique jusqu'aux cortex et, une fois là, comment en faisons-nous l'expérience sous forme de vision ?

Les transformations holographiques ordinaires impliquent une forme d'enfouissement connue mathématiquement sous le nom de

« transformation intégrale ». Une transformation intégrale convertit une forme en une autre en décomposant la première forme en un certain nombre de formes plus simples.

Un type particulier de transformations intégrales utilisées en holographie est la transformation de Fourier. C'est une manière extrêmement efficace de mémoriser et de comparer des données, qui a même éveillé l'intérêt des ingénieurs informaticiens en tant que moyen nouveau de traiter les informations complexes. Dans une transformation de Fourier, l'étape intermédiaire consiste à décomposer toute forme complexe, telle que le chien de la maison, en sinusoïdes et cosinusoïdes. Les résultats expérimentaux laissent supposer que ce processus a lieu également dans le cerveau. L'information concernant l'environnement est ainsi convertie en ondes simples, lesquelles sont transmises et mémorisées sous forme de figures d'interférence.

La décomposition d'une forme d'onde complexe en ses éléments les plus simples, étape essentielle de la transformation de Fourier, peut s'illustrer en prenant par exemple les sons d'un orchestre. Le cor d'harmonie produit une note très proche d'une onde sinusoïdale pure — la plus simple et la plus douce des oscillations possibles. Les notes du violon sont aiguës et dentelées ; la trompette est plus douce, mais pas autant que le cor d'harmonie. Le son de chaque instrument a une forme caractéristique, ainsi qu'une manière particulière de naître et de s'éteindre.

Selon la théorie de la transformation de Fourier, toute note de n'importe quel instrument, ou même de l'orchestre tout entier, peut être reproduite avec exactitude par addition d'ondes sinusoïdales simples. Dans un synthétiseur électronique, on associe une série d'oscillateurs dont chacun produit une onde sinusoïdale d'une fréquence donnée. Pour obtenir une note de cor d'harmonie, il suffira d'une seule onde. Pour reproduire le son d'un violon ou d'un autre instrument, il faudra fournir au synthétiseur une série de valeurs sinusoïdales et cosinusoïdales. La transformation de Fourier indique quelles quantités de ces différentes ondes sinusoïdales doivent être additionnées. Le résultat donne une reproduction surprenante de n'importe quel instrument.

L'appareil auditif humain fonctionne selon un principe analogue à celui du synthétiseur, mais inversé. Les vibrations parvenant à l'oreille sont recueillies par un tympan, qui les transmet par un ingénieux système de leviers osseux à un canal empli de fluide. A l'intérieur de ce canal se trouve un ensemble de fibres, ou cils, très fins, dont chacun vibre à une fréquence particulière.

Quand un cor retentit, sa vibration sinusoïdale excite le fluide de l'oreille, entraînant la vibration des seuls cils sensibles à cette fréquence. Chacun des cils vibrants déclenche à son tour des impulsions nerveuses qui informent le cerveau de l'arrivée d'une onde sinusoïdale pure. Une note de violon excitera différentes séries de cils, dont chacun, ou chaque groupe, réagit à une seule onde sinusoïdale. Autrement dit, la note du violon est décomposée en ses ondes sunisoïdales élémentaires, ou composantes de Fourier. Le message résultant envoyé au cerveau est cette série d'informations relatives à l'intensité de chaque onde sinusoïdale — en termes mathématiques, une série de coefficients de Fourier. L'impression que perçoit alors le cerveau correspond au son du violon.

La décomposition d'une onde complexe en ses composantes de Fourier est d'une application parfaitement générale. On peut remplacer l'onde sonore par une vague se brisant sur le rivage, le dessin d'une onde sur une feuille de papier, ou même la forme de n'importe quoi. L'analyse de Fourier peut s'appliquer aux fluctuations de la Bourse, ou au profil du visage humain. Pribram estime qu'une grande partie des mécanismes fondamentaux du cerveau consiste à traduire l'expérience perceptuelle, et même le rêve éveillé, en transformées de Fourier dont la plupart, réparties dans le cerveau, constituent la conscience et la mémoire.

En 1968, Pribram reçut du professeur Fergus Campbell, de l'université de Cambridge, une note tendant à confirmer l'hypothèse selon laquelle l'appareil visuel accomplissait un certain type de transformation de Fourier. Les expériences relatives à l'appareil visuel font généralement appel à des animaux de laboratoire dont les réactions sont suivies au moyen de sondes plongées dans le cerveau. Des chercheurs avaient précédemment émis l'hypothèse que l'appareil visuel fonctionnait en détectant des indices de structures, comme des bords et des barres mouvantes. Mais Campbell s'était aperçu, quand on présentait à l'œil une grille composée de barreaux rectilignes, que le cerveau semblait les décomposer en sinusoïdes et cosinusoïdes, c'est-à-dire en coefficients de Fourier. En d'autres termes, les cellules du cortex visuel ne réagissent pas à la configuration elle-même, mais aux composantes de Fourier de cette configuration !

Les transformations de Fourier sont également utilisées dans la représentation mathématique de l'holographie, et la convergence des preuves venant à l'appui de l'interférence et de la décomposition des objets en fréquences indique qu'il se produit dans le cerveau un phénomène très semblable, dans sa forme mathématique, à l'holographie. Outre l'ouïe et la vision, Pribram pense que le mouvement et l'action physique sont également encodés sous cette forme, que tout ce dont nous faisons l'expérience en tant que perception et mouvement existe à un autre niveau en tant que « domaine de fréquence » (de Fourier), ou ordre implicite.

Comment, par exemple, décririez-vous les mouvements d'un homme en train de donner des coups de marteau, ou d'une femme sautant sur un tremplin ? Pourriez-vous expliquer à quelqu'un comment conduire une bicyclette ? Dans les années 30, un scientifique russe, Nikolai Aleksandrovitch Bernshtein, a fourni une réponse à ces questions. Il a revêtu ses sujets d'expérience de collants noirs et placé des disques blancs à leurs articulations, coude, poignet, genou, etc. Les sujets devaient alors exécuter une certaine action tandis qu'on les filmait sur un fond noir, ce qui faisait apparaître un mouvement continu dans l'espace, assez complexe, tracé par les disques blancs.

Bernshtein se rendit compte que ces courbes pouvaient être soumises à une analyse de Fourier — c'est-à-dire traduites mathématiquement en fréquences ou ondes sinusoïdales. La transformation de Fourier permettait alors de considérer l'action de marteler ou de sauter comme un *mouvement global* (une association de fréquences) plutôt que comme une série d'étapes discontinues, ce qui n'est pas sans rappeler l'approche de Bohm concernant le mouvement. L'analyse de Bernshtein aboutit à de tels résultats qu'il pouvait prévoir la phase suivante d'un mouvement à quelques millimètres près. Ces résultats ne furent malheureusement traduits en anglais qu'en 1967, de sorte que les neurologues de l'Ouest n'en eurent connaissance qu'avec beaucoup de retard.

Pribram comprit que, tout comme l'hologramme optique contient la totalité de l'image enfouie dans l'espace, une transformation similaire pouvait « enfouir » un mouvement dans son ensemble, une danse par exemple. Bernshtein avait montré comment la totalité d'un mouvement pouvait être décrite mathématiquement. Peut-être le cerveau fonctionne-t-il exactement de cette façon. Cela signifierait que nous n'apprenons pas à conduire une bicyclette en additionnant une succession d'étapes individuelles, mais en nous « accordant » au mouvement dans son ensemble — en faisant que les bras, les jambes et l'oreille interne réagissent à la même « fréquence ». Le transfert du savoir-faire d'un membre à un autre pourrait également s'effectuer par la transmission d'une « action globale », ou fréquence.

Un hologramme optique est une chose statique, un instant figé du temps. On peut reproduire le mouvement par l'holographie, mais d'une manière superficielle, en assemblant des instants successifs comme dans un film cinématographique. En émettant l'hypothèse que des mouvements dans leur ensemble peuvent être encodés d'une manière analogue aux tranformations de Bernshtein, que le temps aussi bien que l'espace peut être « enfoui » dans le cerveau, Pribram souhaite manifestement aller au-delà de sa métaphore originale de l'hologramme optique. Lui et d'autres neurologues défendent avec insistance le concept de cerveau holographique. Alors que d'autres modèles représentent le cerveau comme une interminable série de bits réagissant mécaniquement (ou électroniquement), ce nouveau modèle le fait apparaître comme un système de traitement recourant à des processus d'ensemble.

Un problème important est demeuré sans réponse. En admettant que la mémoire soit répartie holographiquement dans tout le cerveau comme un hologramme est réparti sur la plaque photographique, il ne faut pas oublier que les configurations sont enregistrées à la surface de cette dernière par les agencements de particules d'halogénure d'argent, de la même façon que l'information est mémorisée dans un ordinateur par des agencements de molécules magnétiques à la surface d'une bande ou d'un disque. Sur quelle substance du cerveau se trouve mémorisée la manière de conduire une bicyclette ?

Pribram a supposé que les figures d'interférence pourraient être enregistrées sur la membrane des synapses (les espaces qui séparent les terminaisons nerveuses) par une modification permanente de leur sensibilité électrique. Dans l'holographie optique, des milliers d'images holographiques peuvent être superposées sur une même plaque. Chacune de ces images peut être rappelée séparément en éclairant une scène ou un aspect de la scène de la même façon que lors de l'enregistrement. D'une manière analogue, selon l'hypothèse de Pribram, les synapses du cerveau pourraient contenir des milliers d'images holographiques. Il y a dans le cerveau des millions de synapses. Ce modèle pourrait rendre compte du phénomène d'association — comment une image, une expérience ou une idée en rappelle une autre semblable, comment la perception conduit à la pensée, puis à la perception, puis à la pensée dans le courant de la conscience selon un constant désenfouissement et renfouissement des souvenirs enregistrés sous une forme holographique.

On sait que, même quand les neurones n'émettent pas d'impulsions, un lent courant d'activité électrique circule constamment entre les synapses dans tout le cerveau. Selon Pribram, il est possible que les hologrammes ne soient pas mémorisés comme les images figées de la

Représentation imaginaire de l'interférence des ondes d'activité électrique dans la région des synapses. Selon Pribram, la mémorisation des hologrammes se fait par de très subtils changements de sensibilité électrique dans ces régions. Un nombre virtuellement infini d'hologrammes pourraient être ainsi enregistrés dans les zones synaptiques à travers tout le cerveau. Le processus de mémorisation implique peut-être le flux constant d'activité électrique qui se produit entre les synapses.

plaque photographique, mais portés par ce flux constant d'activité électrique. Ceci ferait des hologrammes du cerveau des structures de processus. Un ton de voix, une odeur, ou la vue de la neige extrairaient une configuration de souvenir enfouie dans les figures d'interférence du flux de l'activité électrique du cerveau. Un souvenir pourrait être une sorte de structure dissipative dans ce courant électrique : une structure dissipative faite de trames d'interférence.

Frank Barr, chercheur physicien à l'Institut californien pour l'étude de la conscience, a proposé une théorie fascinante selon laquelle la molécule de mélanine sensible à la lumière qu'on trouve dans tout le corps (y compris dans la peau où elle est à l'origine du bronzage) pourrait constituer un « film holographique » dans le cerveau. Bohm a dit que la matière était une sorte de lumière condensée, ou « gélifiée » — plus exactement, de la lumière (ou énergie) se mouvant à des vitesses moyennes inférieures à celle de la lumière. La mélanine s'est révélée jusqu'à présent étrangement hermétique aux analyses chimiques et physiques habituelles, de sorte que sa structure précise est encore inconnue. Mais Barr affirme que cette molécule, qui est le pigment universel le plus primitif des systèmes vivants et qui intervient dans une vaste quantité d'interactions biochimiques, dirige les activités d'autres molécules et, de ce fait, « mange » la lumière pour la convertir en d'autres formes d'énergie afin de maintenir et de faire évoluer la matière. C'est, pense-t-il, une sorte de molécule de lumière ralentie au carrefour entre la matière biologique et l'énergie. Dans le cerveau, la mélanine agirait comme un « trou noir » qui rendrait possibles les configurations holographiques.

Pietsch se contente de laisser dans le vague le problème du matériau de stockage des configurations réparties d'interférence, en disant que les hologrammes du cerveau sont mémorisés dans un « espace des phases » (ou extension en phase), qui peut se trouver soit dans différentes sortes de régions ou de processus cérébraux, soit dans un milieu non physique peut-être apparenté aux champs morphogènes de Sheldrake. La réponse à cette question sera manifestement d'une importance cruciale pour le sort du modèle de Pribram.

Dans l'étrange contrée où l'observateur rejoint l'observé

Il y a une certaine ironie dans le fait que Karl Pribram a commencé sa carrière scientifique en tant que behavioriste au côté du psychologue B.F. Skinner. Connu pour sa démarche scientifique réductionniste, Skinner croit fermement en un univers mécanique composé de parties interagissantes. Son approche expérimentale du cerveau est connue sous le nom de théorie « de la boîte noire ».

Dans l'ingénierie électrique, le concept de boîte noire est souvent utilisé pour des discussions théoriques ou des exercices expérimentaux. On présente à un étudiant un boîte noire scellée, et l'examinateur lui demande ce qu'il y a à l'intérieur. L'étudiant n'a pas le droit d'ouvrir cette boîte, dont il doit déduire le contenu en appliquant des signaux électriques à une entrée et en vérifiant la nature du signal sortant. A l'intérieur de la boîte peut se trouver un oscillateur, un amplificateur, un filtre, ou un circuit électronique plus compliqué. En comparant l'entrée avec la sortie, l'étudiant doit être capable d'en déduire un schéma de circuit exact, ainsi que les valeurs des résistances, des condensateurs et des transistors qui le composent.

De l'avis de Skinner, telle était la démarche qu'il convenait d'appliquer au cerveau. Celui-ci est un mécanisme d'une complexité colossale et, à notre niveau de connaissances actuel, toute formulation de théories à son propos est une perte de temps. Mais en mesurant et comparant les valeurs entrantes et les valeurs sortantes, on peut accumuler des données relatives à ses processus. Le milieu ambiant du laboratoire fournit l'entrée, ou stimulus. Le comportement constitue la sortie, ou réaction. La méthode de la boîte noire de Skinner pour l'étude du cerveau consiste donc à recueillir des informations sur les stimuli et les réactions.

Le problème posé par le behaviorisme et la démarche de la boîte noire tient à l'hypothèse que le comportement humain n'est « rien d'autre » que stimulus et réaction. Il faudrait supposer également un univers mécaniste dans lequel l'observateur scientifique peut demeurer totalement séparé de la boîte. Il ne s'agit manifestement pas de la boîte au chat de Schrödinger. Pour un behavioriste strict, toute activité humaine résulte de l'action du milieu sur le cerveau et sur ses programmes génétiquement déterminés. L'effet d'un stimulus peut aller de se gratter le nez à peindre un tableau. Skinner a de fait avancé qu'un poète « pondait » un poème un peu de la même façon qu'une poule pond un œuf. Dans son roman, *Walden Two,* il imagine une Utopie moderne fondée sur le contrôle mécanique des stimuli grâce à ce qu'il a appelé « l'ingénierie sociale ».

Alors qu'il était jeune neurologue, Pribram engagea avec Skinner une discussion à propos des théories de Wolfgang Köhler, un éminent psychologue gestaltiste qui avait postulé que le cerveau formait une image exacte du monde extérieur. Si l'œil voyait un objet carré, une disposition carrée de cellules se trouvait excitée dans le cerveau. Skinner demanda à Pribram quelle sorte d'image se formait quand quelqu'un tondait sa pelouse. Le jeune homme dut admettre qu'il n'en avait aucune idée. Dans ce cas, lui dit Skinner, il ferait mieux de continuer à traiter le cerveau comme une boîte noire.

Des années plus tard, armé du modèle holographique, Pribram se rendit compte qu'il pouvait répondre à la question de Skinner. Tondre la pelouse est encodé en tant que mouvement complet, action totale dans laquelle les relations externes de temps et d'espace sont enfouies dans le cerveau. Pribram savait que Skinner aurait pu lui répondre que, d'après Köhler, le cerveau fournit une image *exacte* du monde extérieur. Le monde extérieur est-il donc un espace-temps enfoui ? Pribram eut alors une intuition frappante. Si on prenait Köhler au pied de la lettre, *les transformations du cerveau devaient littéralement refléter les transformations du monde extérieur. En d'autres termes, le monde doit être un hologramme.*

C'est alors que son fils lui suggéra de lire les publications de Bohm.

Karl Pribram

Quand il les eut étudiées, Pribram eut conscience qu'il s'était produit une rencontre fortuite de perceptions intuitives. Comme l'étude du cerveau menée par Pribram avait suggéré l'existence d'un processus holographique, l'étude de la théorie quantique menée par Bohm laissait supposer que le monde extérieur, observé et étudié par le cerveau, était aussi holographique. A l'instant où Pribram lut la théorie de Bohm, l'observateur rejoignit l'observé. La quête de l'atome et celle de l'engramme avaient abouti à la même vision.

Ou presque. Considérer le cerveau en termes de configurations réparties dans lesquelles les images, les sons et les actions sont encodés en tant que totalités peut constituer un grand bond en avant. Mais il importe de noter que l'explication est mécaniste en elle-même, tout comme l'étaient les explications précédentes du fonctionnement du cerveau. Comme l'a fait remarquer Pribram, ses travaux visent à mettre en lumière les corrélations entre les structures et processus du cerveau et les états d'esprit. La question de savoir si les changements électrochimiques *sont* la conscience (l'esprit) ou si d'autres dimensions sont impliquées dépasse de loin le cadre de sa recherche. Les discussions rapportées plus haut à propos de la vision illustrent parfaitement les limitations du modèle holographique du cerveau en ce domaine. Si on considère la vision comme la présentation d'une image à la rétine de l'œil, le processus holographique en donne apparemment une bonne explication. Mais la vision est quelque chose de beaucoup plus complexe. C'est un processus actif, délibéré, par lequel l'œil cherche et explore. Bien que la scène tout entière puisse être appréhendée d'un seul regard, seule la portion qui frappe la partie la plus sensible de la rétine est vue dans tout son détail. Par une série de rapides mouvements saccadés, l'œil parcourt sans cesse cette scène visuelle, en explorant les traits intéressants, retournant à ses frontières, relevant des repères. C'est un processus dirigé par la recherche d'une signification de la part du sujet, par sa disposition présente et tout son passé. Même le fait de regarder un objet plat et statique tel qu'un tableau est une activité délibérée se désenfouissant dans le temps.

Le processus même de la vision peut être holographique ou d'une nature similaire, mais ce qui dirige ce processus est l'esprit ; et la nature de l'esprit continue de faire question.

A ce point, puisque le cerveau miroir de Pribram appelle une compréhension plus approfondie de la matière et de l'énergie, il doit se fondre dans les théories de Prigogine, de Sheldrake et de Bohm. Pour Prigogine et pour Jantsch, l'univers des structures dissipatives autonomes a développé coopérativement le cerveau, et l'esprit est d'une certaine façon impliqué dans ce processus *global* sans être strictement localisable dans le cerveau. Sheldrake admet que l'esprit n'est pas dans le cerveau, et pense que la conscience individuelle est liée au champ morphogène de la conscience humaine situé hors de l'espace-temps ; ce champ du passé guide et maintient la formation de nos esprits individuels. Avec l'univers holographique de Bohm, nous fermons la boucle. Pour Bohm, l'esprit, ou la conscience, est enfoui dans la totalité de la matière, et des éléments comme la volonté ou l'attention sont en fin de compte des mouvements de cette totalité. Les mouvements de la totalité se reflètent dans chaque cerveau holographique individuel. Le cerveau est donc identique à l'esprit — tous deux sont holographiques. Mais l'esprit est aussi infiniment plus que le cerveau — pour la même raison.

En étudiant la théorie de Bohm, nous posions la question : si le monde dans son ensemble est un mouvement de flux, pourquoi nous apparaît-il comme composé de choses séparées ? A la lumière du modèle du miroir de Karl Pribram, nous pouvons désormais poser la question en termes plus concrets : si le monde est composé de fréquences, et si le cerveau est un analyseur de fréquences (lui-même constitué de fréquences de matière), comment le monde tridimensionnel solide que nous connaissons prend-il corps ?

La réponse est la même que précédemment : nous devons l'apprendre. Nous apprenons à réagir principalement à certaines fréquences, et non aux transformations constantes des fréquences. Quelques hologrammes sélectionnés deviennent stables et apparemment séparés les uns des autres pour former des « choses ». Ces hologrammes transformés en souvenirs renforcent l'impression de choses séparées, et ainsi le monde spatio-temporel explicite que nous connaissons se développe-t-il à partir de l'univers implicite des ondes et des fréquences.

Dans sa forme explicite, la vie s'est maintenue en échappant aux prédateurs et en se procurant de la nourriture. Elle a appris à affronter les ordres explicites de choses, à en abstraire certaines indications. Le cerveau en tant que fréquence complexe est apparu pour prendre la « moyenne » des fréquences, pour analyser le monde, chercher des indications, et séparer les objets et les événements de leur environnement global.

Dans ce processus, il s'est également séparé de lui-même en tant qu'observateur.

Et nous ouvrons donc la boîte pour regarder le chat — un réseau mouvant de fréquences en examinant d'autres : fréquences de quanta, fréquences de chat, fréquences d'homme de science. Dans notre univers familier, ces « choses » nous paraissent terriblement compliquées et déroutantes. Mais dans l'univers miroir, nous voyons maintenant, simplement, combien différemment elles sont toutes la même chose.

— Maintenant, coupez-le, dit le Lion.

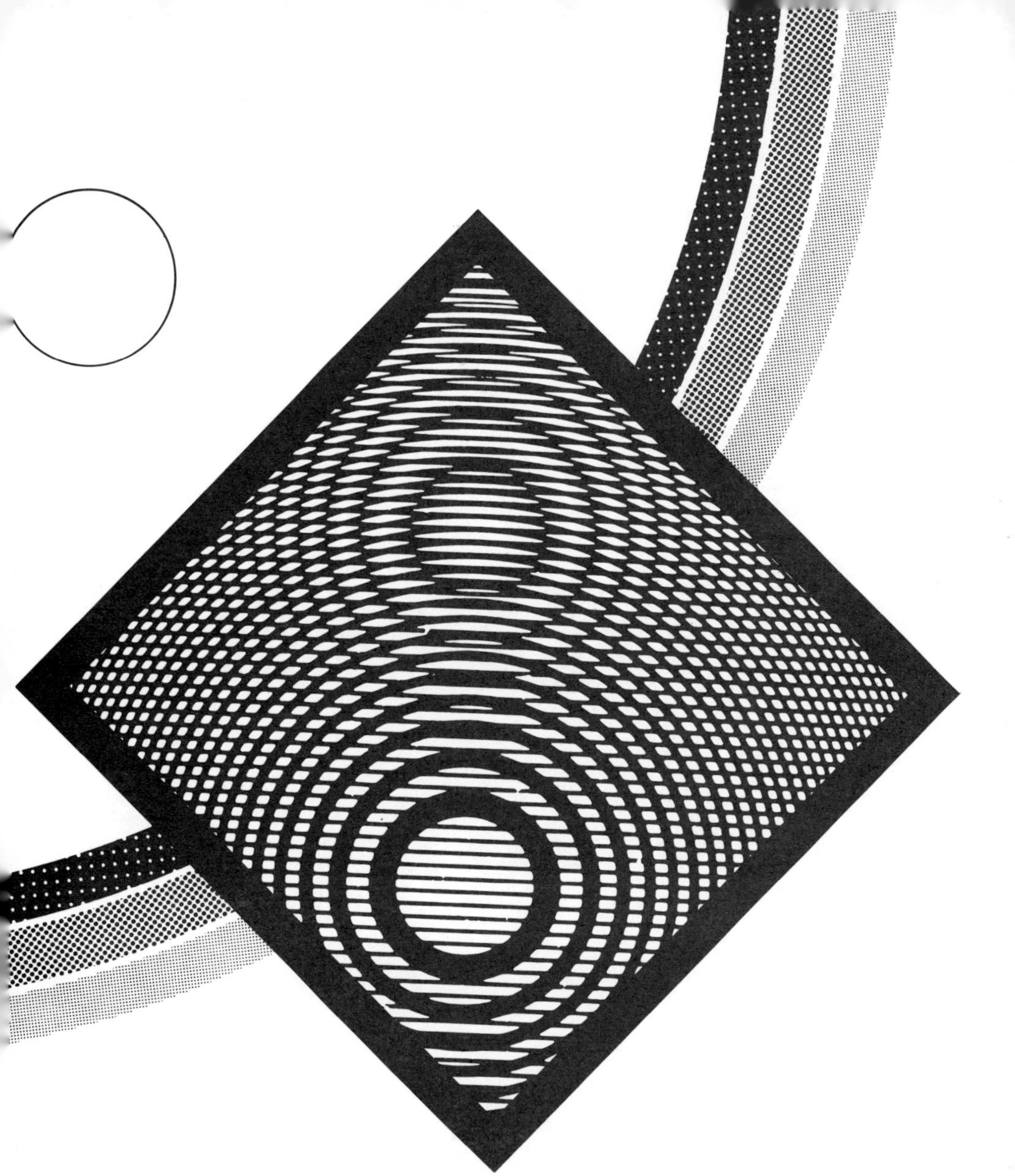

UNIVERS SANS LISIÈRES

Elle regagna sa place avec le plat vide.

Au cours de son excursion au-delà du miroir, Alice découvre le poème Jabberwoqueux. Tout d'abord, elle ne peut pas le lire ; il semble être écrit en une langue étrangère. Puis elle se rend compte que, puisqu'elle se trouve dans le monde du miroir, elle doit lire le poème dans un miroir. Ce qu'elle lit alors ne lui en paraît pas moins bizarre et peu familier. « J'ai l'impression que cela me remplit la tête d'idées, mais je ne sais pas trop ce qu'elles sont. »

Les langages de la non-séparabilité peuvent être tout aussi déconcertants. Nous en percevons la signification, puis cette signification nous échappe. Ils évoquent de vagues formes émergeant de la brume — surgissant des intenses fluctuations (comme pourrait l'exprimer Prigogine) de la science du XXe siècle.

Il serait tentant, ici, d'établir un sommaire, un résumé ou une synthèse en forme de conclusion, des théories nouvelles exposées dans ce livre. Mais ces théories sont des choses créatives, vivantes, qui décrivent un univers lui-même créatif. Tirer des conclusions de ces théories reviendrait à limiter et fausser ce qui n'est essentiellement que des explorations de l'inconnu — des aventures qui peuvent conduire à des découvertes totalement inattendues. Elles sont comme le crayon du Roi Blanc, à propos duquel ce dernier se plaignait : « Il écrit toutes sortes de choses que je n'avais pas l'intention de... »

Ces révolutions théoriques sont-elles annonciatrices des révolutions de paradigmes décrites par Thomas Kuhn ? Assistons-nous à la naissance d'un paradigme du miroir ? Lorsque Kuhn parlait de révolutions, il faisait allusion à des événements qui ne se produisent que rarement dans l'évolution de la science, pas à un changement quotidien dans une théorie ou une démarche. L'étiquette de paradigme s'est trouvée depuis lors appliquée à presque toute idée nouvelle. Au sens original que lui donnait Kuhn, la théorie de Rupert Sheldrake pourrait bien constituer un changement de paradigme, et la théorie holographique du cerveau selon Pribram être la première étape d'une exploration nouvelle de la conscience. Les structures dissipatives de Prigogine sont solidement fondées sur les paradigmes existants, mais les développements introduits par Jantsch font évoluer le concept vers une nouvelle et puissante vision d'ordre dans un monde de fluctuations et de changements. Et que dire de Bohm ? En un sens, sa démarche ne constitue pas un changement de paradigme, car ce qu'il propose dépasse ce que Kuhn entend par révolution scientifique. Pour Bohm, les nouvelles directions, les nouvelles manières de voir, les nouveaux paradigmes, les théories originales demeurent dans le domaine du connu. Ils font encore partie d'une démarche fragmentaire qui a maintenu l'espèce humaine dans la confusion depuis le commencement des temps.

Bohm est entièrement voué à l'idée de totalité, mais toutes les théories du miroir le sont également. C'est leur révélation et leur attrait. A tout le moins, elles montrent qu'il est possible de sortir de la salle close de l'objectivité et de penser la non-séparabilité comme autre chose qu'une vague affirmation mystique. Enracinés dans les problèmes et les préoccupations de leurs disciplines respectives, les hommes de science du miroir ont démontré que, rationnellement et scientifiquement, nous pouvons apprendre à naviguer dans un univers sans lisières, et néanmoins sonder ce que nous percevons à ses « bords », ou phénomènes, et participer à la formation de ses lois. Ils ont montré qu'il est possible de concevoir un univers sans progression, mais en perpétuel désenfouissement. Et ils ont montré comment la totalité pouvait être infuse dans chaque partie et particule de notre vie. Nous n'essaierons pas de prédire ce que la reconnaissance d'un tel univers pourrait signifier pour la conduite générale des affaires humaines, car il se peut que cette reconnaissance transforme la conscience humaine elle-même.

Quel que soit le sort réservé aux théories du miroir par les vicissitudes de la science, elles apportent indiscutablement une transformation conceptuelle. Pendant des milliers d'années, la totalité est demeurée muette. A présent, elle peut s'exprimer.

Qui peut prévoir ce qu'elle dira ?

Peut-être d'autres théories remplaceront-elles celles que nous avons examinées ici, des théories qui expliqueront la non-séparabilité de manière plus satisfaisante. Peut-être le point de vue fragmentaire continuera-t-il à dominer la science. Du moins les théories de la non-séparabilité sont-elles de nouvelles expressions d'une perception ancienne et d'une aspiration plus ancienne encore, qui va maintenant entrer en un conflit spectaculaire avec l'aspiration tout aussi ancienne de posséder et de contrôler par le savoir et le droit les divers éléments séparés de ce monde, y compris nous-mêmes.

Si le passé peut servir de référence (ce qui n'est pas certain), le verdict de la science à l'égard de ces théories sera sévère. Nous connaissons déjà certains des critères qui leur seront appliqués :

— Les nouvelles théories seront-elles confirmées par l'observation ? (induction)
— Sont-elles formulées de façon à admettre des preuves contraires ? (réfutation)
— Permettront-elles aux scientifiques d'établir des prédictions exactes pour les expériences ? (induction, réfutation)
— Engendreront-elles suffisamment d'« énigmes » pour des chercheurs ultérieurs ? (paradigme)
— Résoudront-elles des problèmes auxquels les théories actuellement en vogue n'ont pas apporté de réponse ? (réfutation, paradigme)

Les réponses à ces questions seront fournies par les scientifiques, indépendamment de la séduction que peuvent exercer ces théories sur le public profane.

Nos excursions de l'autre côté du miroir s'achèvent, mais celles de la science ne font que commencer — si elle désire s'y implanter.

Niels Bohr a dit un jour que le lundi, le mercredi et le vendredi, il essayait d'imaginer autant d'idées extravagantes qu'il le pouvait, puis que le mardi, le jeudi et le samedi, il s'efforçait de les réfuter. La science n'est pas seulement affaire de prédictions, de calcul et d'expériences, c'est le jeu permanent de la compréhension du monde. Quand ils étaient enfants, la plupart des scientifiques ont été fascinés par les « grandes » questions de l'univers. Comment tout a-t-il commencé ? Qu'y a-t-il au bout de l'espace ? Comment se meuvent les choses ? De quoi tout est-il fait ? La science est un dialogue avec l'univers, qui permet de poser des questions et d'appréhender la nature intime des choses. Cette appréhension est un geste vers la nature, de la même façon qu'un petit enfant explore le visage de sa mère ou son jouet préféré. Cette recherche de signification, cette mise à l'épreuve, cette ingestion, cette interrogation, cette formation d'images par la pensée, l'établissement et la destruction de cartes, tout cela est un processus incessant, pour le scientifique comme pour l'enfant. La tâche principale du scientifique consiste à chercher des moyens de poursuivre ce dialogue avec la nature.

La science elle-même est un miroir. Quand nous regardons dans ce miroir, nous voyons des choses prodigieuses dont la vérité est peut-être analogue à celle des mondes étranges d'Alice : un mélange de vision et de métaphore, de réalité et d'autre chose, presque ineffable.

Mais le moment est venu d'abandonner cette image et de revenir aux théories elles-mêmes — de reconnaître que le miroir n'a été qu'un nom pour l'activité incessante de la science qui n'est en fin de compte rien de plus que notre fantasque et coutumière curiosité.

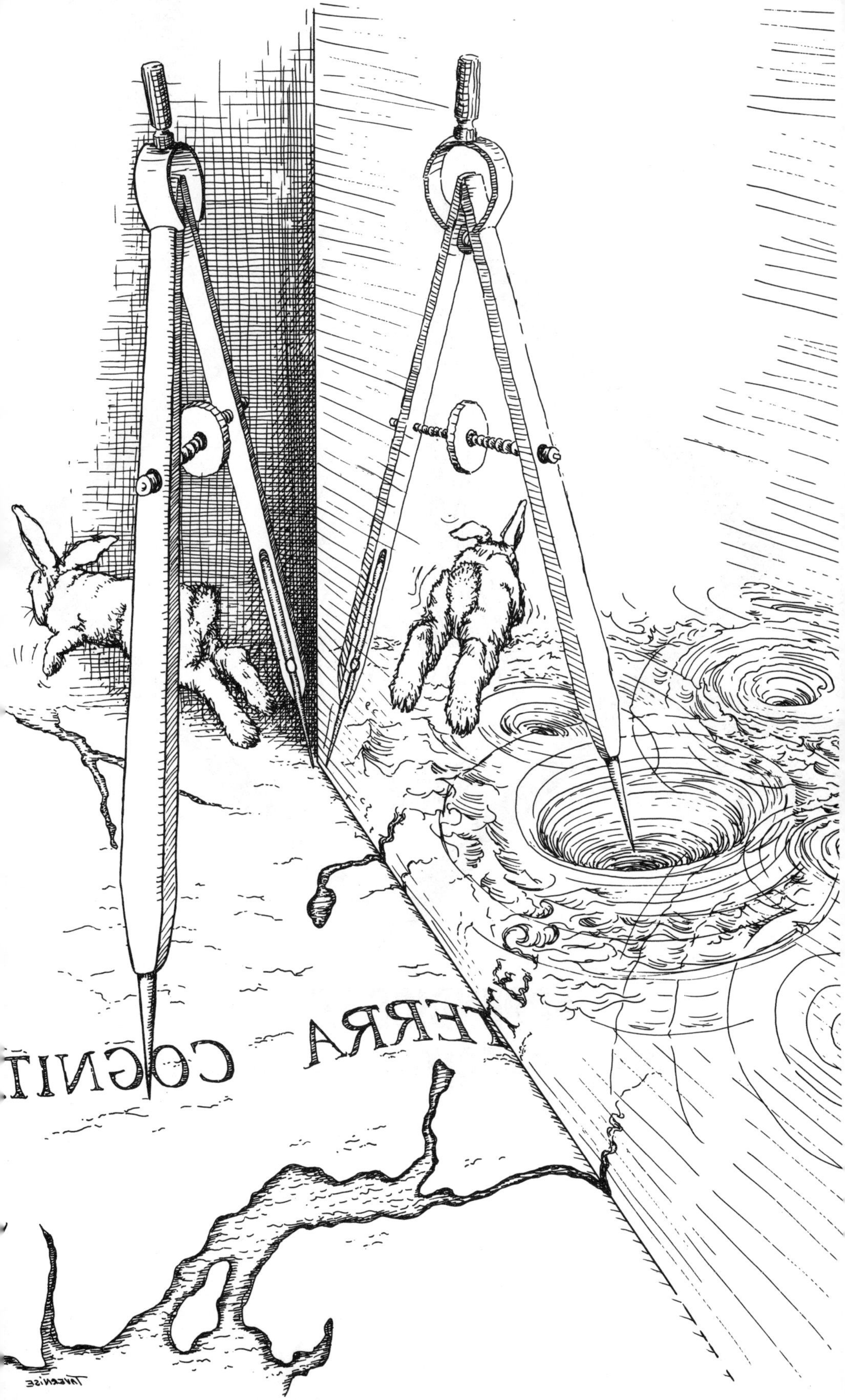
TERRA COGNIT

APPENDICE RELATIF AUX EXPÉDITIONS CONNEXES

Il convient de noter que ce qui suit constitue des conjectures et des correspondances, non des théories scientifiques formelles.

De nouvelles données scientifiques évocatrices du miroir apparaissent sans cesse dans les domaines les plus insolites. Un chercheur d'IBM a déclaré avoir utilisé une technique mathématique dite « fractale » pour analyser et informatiser la musique avec une grande précision. Dans l'une de ses expériences, il a construit un modèle informatique d'une chanson de Stephen Foster (compositeur américain du milieu de XIXe siècle), de façon à « générer » des chansons que Foster aurait pu écrire. Le problème est que l'ordinateur n'a cessé de produire des chansons que Foster avait effectivement écrites.

L'idée du miroir n'a pas été inventée par les scientifiques du XXe siècle ; ils n'ont fait que la découvrir dans la science. Léonard de Vinci, peintre et inventeur de la Renaissance, écrivait dans son journal :

> Tout corps placé dans l'air lumineux se propage en cercles et emplit l'espace environnant d'infinies apparences de lui-même, apparaissant tout en tout, et tout en chaque partie.

De Vinci croyait également que tout était cause de tout le reste.

Dans *L'art de la fiction,* Henry James décrivait le roman comme un tissu dans lequel chaque point contient tous les autres. Poètes, musiciens et artistes de toutes sortes ont exprimé à travers les âges la même vision : la totalité du monde se reflète dans chaque grain de sable, dans chaque brin d'herbe, dans chaque séquence de notes musicales. Des preuves convaincantes montrent que les œuvres créatives elles-mêmes sont construites selon une sorte de principe holographique faisant appel à la dynamique de contraste et de comparaison de la métaphore, de l'ironie et d'autres techniques comme systèmes structurants.

Albert Rothenberg, qui a étudié les sauts créatifs dans l'œuvre des artistes et des scientifiques, est convaincu que le processus créateur est fondé sur ce qu'il appelle des « opposés simultanés » ou la « pensée janusienne » (de Janus, le dieu aux deux visages). Un exemple en est la découverte par Einstein de la relativité générale dans l'image soudaine montrant qu'un homme tombant d'un toit serait à la fois en mouvement et au repos. Un autre exemple en apparaît dans les opposés simultanés du sourire de Mona Lisa.

La théorie de la récurrence de Douglas Hofstadter, décrite de manière divertissante dans *Gödel, Escher, Bach : une tresse d'or éternelle,* qui lui a valu le prix Pulitzer, manifeste de nombreuses ressemblances avec les théories du miroir. Il y décrit une réalité globale composée de perpétuels retours et réflexions. De n'importe lequel des niveaux nombreux de cette réalité globale, il y a toujours quelque chose qu'on ne peut pas voir. Au centre du tout se trouve un apparent inachèvement qu'on pourrait comparer à l'œil d'un tourbillon. Escher le dessinateur et Bach le compositeur fournissent à Hofstadter des illustrations d'un ordre qui peut constamment se retourner sur lui-même comme une bande de Moebius. Le mathématicien Kurt Gödel fournit une démonstration de la façon dont la totalité peut inclure l'inachèvement. Armé de ce concept de récurrence, Hofstadter essaie de montrer que le conflit entre le réductionnisme (l'univers en tant que partie) et l'holisme (l'univers en tant que tout) est en fait un même dragon se mordant la queue.

On trouve des échos manifestes du miroir dans les traditions mystiques du monde entier. L'un des plus frappants est le *Soûtra de la guirlande de fleurs :*

> On dit qu'il y a dans le paradis d'Indra un réseau de perles agencé de telle façon que quand on en regarde une, on y voit la réflexion de toutes les autres. De même, chaque objet au monde n'est pas seulement lui-même mais implique tous les autres, et *est* en fait tous les autres objets [53].

Dans les années 20, le philosophe mystique hindou Shrî Aurobindo a proposé que la réalité était composée de « vibrations » ou fréquences, allant de la matière grossière aux subtiles énergies psychiques (de l'explicite à l'implicite). Il avait prédit que cette vision de la réalité en tant que fréquences serait bientôt découverte par la science.

Dans son livre *No Foreign Land : The Biography of a North Ame-*

rican Indian, Wilfred Pelletier décrit comment les cultures « naturelles » non occidentales partagent une conscience fluide englobant la communauté dans son ensemble. Dans cette conscience, il n'y a ni observateurs, ni « observés ». L'action ne découle pas d'un débat, d'un conflit politique, de la règle majoritaire ou d'ordres émanant d'une hiérarchie — elle surgit d'un ordre émergent spontané.

Supposons que la salle du conseil d'une communauté indienne ait besoin d'un nouveau toit... Enfin, tout le monde le sait. Il y a déjà pas mal de temps qu'il fuit çà et là, et ça ne fait qu'empirer. Et les gens en ont parlé, émettant des réflexions comme : « Je crois bien que la vieille salle a besoin d'un nouveau toit. » Et voilà que tout à coup, un beau matin, il y a sur le toit un type en train d'arracher les vieux bardeaux, et sur le sol plusieurs paquets de nouvelles plaques de bois fendues à la main — sans doute pas assez pour faire tout le travail... Au bout d'un moment, un autre type passe par là et voit le premier sur le toit... Il revient bientôt avec un marteau, une hachette, des clous à bardeaux, ou quelques rouleaux de papier goudronné. Quand vient l'après-midi, il y a toute une équipe au travail sur ce toit... Toute la communauté y participe, tout le monde s'amuse bien et rit beaucoup... Tout cela parce qu'un type a décidé de remplacer le toit de la salle. Qui donc était-il ? Était-il un individu unique, isolé ? Ou bien était-il toute la communauté ? Comment peut-on le savoir [62] ?

Dans l'histoire de la philosophie occidentale, les allusions au miroir abondent ; certaines ont été mentionnées. La philosophe contemporaine Renée Weber de Rutgers, qui a étudié de près l'œuvre de Bohm, y trouve des parallèles avec Platon et Spinoza. Le philosophe Frank McCluskey remarque que l'accent mis par la nouvelle science sur la nécessité de dépasser la distinction sujet-objet, d'abandonner toute croyance en un espace, un temps et un mouvement absolus, et de reconnaître que le processus est aussi important que le résultat reflète des idées vigoureusement exprimées dans la philosophie de Hegel. Leibniz, Héraclite, Schopenhauer et Heidegger fournissent d'autres accès à la vision du miroir.

Peut-être le philosophe moderne ayant exprimé avec le plus de clarté et de profondeur une approche miroir de la réalité est-il Jiddu Krishnamurti. Depuis plus de soixante ans, Krishnamurti a affirmé dans d'innombrables conférences et recueils que « vous êtes le monde, l'observateur est l'observé ». A la différence des scientifiques du miroir, il porte cette perception intuitive directement dans les domaines de la psychologie, de l'esprit et de la condition humaine. Il n'offre aucune méthodologie pour le salut, soulignant au contraire que c'est notre recherche des méthodologies qui conduit à la fragmentation. Il affirme que si chaque individu devient attentif à la fragmentation de sa propre conscience, il modifiera la conscience de l'humanité. Parmi les fragmentations particulières qu'il mentionne fréquemment figurent les croyances nationalistes, religieuses et idéalistes. En accordant réalité et primauté à ces fragments, dit-il, nous créons un monde de violence et de peur. Certains des scientifiques du miroir ont fait observer qu'il n'y a pas eu de réel progrès scientifique, bien qu'il y ait eu changement. Krishnamurti souligne que nous n'avons pas fait non plus de progrès psychologiques. Nous ne sommes pas moins violents que les sauvages ; notre violence est plus raffinée, parfois plus subtile. Il dit que notre conviction de pouvoir nous « améliorer » individuellement ou en tant qu'espèce par l'accumulation de savoir et de compétences ne fait que raffiner notre fragmentation. Un individu peut se considérer moralement avancé parce qu'il ne tuerait pas un autre être humain, mais dans la mesure où il participe à n'importe quelle forme de préjugé, d'ambition, de division — dans des domaines religieux, politiques ou personnels —, il contribue à la conscience humaine qui crée la guerre et le meurtre. Chacun de nous est directement responsable de ce que fait l'humanité dans son ensemble. Tout changement fondamental exige l'abandon de la pensée « tribale » qui divise, dans *tous* les aspects de notre vie. Krishnamurti est un vieil ami de David Bohm.

Il serait impossible de mentionner tous les domaines dans lesquels la perception du miroir ou certains de ses éléments sont apparus indépendamment, ou se sont trouvés transportés dans d'autres sphères par des penseurs qu'avaient inspirés les théories scientifiques exposées dans ce livre. De nouvelles évolutions continuent à se désenfouir. En voici quelques aperçus :

L'un des secteurs les plus actifs en ce qui concerne les idées miroir est celui des psychothérapies. Au début des années 70, le psychiatre David Shainberg a proposé ce qu'il appelait « le processus transformateur », par lequel patient et thérapeute sont considérés comme des miroirs de leur conscience réciproque. Shainberg tenait les perturbations mentales et les psychopathies pour des formes rigides au sein de la conscience. Le patient est un patient parce qu'il ne parvient pas à reconnaître que la conscience est un processus continuel. L'objectif de la thérapie consiste à assister la prise de conscience de ce désenfouissement, qui est la véritable identité, ou moi. Erich Jantsch a intégré la démarche de Shainberg à sa propre synthèse de la théorie de la structure dissipative et de la co-évolution.

Le psychiatre Edgar Levenson a proposé ce qu'il appelle un « modèle holographique du changement psychanalytique », affirmant que chaque instant d'une séance thérapeutique ou de la conscience en général reflétait tous les autres instants du passé. Il conseille d'apprendre à « entrer en résonance » avec ces instants. Eugene Gendlin a élaboré une thérapie de « concentration » *(focussing)* qui a pour but un « glissement du ressenti » de la conscience semblable à la création d'une nouvelle structure dissipative.

Le psychiatre William Gray pense que l'inconscient est organisé selon ce qu'il appelle des « tons de sensibilité ». Un article du *Brain/Mind Bulletin* rapporte qu'une étude de Gray portant sur des criminels laisse supposer que ces derniers commettent des crimes qui entrent en résonance avec une structure de personnalité inconsciente et inexprimée déterminée à la naissance. Le traitement consiste entre autres choses à montrer au criminel qu'il existe des activités plus productives et plus socialement acceptables susceptibles d'entrer en résonance avec sa structure personnelle.

Il y a eu récemment une véritable explosion de recherches concernant les relations entre les « fréquences » de la pensée et les « fréquences » de processus physiologiques tels que le rythme cardiaque ou la propagation d'un cancer. On a découvert que les structures de pensée peuvent modifier directement jusqu'aux structures des fonctions biologiques « automatiques », et que le comportement physiologique peut modifier la pensée. Un psychologue enseigne aux patients qui ont compris leurs blocages psychologiques, mais ne sont pas parvenus à mettre cette compréhension en application, l'exécution de certains mouvements. Quand le mouvement corporel et la posture correspondent à la compréhension, dit-il, il se produit une perception intuitive et un changement effectif.

Au milieu des années 70, le chercheur Ken Wilber a élaboré indépendamment une théorie qu'il appelle « le spectre de la conscience », et qui décrit différents niveaux de la conscience comme les parties d'un continuum unique qu'il appelle « esprit ». Wilber souligne que, au fil de l'histoire de l'humanité, ces niveaux de conscience ont été fragmentés et traités de plus en plus comme s'ils étaient séparés. D'après lui, les différentes thérapies occidentales et religions orientales s'adressent à différentes bandes de ce spectre de la conscience, chacune parlant à ce que Bohm appellerait une subtotalité relativement autonome. Il envisage l'ultime liberté comme la reconnaissance du fait que toutes les bandes du spectre sont en réalité un mouvement global de l'esprit qui s'étend au-delà de l'individu dans son ensemble.

Dans le domaine de la médecine, le docteur Larry Dossey a rallié les théories du miroir pour affirmer que de nombreuses maladies ont leur origine dans une « maladie temporelle » affligeant les humains des temps modernes. Il rejette le concept cartésien tenant le corps pour une machine séparée. Il estime qu'en considérant le corps comme un processus continu lié à l'univers, des problèmes médicaux tels que les affections cardiaques et le cancer pourraient être allégés et la mort (le temps) affrontée plus harmonieusement.

Marilyn Ferguson tient les théories de Prigogine, de Bohm et de Pribram pour des preuves que la société humaine va vers une nouvelle étape de l'évolution. Une théorie due à Peter Russel introduit le concept de « cerveau planétaire », dans lequel la conscience humaine s'unit à la nature.

En théologie est apparu un nouveau type de perception intuitive appelée « théologie du processus », suscitée par les idées d'Alfred North Whitehead. La théologie du processus propose des idées telles que « Dieu est aventureux » (Il ne sait pas quel sera le résultat de sa création) et « chaque événement est une incarnation sélective de la totalité de l'univers passé ». Les auteurs de cette théorie comparent leur nouvelle théologie à la vision intuitive qui faisait dire à saint Paul que « nous sommes membres les uns des autres ».

Non seulement Whitehead a inspiré la théologie du processus, mais il a directement influencé Bohm et les théoriciens des systèmes, y compris Jantsch. Il doit être considéré comme l'un des pères fondateurs d'une approche moderne du miroir.

Dans l'étude du paranormal, Kenneth Ring a utilisé le modèle de l'hologramme pour expliquer les expériences rapportées par des personnes qui étaient mortes cliniquement et ont été ramenées à la vie. Ring dit que le monde éblouissant de la mort qu'elles décrivent est le domaine des fréquences pures de Pribram : « L'acte de mourir... implique un *changement* graduel de conscience, du monde ordinaire des apparences à une réalité holographique de fréquences pures [63]. » D'autres chercheurs du domaine paranormal ont avancé que, puisque dans un univers holographique le temps et l'espace sont « repliés », des événements paranormaux comme la précognition et la télépathie deviennent aisément explicables. Stanley Krippner, parapsychologue éminent, pense que, à la lumière des théories du miroir, le concept de Jung concernant la synchronicité « acquerra une signification nouvelle ».

Il est à présumer que l'astrologie pourrait également prétendre se rattacher à l'holographie, puisqu'il est bien connu qu'un bon astrologue peut lire une carte du ciel sous toutes sortes de perspectives différentes. Il peut l'interpréter en discutant les aspects de toutes les planètes entre elles, ou en se concentrant sur une seule planète, ou simplement sur la position de la planète dans un signe. Chaque aspect d'une carte du ciel se reflète dans tous les autres, mais sous un angle légèrement différent. Le phénomène discuté, mais spectaculaire, de la chirurgie psychique pourrait également s'expliquer par des dimensions implicites. Dans cette pratique, le guérisseur est censé matérialiser des déséquilibres d'énergie psychique, puis les extraire du corps et les jeter sous forme d'objets physiques. Même la pratique du vaudou, consistant à acquérir un pouvoir sur quelqu'un grâce à la possession de quelque partie de son corps (cheveux, ongles), pourrait recevoir une explication holographique.

La perception du miroir est manifestement riche, mais tout aussi manifestement risquée. En songeant à la non-séparabilité, peut-être devrions-nous conserver à l'esprit ce qu'il est advenu de l'idée de Démocrite à propos des atomes.

RÉFÉRENCES ET LECTURES COMPLÉMENTAIRES

Dans cette première liste, les ouvrages signalés par des astérisques sont accessibles au moins en partie au lecteur profane. Les autres demandent une certaine maîtrise d'un sujet déterminé ou du jargon scientifique. Les œuvres figurant dans la seconde liste ne présentent aucun problème technique particulier.

*1. Ardrey Robert, *Les Enfants de Caïn,* Stock, Paris, 1963.

*2. Bohm David, *Causality and Chance in Modern Physics,* Londres, Routledge & Kegan Paul, 1957.

*3. Bohm David, « The Enfolding-Unfolding Universe ». Interview par Renée Weber dans *Revision,* Summer/Fall 1978.

4. Bohm David, *Quantum Theory,* Englewood Cliffs, N.J., Prentice-Hall, 1951.

*5. Bohm David, « The Physicist and the Mystic—Is a Dialogue Between Them Possible ? » Interview par Renée Weber dans *Revision,* printemps 1981.

6. Bohm David, *The Special Theory of Relativity,* New York, W.A. Benjamin, 1965.

*7. Bohm David, *Wholeness and the Implicate Order,* Londres, Routledge & Kegan Paul, 1980.

8. Brown Robert, « A Brief Account of Microscopical Observations », *Philosophical Magazine,* vol. 4, p. 161.

*9. Buckley Paul et David Peat F., *A Question of Physics: Conversations in Physics and Biology,* Londres, Routledge & Kegan Paul, 1974.

*10. Burr Harold Saxton, *Blueprint for Immortality: The Electric Patterns of Life,* Londres, Neville Spearman, 1972.

11. Calder Nigel, *The Key to the Universe,* Londres, Penguin Books, 1981.

*12. Capra Fritjof, « Bootstrap Theory of Particles », *Revision,* automne/hiver 1981.

*13. de Broglie Louis, Louis Armand, Simon Pierre-Henri, et al., *Einstein,* New York, Peebles Press, 1979.
*14. Einstein Albert, *Ideas and Opinions,* Bargmann Sonja, trans. New York, Crow Publishers, 1954.
*15. Globus Gordon, Maxwell Grover, et Savodnik Irwin, *Consciousness and the Brain,* New York, Plenum, 1976.
*16. Goldsmith Edward, « Superscience—Its Mythology and Legitimisation », *Ecologist,* sept./oct. 1981.
*17. Gombrich E.H., *Art and Illusion,* Princeton, Princeton University Press, 1972.
18. Gould Stephen Jay, « Punctuated Equilibrium—a Different Way of Seeing », *New Scientist,* 15 avril 1982.
*19. Heisenberg Werner, *A Question of Physics,* New York, Harper Torchbooks.
*20. Heisenberg Werner, *Physics and Beyond,* New York, Harper and Row, 1971.
*21. *The Holographic Paradigm and Other Paradoxes,* Wilber Ken, ed. Boulder, Colo., Shambhala, 1982.
*22. « Interviews de David Bohm, Rupert Sheldrake et Renée Weber », *Revision,* vol. 5, N° 2 (automne 1982).
23. Jantsch Erich, *The Self-Organizing Universe: Scientific and Human Implications of the Emerging Paradigm of Evolution,* Oxford, Pergamon Press, 1980.
*24. Kuhn Thomas, *The Essential Tension,* Chicago, University of Chicago Press, 1977.
*25. Kuhn Thomas, *La Structure des révolutions scientifiques,* Paris, 1983.
*26. *Letters on Wave Mechanics,* New York, Philosophical Library, 1967.
*27. Lindsay, Bruce Robert, et Margenau Henry, *Foundations of Physics,* New York, John Wiley & Sons, 1936.
28. Maturana Humberto R. et Varela Francisco J., « Autopoietic Systems: A Characterization of the Living Organization ». Prépublication de l'Université du Chili, Santiago, Chili.
*29. Pagels Heinz, *L'Univers quantique. Des quarks aux étoiles,* Interéditions, Paris, 1985.
*30 Pietsch Paul, *Shufflebrain: The Quest for the Hologramic Mind,* Boston, Houghton Mifflin, 1981.
*31. Planck Max, *Autobiographie scientifique et derniers écrits,* Albin Michel, Paris, 1960.
32. Prigogine Ilya, *From Being to Becoming : Time and Complexity in the Physical Sciences,* San Francisco, W.H. Freeman and Co., 1980.
33. Pribram Karl, *Central Processing of Sensory Input,* Karl Pribram ed., Cambridge, MIT Press, 1976.
34. Pribram Karl, « How Is It That Sensing So Much We Can Learn So

Little ? » dans *The Neurosciences,* Karl Pribram ed., Cambridge, MIT Press, 1974.
36. Pribram Karl, *Languages of the Brain,* Englewood Cliffs, N.J., Prentice-Hall, 1971.
37. Pribram Karl, « Non-locality and Localization ». Prépublication du Dept. of Psychology, Stanford University, Stanford, Calif.
38. Pribram Karl, « Toward a Holonomic Theory of Perception », dans *Gestaltheorie in der Modernen Psycologie,* S. Ertel, ed. Durnstadt, Steinkopff, 1975.
*38. Popper Karl, *Conjectures and Refutations,* Londres, Routledge & Kegan Paul, 1969.
*39. *La Logique de la découverte scientifique,* Payot, Paris, 1982.
*40. Pribram Karl, « Scientific Reduction and the Essential Incompleteness of All Science ». Dans *Studies in the Philosophy of Biology,* F.J. Ayala and T. Dobzhansky, ed. Berkeley, University of California Press, 1974.
*41. Schilpp A.E., *Albert Einstein: Philosopher-Scientist,* New York, Harper Torchbooks, 1959.
*42. Schrödinger Erwin, *What Is Life ?* et *Mind and Matter,* Cambridge, Eng., Cambridge University Press, 1967.
*43. Sheldrake Rupert, *A New Science of Life: The Hypothesis of Formative Causation,* Los Angeles, J.P. Tarcher, 1982.
*44. Thomas Lewis, *The Lives of a Cell,* New York, Bantam, 1974.
45. Varela Francisco J., *Principles of Biological Autonomy,* New York, North Holland, 1979.
*46. Watson Lyall, *La Marée de la vie,* Albin Michel, Paris, 1981.
*47. Weinberg Steven, *Les Trois Premières Minutes de l'univers,* Le Seuil, Paris, 1978.
48. Wigner Eugene, *Foundations of Quantum Mechanics, Proceedings of the International School of Physics, Enrico Fermi Course 49,* New York, Academy Press, 1971.

INFORMATIONS SUR LE MIROIR VENANT D'AUTRES DOMAINES

49. Anderson R., « A Holographic Model of Transpersonal Consciousness », *Journal of Transpersonal Psychology,* 1977, n° 9, p. 119-128.
50. Aurobindo Sri, *La Vie divine,* 4 tomes, Albin Michel, Paris, 1973.
51. Cobb John V. Jr., Ray Griffin David, *Process Theology: An Introductory Exposition,* Philadelphia, Westminster Press, 1976.
52. Dossey Larry, *Space, Time and Medecine,* Boulder, Colo., Shambhala, 1982.
53. Eliot Charles, *Japanese Buddhism,* New York, Barnes & Noble, 1969.

54. Ferguson Marilyn, *The Aquarian Conspiracy,* Los Angeles, J.P. Tarcher, 1980.
55. Gendlin Eugene T., *Experiencing and the Creation of Meaning,* New York, The Free Press, 1962.
56. Hofstadter Douglas R., *Göde, Escher, Bach,* InterÉditions, Paris, 1985.
57. Jung C.K., « Synchronicity », Préface à *The I Ching or Book of Changes,* Richard Wilhelm et Cary F. Baynes, trans. Princeton, Princeton University Press, 1967.
58. Krippner Stanley et White J., ed. *The Future Science,* New York, Doubleday/Anchor, 1976.
59. Krishnamurti J., *You Are the World,* New York, Harper & Row, 1972.
60. Levenson Edgar A., « A Holographic Model of Psycho-Analytic Change », *Contemporary Psychoanalysis,* vol. 12, N°. 1 (1975).
61. Monaco Richard, et Briggs John, *The Logic of Poetry,* New York, McGraw-Hill, 1974.
62. Pelletier Wilfred et Poole Ted, *No Foreign Land: The Biography of a North American Indian,* New York, Pantheon, 1973.
63. Ring Kenneth, *Sur la frontière de la vie,* Robert Laffont, Paris, 1982.
64. Rothenberg Albert, *The Emerging Goddess,* Chicago, University of Chicago Press, 1974.
65. Russell Peter, *The Global Brain,* Los Angeles, J.P. Tarcher, 1983.
66. Shainberg David, *The Transforming Self,* New York, Intercontinental Medical Book Corp., 1973.
67. Thomsen Dietrick, « Making Music—Fractally », *Science News,* 22 mars 1980, p. 187.
68. Whitehead Alfred North, *Process and Reality,* New York, Macmillan, 1929.
69. Wilber Ken, *The Spectrum of Consciousness,* Wheaton, Ill., Quest, 1977.

REMERCIEMENTS

Les auteurs aimeraient remercier Cindy Tavernise pour ses dessins, et en particulier pour leur note de fantaisie, une chose dont a besoin tout univers miroir tant soit peu sérieux. Nous remercions le Dr Franck McCluskey pour ses nombreuses heures de patiente critique, ainsi que le Dr Steven Daniel, le Dr Jeff Gruen, et Jeff Briggs, pour leur lecture attentive du manuscrit. Nous devons une reconnaissance particulière au Dr David Shainberg pour ses conseils de chaque instant dans des domaines autant spirituels que techniques.

A David Bohm, Rupert Sheldrake et Basil Hiley, qui ont si généreusement donné leur temps et apporté leurs intuitions, nous ne pouvons que dire notre espoir qu'ils trouveront dans ce livre une interprétation fidèle et exacte de leurs idées. Nous exprimons également notre gratitude au Dr Karl Pribram pour nous avoir fourni ses mémoires, et aux membres du personnel du Centre de Recherche Opérationnelle de Berkeley pour leur aide concernant les travaux de feu le Dr Erich Jantsch.

Enfin, ces remerciements ne seraient pas complets si nous ne mentionnions pas l'inestimable assistance de Florence Falkow et de son équipe dévouée des éditions Simon and Schuster.

TABLE DES MATIÈRES

IV

RUPERT SHELDRAKE RECHERCHE DES FORMES CACHÉES

V

KARL PRIBRAM ET L'ESPRIT MIROIR

UNIVERS SANS LISIÈRES

ACHEVÉ D'IMPRIMER
LE 22 JANVIER 1986
SUR LES PRESSES DE
L'IMPRIMERIE HÉRISSEY
À ÉVREUX (EURE)
POUR LES ÉDITIONS
ROBERT LAFFONT

Imprimé en France

N° d'édition : L 789
N° d'impression : 38579
Dépôt légal : février 1986.